并行编程模型研究

Research on Parallel Programming Model

王一拙 著

内 容 简 介

本书详细介绍了并行编程的基本原理和并行计算机体系结构，并对国内外学术界和工业界已提出的各种并行编程模型进行了全面阐述。在此基础上，本书对并行编程模型设计与实现中的各项关键技术，特别是对任务调度技术、容错技术进行了深入探讨。本书介绍了一种适用于多核集群的层次化自适应任务调度方法，以及一种支持容错的任务并行编程模型。本书还探讨了面向异构系统的并行编程模型的设计和实现，介绍了一种面向 CPU＋GPU 异构系统的递归应用并行编程模型。

本书可供计算机专业的高年级本科生和研究生，以及计算机系统领域的研究人员使用，也可作为软件开发人员学习并行编程的专业参考书。

图书在版编目（CIP）数据

并行编程模型研究 / 王一拙著. -- 北京 ： 北京理工大学出版社，2025.3

ISBN 978-7-5763-5164-4

Ⅰ. TP311.11

中国国家版本馆 CIP 数据核字第 2025EZ7532 号

责任编辑：谢钰姝　　**文案编辑**：宋　肖
责任校对：刘亚男　　**责任印制**：李志强

出版发行 / 北京理工大学出版社有限责任公司
社　　址 / 北京市丰台区四合庄路 6 号
邮　　编 / 100070
电　　话 / (010) 68944439 (学术售后服务热线)
网　　址 / http://www.bitpress.com.cn

版 印 次 / 2025 年 3 月第 1 版第 1 次印刷
印　　刷 / 廊坊市印艺阁数字科技有限公司
开　　本 / 710 mm × 1000 mm　1/16
印　　张 / 17
字　　数 / 253 千字
定　　价 / 86.00 元

前 言

现代计算机系统基本上都属于并行计算机系统，并行编程已成为程序设计和程序员需要掌握的基本技能之一。然而，普通程序员通常对计算机体系结构认识不足，不能很好地发挥并行计算机系统的性能，因此，需要并行编程模型充当上层应用与底层硬件体系结构之间的桥梁。并行编程模型能够为程序员提供一个合理的编程接口，对目标系统进行抽象，并通过编译器和运行时系统将应用运行在目标系统上，从而使程序员在编程时既可以充分利用丰富的系统资源，又不必考虑复杂的硬件细节。

本书详细介绍了并行编程的基本原理、并行计算机系统结构、并行编程模型的现状和并行编程模型设计与实现中的各项关键技术，并提出和实现了几种基于任务的并行编程模型。本书的第 1 章、第 2 章对并行编程的基本概念、编程模式及并行计算机系统结构等相关原理和技术进行了总结和回顾；第 3 章对国内外学术界和工业界已提出的并行编程模型进行了综述；第 4 章探讨了并行编程模型中的任务划分、任务调度、数据分布、同步和通信等关键技术问题；第 5 章着重介绍了并行编程模型最为核心的任务调度问题，并针对多核集群系统提出了一种层次化自适应任务调度算法；第 6 章考虑并行化的发展趋势和日益突出的容错需求两方面背景，研究支持容错的并行编程模型，在基于任务的并行编程模型中融入错误检测和恢复，提高系统的性能和可靠性；第 7 章针对目前流行的异构并行计算机系统，探讨基于任务的异构并行编程模型的设计实现；第 8 章面向异构系统的递归应用，提出了一种 CPU+GPU 异构系统上的并行编程模型，并进行了应用验证。

本书为计算机从业人员提供了解并行编程的全面视角，对国产计算机系统上并行编程模型的设计和开发有很好的参考价值，对计算机系统和高性能计算领域的相关研究有重要的理论意义。

本书是作者整理、提炼和汇集多年来科研工作和教学实践编写的，参考了国内外专家学者一些专著、论文和资料，参考并借鉴了一些专家学者的研究成果，在此对这些前辈和同行的引导和帮助表示衷心感谢。本书的出版得到了北京理工大学出版社的鼎力相助，特别是宋肖编辑及其同事的高效工作和非常专业的指导，作者在此一并感谢。

由于本书涉及内容广泛，技术发展迅速，加上作者的认知水平有限，书中难免有不妥之处，欢迎读者批评指正，作者将不断努力，使本书逐步趋于完善。

作　者

2024 年 7 月于北京

目 录

第 1 章 并行编程概述

1.1 为什么要进行并行编程

计算机系统由硬件和软件组成，并行编程是计算机系统硬件和软件发展的必然要求。

首先来看硬件方面，微处理器在 21 世纪初就已经从单核时代发展到了多核时代，硬件上存在多个能够并行运行的处理单元（processing element，PE），要充分发挥其性能，必然需要使其同时处理多个任务。图 1－1 所示为多核处理器（multi-core processor）芯片结构显微图。图 1－1（a）中 Intel Core i9 的 CPU 有 8 个核（core），并集成了图形处理器（GPU）；图 1－1（b）中 AMD Ryzen 7 的 CPU 有 4 个核。目前主流处理器基本上都是 4 核、8 核或 16 核，并且芯片上核的数量还在逐渐增加。

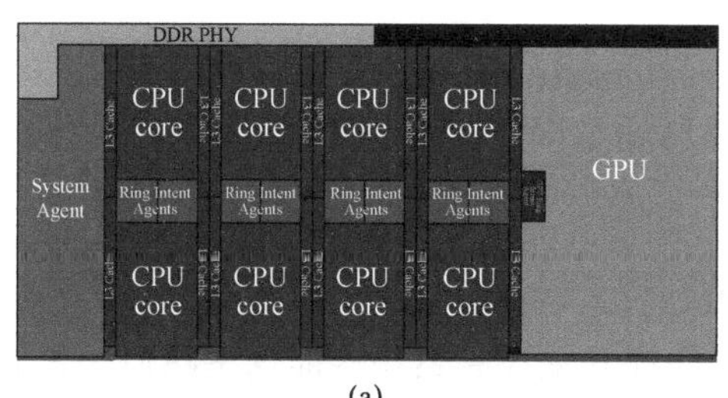

(a)

(b)

图 1－1 多核处理器芯片结构显微图

（a）Intel Core i9；（b）AMD Ryzen 7

其次来看软件方面，软件的发展呈现两个主要趋势：① 规模不断扩大；② 复杂性不断提高。图 1－2 所示为 Linux 内核模块示意，其中有上千万行代码，数万个函数和模块。类似这样复杂庞大的应用软件还有很多，如计算机辅助设计（CAD）软件、游戏引擎软件、办公软件、各种集成开发环境（IDE）软件等，这些软件对性能都有较高要求，需要利用硬件平台的并行性来提升软件系统性能，这就要求软件的设计和实现要考虑并行方式。另外，对大规模软件的分析、编译、优化、缺陷检测等，如不采用并行方式，运行时间将会过长，几乎无法使用。

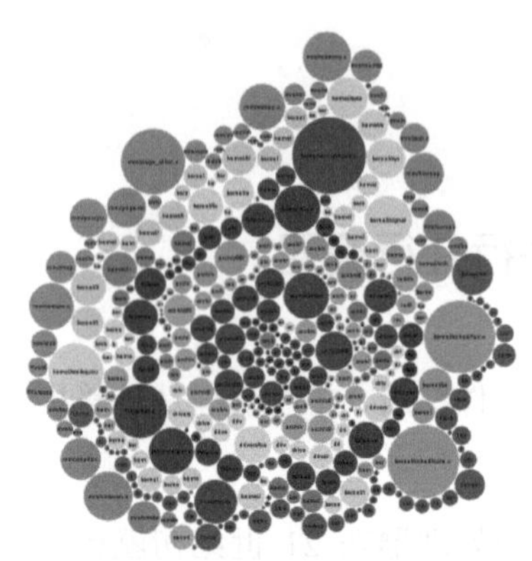

图 1－2 Linux 内核模块示意

总的来说，计算机系统结构的发展和软件应用的发展促使并行编程技术的应用越来越广泛。

计算机系统结构的发展有两个主要趋势：① 从单核到多核/众核；② 从同构到异构。图 1－3 显示了微处理器的发展趋势，2005 年之前主要是单核处理器的时代，晶体管数量的增长符合摩尔定律，CPU 频率随着晶体管数量的增长而不断提升，因此处理器性能也符合摩尔定律，每隔 18 个月提高一倍，同时，芯片的功率也在不断增大。随着功率增大，散热问题越来越成为 1 个无法逾越的障碍。据测算，主频每增加 1 GHz，功耗将上升 25 W，而在芯片功耗超过 150 W 后，现有的风冷散热系统将无法满足其散热的需要。另外，芯片温度的上升也使其可靠性受到很大影响。因此，单纯依靠主频的提升来提高系统性能这条路似乎走到了尽头，甚至连戈登·摩尔本人也在 2005 年 4 月公开表示，引领半导体市场接近 40 年的摩尔定律，在未来 10～20 年内可能失效。但多核处理器技术的出现，使摩尔定律得以延续。从图 1－3 中可以看到，2005 年以后，微处理器逻辑核的数量逐渐增多，芯片功率和主频基本不再增长，芯片上集成的晶体管数量的增长依旧符合摩尔定律。未来，不断进步的芯片结构和部件将很有可能使摩尔定律依然有效。

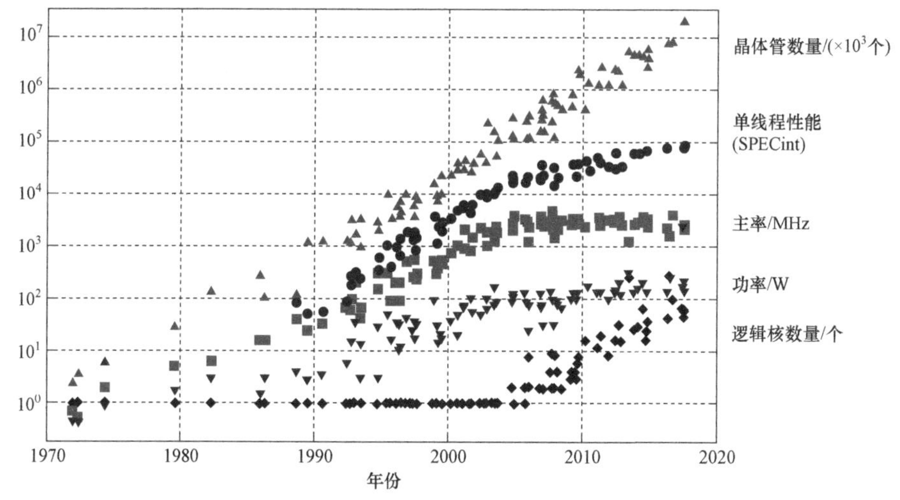

图 1－3　微处理器的发展趋势

GPU 从早期的显卡逐渐演变成一个通用计算单元后，越来越多的计算机系统采用了 CPU＋GPU 异构系统。随着大数据、机器学习、生物信息处理等应用领域的发展，各种人工智能处理器芯片如张量处理器（tensor processing unit，TPU）、神经网络处理器（neural network processing unit，NPU）、深度学习处理器（deep learning processing unit，DPU）、大脑处理器（brain processing unit，BPU）等不断涌现，再加上领域专用的现场可编程门阵列（FPGA）、专用集成电路（ASIC），以及数字信号处理器（DSP）等，计算机系统所能采用的 PE 种类越来越丰富，使计算机系统结构从早期单一的 CPU 同构发展到了多样的异构阶段，计算科学也已进入了一个并行、异构计算的时代。

现如今，并行计算机系统已经无处不在。从计算集群或数据中心来看，并行计算机系统由许多组并排的机柜组成，每个机柜里并列着多个刀片式服务器，每个服务器中又有多个 CPU（和 GPU），每个 CPU 里有多个核，硬件设备从大到小每个层次上都是并行的。日常生活中，人们所用的手机、个人计算机、智能手表、游戏机等基本上也都配备了多核的处理芯片。要充分发挥这些并行计算机系统硬件的性能，把多个 PE 都利用起来，就要求运行在系统中的程序在这些 PE 上是并行执行的，也就是说在开发应用程序的时候就将其设计为并行程序。

以上介绍了计算机系统结构发展，再来看软件应用的发展。图 1–4 展示了神经网络规模的发展趋势。2012 年提出的 AlexNet 网络结构模型引爆了神经网络的应用热潮，并赢得了 2012 年 ImageNet 大规模视觉识别挑战赛的冠军，使卷积神经网络（CNN）成为在图像分类领域中的核心算法模型。从 2012 年的 AlexNet 到 2018 年的 AlphaGo Zero（谷歌（Google）公司的围棋 AI 程序），神经网络的计算量（图 1–4 中纵坐标以每天 PFLOPS*标注为单位）增加了大约 30 万倍，而同期 TOP500 超算系统的最高性能只增长了不到 10 倍，也就是说，软件应用的发展速度是高于硬件的。应用的快速发展产生迫切的计算性能需求，性能需求不断鞭策着硬件发展，硬件的发展又促进了新应用的产生和发展，二者不断相互促进。

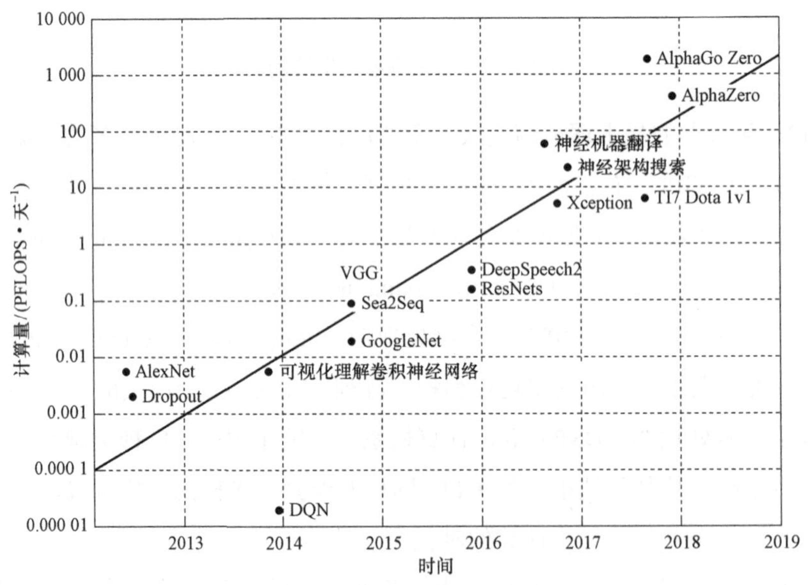

图 1–4　神经网络规模的发展趋势

从软件应用来看，并行计算无处不在。下面列举一些并行计算的应用。

（1）科学和工程计算应用（见图 1–5）。

---

* 每秒浮点运算次数（floating-point operations per second，FLOPS），1PFLOPS=1 × 10^{15}FLOPS。

① 大气、地球、环境。

② 应用物理、核能、粒子、高压、聚变、光学。

③ 生命科学、生物技术、遗传学。

④ 化学、分子科学。

⑤ 地质、地震。

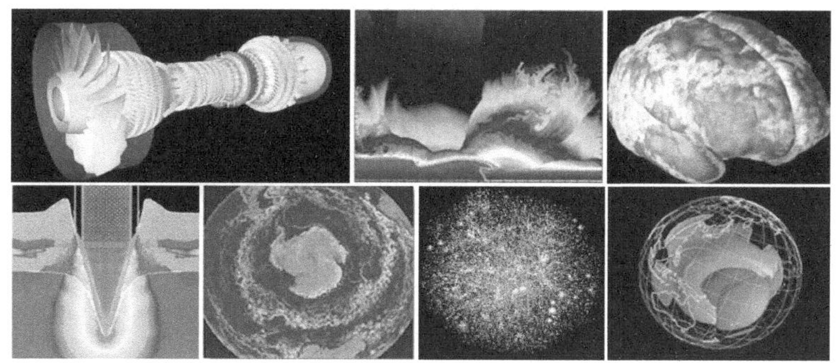

图 1-5　科学和工程计算应用

（2）工业和商业应用（见图 1-6）。

① 大数据分析、数据库、数据挖掘。

② 石油勘探。

③ 网络搜索引擎、基于网络的商业服务。

④ 医学影像与诊断、药物设计。

⑤ 财务和经济建模、跨国公司管理。

⑥ 先进的图形和虚拟现实，尤其是娱乐行业。

⑦ 网络视频和多媒体技术。

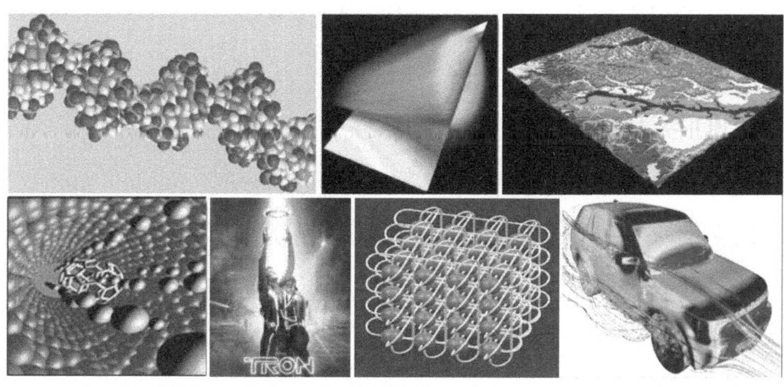

图 1-6　工业和商业应用

可以看到，这些应用涵盖了国防、电力、金融、航空航天、机械与自动化、生物、制药、互联网、信息服务、天气预报等各个领域。通过对应用的分析，加州大学伯克利分校的研究人员总结出了应用中的一些核心算法，如图 1－7 所示，他们把这些核心算法称为 Motif/Dwarf（小矮人），也就是说，这些通用的核心算法决定着系统的性能，是系统中的性能瓶颈。图 1－7 中深色表示左侧的核心算法在上侧对应的应用中使用广泛，对这些应用的性能影响较大；浅色表示左侧算法在上侧对应的应用中使用较少；其他颜色对应算法与应用的关系介于深色和浅色之间。

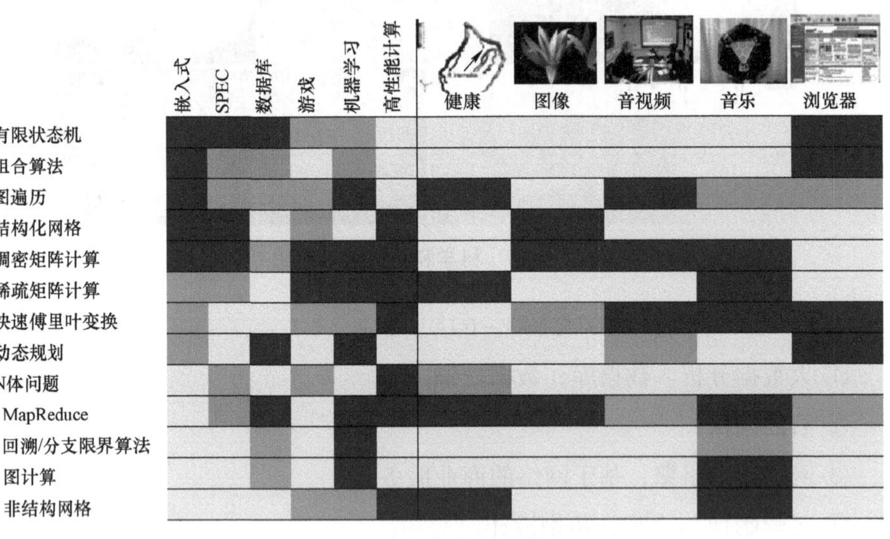

图 1－7 应用中的核心算法

并行编程实现这些通用的核心算法，能够在现代计算机系统中极大提高各种应用软件的性能。也正因此，从事高性能计算研究的很多研究人员专注于这些算法的优化，提出了很多并行优化的算法和实现技术。

1.2 如何实现并行程序

从某种意义上来讲，计算机就是用来模拟现实世界，解决现实世界中实际问题的工具。现实世界中到处存在着并行，这种并行是相对于串行而言的。串行是指一次只做一件事，按照顺序依次进行；并行是指同时做多件事，总耗时取决于耗时最长的那件事所需的时间。以下是现实世界中并行解决问题的一些实例。

（1）5 名教师阅 100 份试卷，可以每人阅 20 份试卷，也可以每人阅部分题目。

（2）小朋友排队玩滑梯，如果有多个滑梯则可以多个人同时玩。

（3）装修过程中地板安装、橱柜安装、卫浴安装等可以同时进行。

（4）人在阅读书本时，可以边阅读边解读字面意思，还可以同时根据其中意境加以想象并背诵。人有能力同时做两件或两件以上毫不相干的事情，这些现象说明了人的思维是可以并行的。

从现实世界中的这些实例可以看到，并行是相当自然的思维方式，因此，在用计算机来解决现实世界中的实际问题时，也应采用和现实世界相符合的并行编程方式。然而，早期单核处理器的时代，受到计算机系统结构的限制，人们已经习惯串行编程的思维方式，遇到实际问题，首先考虑的是算法和数据结构。在多核时代，编程的思维方式需要转变，首先要考虑问题内在的并行性，其次才考虑算法和编码实现，因为并行性影响着算法和数据结构的选择。

现实问题内在的并行性可以分为数据并行和任务并行两种。任务并行可简单理解为能同时进行的多件不相同的事情（也就是任务），数据并行是将同一件事情同时作用在多个不同的对象上。例如，前面所说的教师阅卷，每人阅 20 份试卷就属于数据并行，每人阅部分题目则属于任务并行；小朋友排队滑多个滑梯可以看作是数据并行（小朋友是能同时处理的数据，滑梯看作多个 PE）；装修过程中不同工种的装修师傅在互不影响的情况下，同时进行地板、橱柜、卫浴的安装，就属于任务并行。

如图 1-8（a）所示，将字符串变成大写的程序可以采用数据并行的方式实现。如图 1-8（b）所示，对整数数组计算算术平均值、最小值、按位或、几何平均值等可以采用任务并行的方式实现。

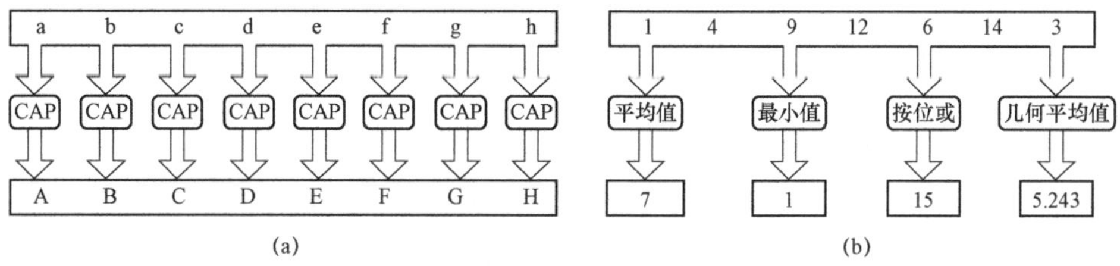

图 1-8　并行程序示例

（a）数据并行；（b）任务并行

从设计模式的角度来看，并行编程的过程可抽象成如下几个设计空间以及在各个设计空间中可采用的设计模式。

（1）寻找并发性设计空间：设计模式包括任务分解、数据分解。

（2）算法结构设计空间：设计模式包括分治（divide and conquer）、流水、任务并行、事件协作。

（3）支持结构设计空间：设计模式包括主从、单程序多数据（SPMD）、循环并行（loop parallelism）、派生－聚合（fork-join）等；数据结构模式包括共享队列、分布式队列等。

（4）实现机制设计空间：设计模式包括进程/线程的管理、交互。

寻找并发性设计空间的目标是重组问题，以揭示可发掘的并发性，设计者在这个层次中主要面对高层次算法问题，揭示问题的潜在并发性。设计者在算法结构设计空间利用潜在的并发性构造算法，考虑如何利用前面寻找到的并发性，算法结构模式描述发掘并行性的整体策略。支持结构设计空间提供了一个算法结构设计空间和实现机制设计空间的中间层，主要考虑程序结构和数据结构的模式。实现机制设计空间将上层空间的模式映射到特定的编程环境中。

前两个设计空间主要是从应用的角度，分析应用内在的并行性、可能的并行算法模式，不考虑具体的并行计算机系统体系结构；后两个设计空间则是考虑应用在具体某种并行计算机系统上的实现。这 4 个设计空间的关系如图 1－9 所示，它们不是完全独立的，而是相互关联的，并行编程实现的过程中，也可能需要在上下各个设计空间中不断迭代优化。

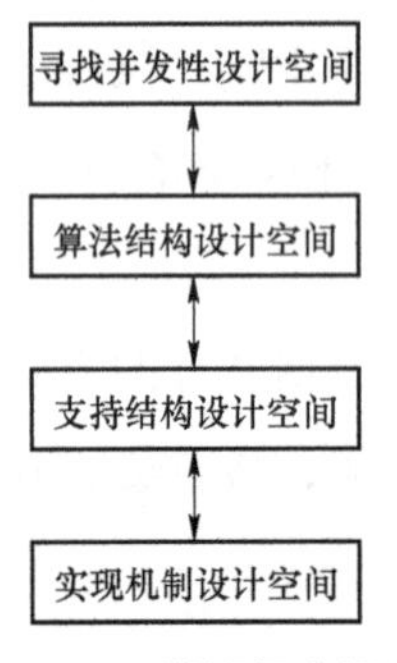

图 1－9 并行程序设计空间的关系

以上是从设计者的角度考虑如何实现并行程序，从实现者（程序员）的角度来看，并行程序的具体实现方法可分为以下两种。

隐式并行：是指由硬件和编译器自动实现串行程序的并行执行，一般在指令级或线程级实现，不需要程序员参与。例如，超标量（superscalar）、向量指令、硬件多线程（simultaneous multi-threading，SMT）等技术就属于隐式并行技术，主要实现指令级的并行。编译器的许多编译优化技术，如自动向量化（GCC 编译器－O2 选项即可实现）等，就是隐式并行的常见手段。

显式并行：是指需要程序员参与来完成并行程序的任务划分、调度、同步与通信等实现细节。当然，为了减少程序员的负担，并行编程模型、运行时库等底层的软硬件平台承担了程序并行运行的大部分技术细节，只是对程序员提供必要的上层接口，使程序员能够以并行化的思维方式编写和运行程序。

并行编程模型是面向程序员的，因此属于显式并行的范畴。从程序员的角度来看，显式实现并行程序有三种方法，如表 1-1 所示，即并行编程模型的三种实现方法。

表 1-1　并行编程模型的三种实现方法

方法	实例	优点	缺点
库例程	消息传递接口（message passing interface，MPI），Pthreads	容易使用；性能高；不需要扩展编译器	程序员要处理同步通信等细节
编译器注释	OpenMP、OpenACC	容易使用；代码可移植性好	受编译器限制；并行开销较大；灵活性较差
语言扩展	C++、Java	性能高；灵活性好	程序员要掌握语言高级特性，处理所有细节

库例程是由并行编程模型以函数库的形式提供给用户一组编程接口，用户通过调用这些接口函数就能实现所面向的计算机系统的并行程序，如共享存储系统下的 Pthreads 多线程编程函数库，分布式存储系统下的 MPI 编程。图 1-10 所示为 Pthreads 编程示例，可以看到创建一个线程只需要调用 pthread_create( )接口即可。

```
#include <pthread.h>
void*  function( void*  arg ){
   printf( "This is thread %d\n",
        pthread_self() );
   return( 0 );
}
int main( void ){
   pthread_attr_t attr;
   pthread_attr_init( &attr );
   pthread_create( NULL, &attr, &function, NULL );
   return EXIT_SUCCESS;
}
```

图 1-10　Pthreads 编程示例

编译器注释是在串行程序的基础上添加一些编译器能够识别的注释，也称编译制导指令，这些注释标记出了程序中可以并行化的部分，以及并行化过程中的一些细节，通过这些注释可以使编译器了解程序员的意图，从而实现程序的并行化。图 1－11 所示为 OpenMP 编程示例，其中 for 循环的并行只需要在前面加上一行以#pragma omp 开头的特定注释即可，编译器会自动将该循环拆分给多个线程并行执行。

```
#include <omp.h>
#define N 10000
void main()
{
  double A[N],B[N],C[N];
  ...
  #pragma omp parallel for
  for(int i = 0; i<N; i +  + )
    C[i] = A[i] + B[i];
}
```

图 1－11　OpenMP 编程示例

语言扩展是指在原有高级语言的基础上增加支持并行编程的一些数据结构、接口、库等。例如，C++语言为支持并发编程，在 C++11 中引入了 std::thread 等类，极大降低了多线程编程的复杂度。原先的 C++多线程编程只能通过调用系统 API 来实现，无法解决跨平台问题，现在在 C++11 中只需使用语言层面的 thread 等即可实现跨平台可移植的程序。图 1－12 所示为 C++11 多线程编程示例。

```
class background_task{
public:
   void operator()() const{
        do_something();
   }
};
background_task f;
std::thread my_thread(f);
```

图 1－12　C++11 多线程编程示例

1.3　并行编程示例

本节用几个具体的示例来讲解实现并行程序的大概过程和可能遇到的一些关键问题，其中详细的技术原理和实现方法在后续章节会进行介绍。

示例 1：序列求和。

对一维数组 V [1，2，…，n]，求数组元素的和 $S=\sum_{i=1}^{n}V_i$。

串行算法如下：

```
S = 0
do i = 1, n
  S = S + V(i)
end do
```

算法的复杂度为 $O(n)$。并行程序可以采用图 1－13 所示的方式，由 p_0～p_7 这些 PE 并行计算两两数据的和，这就是一个并行归并的过程，其算法时间复杂度降低为 $O(\log n)$。在这一问题中，并行程序的算法与串行算法不同，需要重新设计。

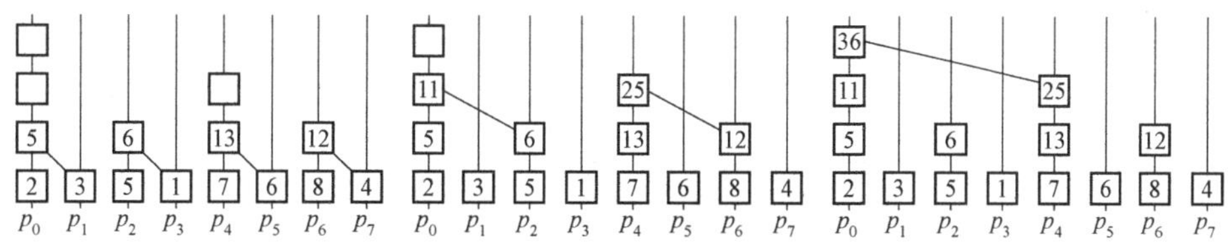

图 1－13　序列求和的并行实现过程示例

示例 2：数组处理。

数据分析挖掘中经常对表格数据进行预处理，如图 1－14 所示，对二维数组的每个元素施加一个处理函数。

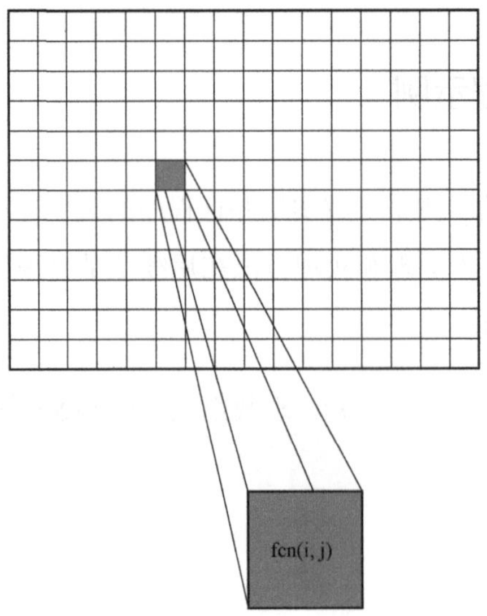

图 1-14　数组处理示例

算法如下：

```
do j = 1,n
  do i = 1,n
    a(i,j) = fcn(i,j)
  end do
end do
```

由于每个数组元素的计算都是独立的，不依赖于其他位置的元素，因此，有多个 PE 时，是完全可以并行计算的。并行算法可实现为每个 PE 计算表格中的一部分，如图 1-15 所示的划分，对应每个 PE 计算自己所要处理的列。

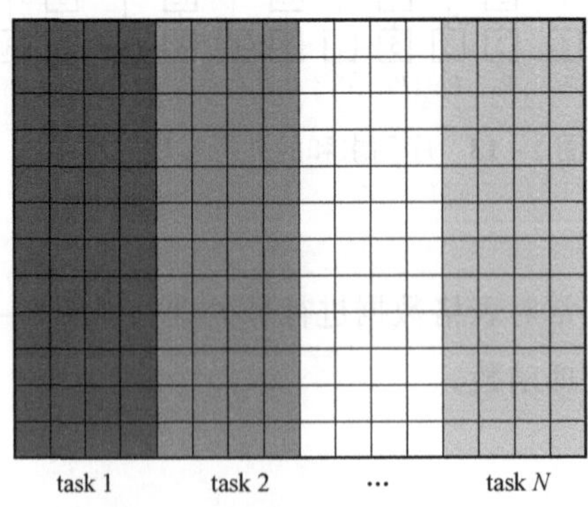

图 1-15　数组处理的任务划分示例

算法如下：

```
do j  =  mystart, myend
  do i  =  1, n
    a(i,j)  =  fcn(i,j)
  end do
end do
```

这时，需要考虑如何划分数组元素的问题。显然，图 1－15 中表格可以按行划分也可以按块划分，不同的划分和分配方式会影响各个 PE 的执行时间，具体实现时应尽量保证负载均衡（load balance），使程序整体完成执行的时间最短。另外，在本示例中，各个 PE 的计算相互独立，之间没有数据依赖，因此不需要任何同步操作。在共享存储系统上实现时，由于所有 PE 都访问同一共享内存，因此也不存在数据传输的问题，即 PE 间不需要数据通信。该示例的 OpenMP 实现如下：

```
#pragma omp parallel for
for (i = 0; i < n; i++){
  for (j = 0; j < n; j++){
    a[i][j] = fcn(i,j);
  }
}
```

示例 3：热传导方程计算。

热传导方程描述了给定初始温度分布和边界条件下温度随时间的变化，其偏微分方程为

$$\frac{\partial u}{\partial t}=\frac{\partial}{\partial x_1}\left(k_1\frac{\partial u}{\partial x_1}\right)+\cdots+\frac{\partial}{\partial x_n}\left(k_n\frac{\partial u}{\partial x_n}\right)+F(x,t) \tag{1-1}$$

式中，u 是固体的传热过程中在（x_1，x_2，…）处、t 时刻的温度；系数 k 称为热导率。

有限差分法是求解偏微分方程的常用数值计算方法，用有限差分方法求解 2－D 热方程的核心步骤就是在一个正方形区域上计算每个点的温度，其计算公式为

$$U_{x,y}=U_{x,y}+C_x(U_{x+1,y}+U_{x-1,y}-2U_{x,y})+C_y(U_{x,y+1}+U_{x,y-1}-2U_{x,y}) \tag{1-2}$$

物体表面的初始温度分布如图 1－16 所示。假设边界温度始终为零（也就是环境温度），一段时间后物体表面某一点的温度可以从初始时刻开始，每隔时间步长Δt 进行一次计算得到。每个时间步长温度的计算可使用如下嵌套循环实现。

```
do iy = 2, ny - 1
  do ix = 2, nx - 1
    u2(ix, iy) =  u1(ix, iy)  +
        cx * (u1(ix+1,iy) + u1(ix-1,iy) - 2.*u1(ix,iy)) +
        cy * (u1(ix,iy+1) + u1(ix,iy-1) - 2.*u1(ix,iy))
  end do
end do
```

该嵌套循环的核心就是按照式（1－2）计算每个点的温度，其中各点位置关系如图 1－17 所示。注意，上述循环中 u1 计算完后赋值给 u2，不是更新 u1 本身，因此在一个时间步长内各个点的温度计算都是独立的，不会相互影响。那么当需要计算的物体表面点数很多时，各点的温度计算可以由多个 PE 并行进行，每个 PE 在每个时间步长更新一部分区域的温度。

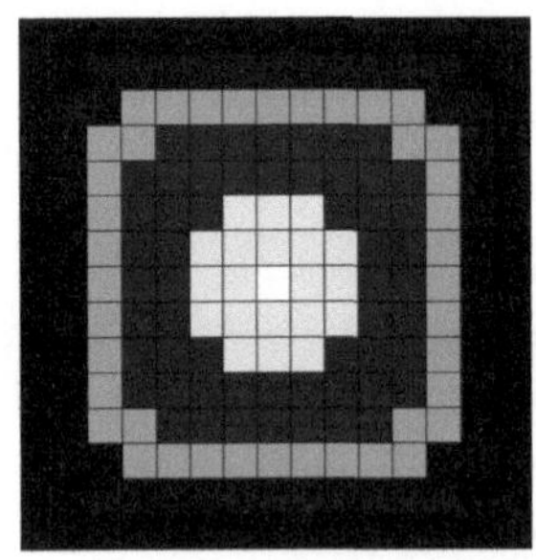

图 1－16　物体表面的初始温度分布

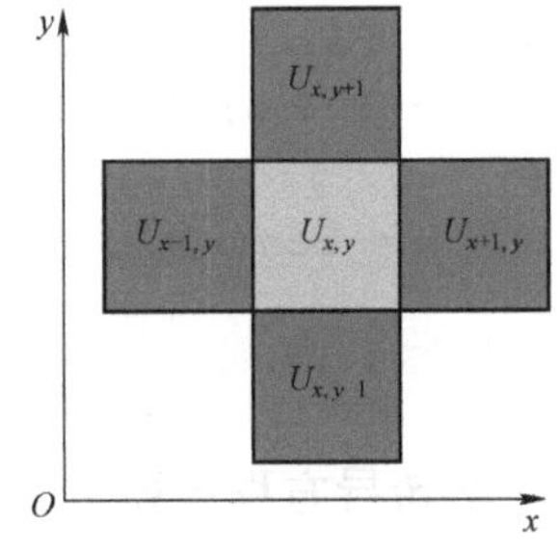

图 1－17　热传导中各点位置关系

同示例 2 数组处理类似，实现热传导计算并行程序时需要考虑负载均衡的问题，要将点阵区域进行分割，平均分配给多个 PE。另外，由于分割后区域边界点的计算需要旁边区域的数据，因此需要在 PE 间进行数据传递。由于下个时间步长的计算依赖于上一步的计算结果，因此一个时间步长的计算完成后，进入下一个时间步长的计算前还需要同步，以保证各个 PE 都完成了当前时间步长的计算。

用 SPMD 方式实现热传导计算的并行程序框架如图 1－18 所示，其中主（master）进程/线程和工作（worker）进程/线程都承担部分计算，每个时间步长的计算通过 master 线程发送的消息（starting info）同步。以下是 MPI 程序实现的伪代码描述。

```
find out if I am master or worker
if I am master
  initialize array
  send each worker starting info and subarray
  receive results from each worker
else if I am worker
  receive from master starting info and subarray
  # Perform time steps
  do t  =  1, nsteps
    update time
    send neighbors my border info
    receive from neighbors their border info
    update my portion of solution array
  end do
  send master results
endif
```

图 1-18 用 SPMD 方式实现热传导计算的并行程序框架

1.4 并行程序的结构和模式

1.2 节介绍了从应用问题出发，再到实现其在某个计算机系统上的并行程序，需要经历寻找并发性、算法结构、支持结构和实现机制四个设计空间（见图 1-9）的过程。这四个设计空间可以看作设计实现并行程序的四个阶段，每个阶段包含诸多设计模式。当然，这些设计空间不是完全割裂的，而是相互影响的，图 1-9 中上下排列只是给出了解决问题的大致顺序。

首先，应该清楚什么是模式。模式是主体行为的一般方式，是理论和实践之间的中介环节，具有一般性、简单性、重复性、结构性、稳定性、可操作性的特征。模式是在以前经验中形成的事物的标准样式。并行程序的设计模式就是人们在以往实现并行程序的过程中总结出来的方式方法，俗称套路。这些套路能够指导人们解决遇到的实际问题。

其次，在现实中，进入这些设计空间选择相应模式之前，应深入了解应用本身和面向的计算平台。这相当于输入是问题和并行计算机系统，输出就是该并行计算机系统上解决该问题的并行程序。计算平台一般较容易理解和抽象，如是单节点的共享存储系统还是多个节点的分布式存储系统、有没有 GPU 等加速设备、内存容量、网络拓扑结构和带宽等。这些硬件平台的属性一般不需要多少工作就能获得。问题本身的理解要相对复杂得多，不仅要理解应用的背景和实际意义，还要分析应用中的模块，找到其性能瓶颈，了解应用本身的处理流程和所处理的数据属性等，从而在应用问题本身寻找可能的并发性，这实际上也属于寻找并发性设计空间中要做的事情，其将在 4.1 节详细介绍。

在对应用问题本身包含的并发性有了充分了解后，可以着手进行并行程序的算法结构和支持结构设计。实际上，后面几个设计空间是紧密结合在一起的，都需要全盘考虑问题中的并发性和计算平台属性，只是各设计空间所侧重的从"理论"到"实践"过程（从上到下）的层次不同。算法结构设计空间离具体实现最远，离应用抽象最近，为问题寻找一种或几种高效的算法结构模式，决定了程序总体，也就是宏观上的逻辑结构；支持结构设计空间介于程序宏观上的并行模式和具体实现之间，提供可选择的编程模式，也就是程序的并行实现模式，包括程序的构造模式和数据的组织结构模式；实现机制设计空间离"实践"最近，离"理论"最远，考虑在具体计算平台上实现时的并行 PE 管理、同步和通信等实现细节，也就是第 4 章关键技术问题在给定计算平台上的具体实施。

本节讨论并行程序的结构和模式，是在算法结构设计空间和支持结构设计空间所涉及的模式。

1.4.1 并行程序的算法结构

对问题本身蕴含的并行性有充分了解之后，就要考虑解决该问题的并行程序的逻辑结构，也就是并行程序的算法结构。

已知的现实世界是由时间和空间组成的，从时间的角度来看，世界是线性的，因为时光无法倒流，也没有多个时间线，所以并不存在真正时间意义上的并行，除非有多元宇宙存在。正因此，程序实质上都是顺序执行的指令流，是串行的。这里所说的并行是通过多个 PE 同时执行多条指令流来模拟现实世界的并行，是在空间上的并行（扩展），也就是说，在一个时间点，一个 PE 只会执行一条指令（或者说处于一个状态）。这一关于并行的世界观从根本上主导着并行计算机体系结构和并行程序的结构。现有的并行计算机系统只能是在不同层次上设置多个软硬件单元。并行程序也只能是把程序划分成多个独立的指令流，让它们同时运行在多个硬件单元上。

回到问题的本质，是什么形成了并行程序的多个指令流？是这些指令流所完成的任务和它们所处理的数据。正如 1.2 节所述，现实问题内在的并行性大体可以分为数据并行和任务并行两种。因此，并行程序的算法结构也应该从任务和数据两个角度出发，总结出一般方法，也就是设计模式。

人们在并行程序算法结构设计空间总结出的模式可分为以下三类（见图 1－19）：

（1）基于任务来组织并行程序；

（2）基于数据分解来组织并行程序；

（3）基于数据流来组织并行程序。

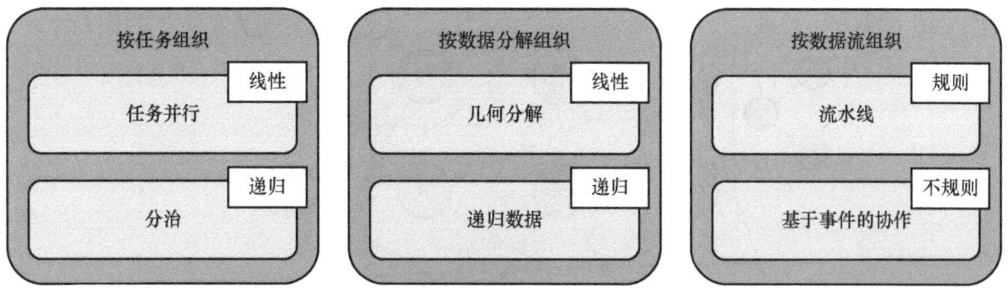

图 1－19　算法结构设计空间的模式

1. 基于任务来组织并行程序

基于任务来组织并行程序主要是从问题的任务分解出发，考虑把问题划分成多个任务后，任务之间的相互关系。如果任务间相互独立，则可以将任务均分给多个 PE 并行执行，这是最简单易行的并行方式，也就是通常所说的大规模并行（massively parallel）。如果任务间有某些依赖关系，可分为如下两种情形。

（1）任务之间按照时间上的先后顺序（依赖关系）形成一个有向无环图（directed acyclic graph，DAG），PE 按照某种任务调度算法调度执行 DAG 上已经准备好的任务，这就是普通意义上的任务并行。

（2）任务可以分解成子任务递归地解决，采用分治模式，这是任务并行的一种特殊形式，在实际应用中经常采用。

任务并行是把任务作为并行的基本单位，主要涉及任务的划分、调度、数据分布、同步和通信等问题。其中任务调度的设计与实现最为关键，其他问题的研究都与调度策略紧密相关，常常融入调度器中实现。

任务之间的关系可用 DAG 表示。例如，图 1－20 所示为 Cholesky 因式分解并行实现的 DAG，其中节点代表各个任务，也就是一些核心算法模块，箭头代表任务的执行顺序。由于某些任务又能进一步细分成多个子任务，因此该 DAG 能够形成层次结构，即分层 DAG。图 1-20 中一些任务节点分成了框中的多个子任务，这些子任务可能表现出不同的并行性，如右上角框中的节点之间有很规则的并行性，左上角框中节点之间存在不规则的并行性。

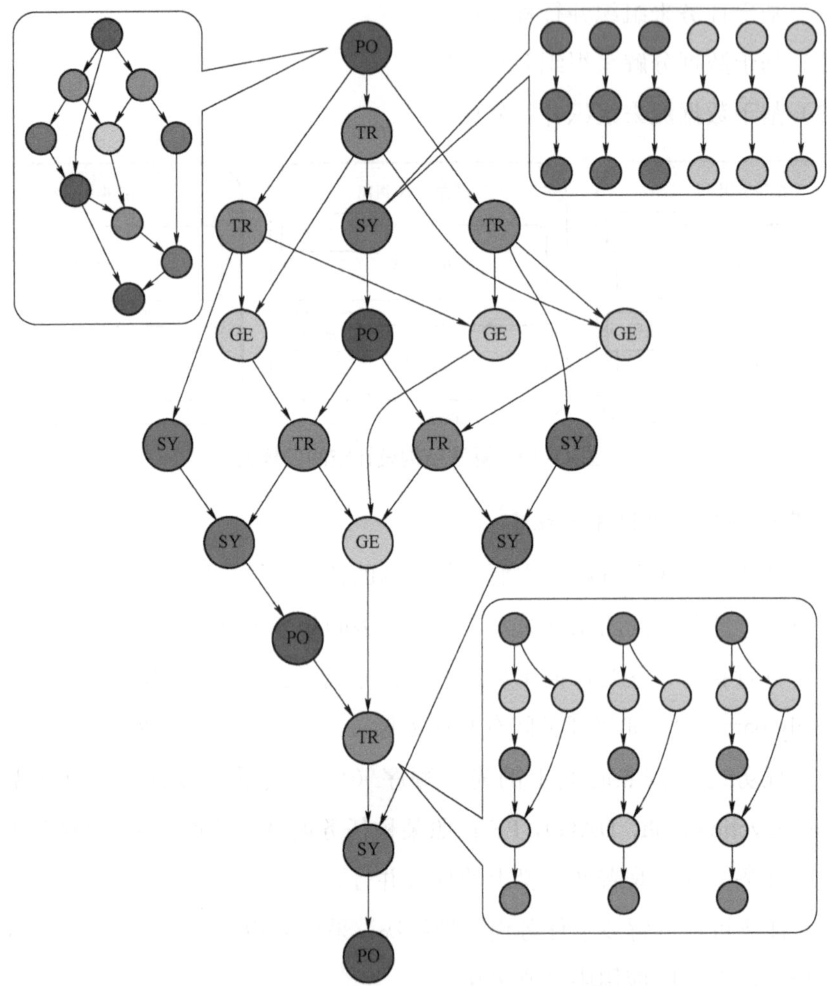

图 1-20 Cholesky 因式分解并行实现的 DAG

分治是解决问题时的一种常用方法，通过分治法把一个复杂的问题切分成两个或更多相同或相似的子问题，再把子问题切分成更小的子问题，直到最后子问题可以简单地直接求解，原问题的解即子问题的解的合并。分治是许多高效并行算法的基础，如快速排序、归并排序、快速傅里叶变换等。分治过程如图 1－21 所示，通常是一个程序递归执行的过程。把原始问题和分治过程中的子问题都看成任务的话，图 1－21 就是任务的 DAG，这些任务之间是一种递归式的并行关系。例如，斐波那契数计算形成的 DAG 如图 1－22 所示。

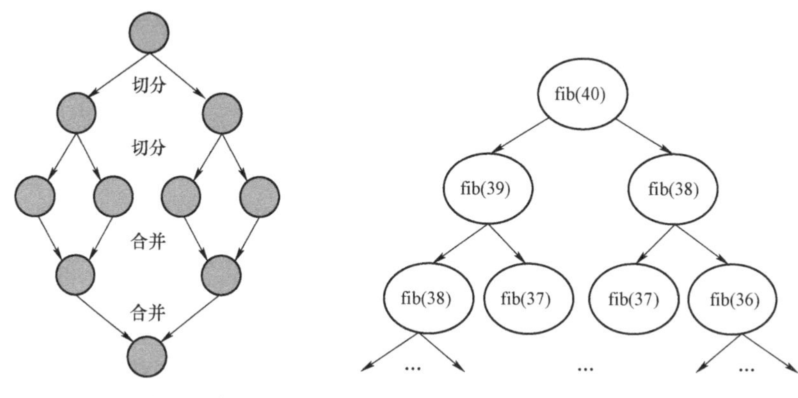

图 1－21　分治过程　　**图 1－22　斐波那契数计算形成的 DAG**

用分治模式实现并行程序要考虑以下两个重要问题。① 递归深度，也就是分到何时为止。由于越往下分，任务的数量越多，任务创建和调度的开销会越来越大，这些开销会逐渐抵消并行化带来的性能提升，因此需要设置阈值（threshold），当指标超过阈值时就不再细分任务了，转为串行执行当前任务。然而，阈值的确定，也就是递归深度的确定是和应用及运行环境等相关的，没有统一的标准或方法，目前只能依靠用户经验或一些自动化的调优方法获得。② 遍历顺序。分治过程形成了任务的树形结构，任务的执行顺序就是树的遍历顺序，因此，在某一层树节点上都存在对下面的子树选择深度优先遍历还是广度优先遍历的问题。

2. 基于数据分解来组织并行程序

很多应用问题是对大量数据的处理，如果这些数据能够分解为多个可以同时更新的块（block/chunk），则可以采用这种模式来组织并行程序。例如，对地图着色，或者进行地理、气象等计算，通常可以将地图区域划分成网格，分块并行处理。这种网格计算程序通常在相邻分块之间需要交换数据，交换的数据一般是数据块边沿的部分。

基于数据分解来组织并行程序是在几何意义上对数据进行分解，然后分派给多个 PE 并行处理，因此也称几何分解模式。采用这种模式编写并行程序需要考虑以下关键问题。

（1）数据分解粒度。分块的大小对负载均衡、通信开销、调度开销有重要影响。一般来说，数据分块越大，负载越不均衡，但调度开销越少，因此需要在这些因素中间进行权衡，找到合适的分块大小。

（2）是否通过冗余复制减少通信量。各个 PE 负责部分数据的计算，一般在分布式系统下会将数据分发到各个节点上，如果一个节点在计算过程中需要其他节点上的数据，则需要通信，等待数据传输过来。通过冗余复制，提前将可能用到的别的节点上的数据在本节点复制一份，可以极大减少数据通信。这种优化方式是以存储空间换取性能提升，也就是以空间换时间。

（3）数据交换和更新（通信和计算）是否能重叠。将输入/输出（input/output，I/O）和计算进行重叠是性能优化中的常用手段，在基于数据分解来组织并行程序的模式下，如果 PE 间存在数据交换，应考虑能否重叠数据传输和计算。

（4）数据分布和任务调度。基于数据分解来组织并行程序的模式是主要基于数据的划分而形成许多能够并行处理的任务，因此数据的分布和任务调度机制是影响并行程序性能的两个重要方面。

（5）程序结构。由于基于数据划分的任务之间通常没有或只有简单的依赖关系，因此通常采用 SPMD 或循环并行的程序结构。

从数据分解（划分）的角度出发来组织并行程序，也可能形成如前所述的递归式的并行程序（任务分解和数据分解只是出发点不同，实际最终都是形成能够并行执行的许多任务）。如果问题涉及对可递归的数据结构（链表、树、图）的操作，就可以考虑如何对这些数据结构并行地执行相关操作，这也就相当于对数据进行了递归分解。常见的递归数据结构和操作包括：组合优化中，遍历树或图中的所有节点；计算链表元素的部分和（前缀扫描）；寻找由树组成的森林中的树根。

3. 基于数据流来组织并行程序

从数据的角度出发来构造并行程序，除对数据进行几何划分外，还有两种常见的模式：流水线和基于事件的协作（event-based coordination）。

流水线是流式数据处理的基本方法。该方法将一个接一个数据单元形成的连续不断的数据流的处理过程分为几个阶段，每个阶段有独立的处理模块，一个数据单元依次经过流水线中的各个处理模块。由于各个处理模块相互独立，因此流水线满载时，同一时刻有多个数据单元会被不同模块并行处理，如图 1－23 所示。

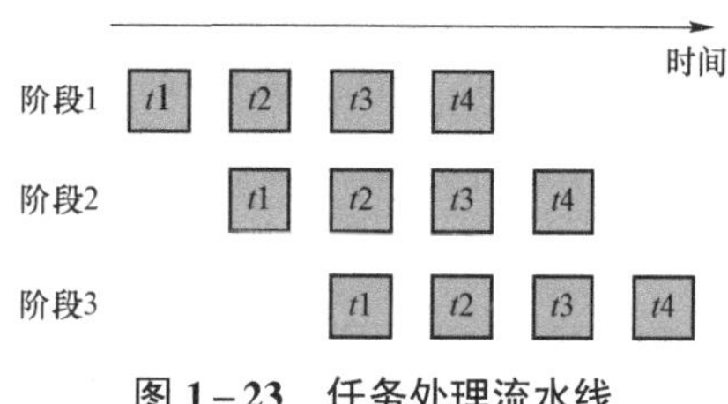

图 1－23　任务处理流水线

基于事件的协作模式常应用于并行离散事件仿真（parallel discrete event simulation，PDES）领域。例如，机场的飞机起落模拟中，众多飞机的起落是并行的，如果把飞机的起落看作任务，受机场容量、跑道等限制，那么这些任务之间的并行性很难用前面的各种模式来描述。各飞机的起落任务与机场跑道和停机坪占用等相互影响，这种相互影响是通过飞机的起落事件来触发的，即在机场和各飞机之间形成了基于事件的协作关系。这类问题中，任务以非规范的模式交互，任务之间的数据流交互隐含了任务间的顺序约束。

1.4.2　并行编程模式

在完成算法结构设计空间的模式选择后，就进入了具体的编程阶段，这一阶段首先要明确的是程序构造模式（也就是源代码的构造方法），以及数据结构（组织、管理）模式。

程序构造模式主要有 SPMD、主/从（如 master/worker）、循环并行、fork-join。数据结构模式主要有共享数据（shared data）、共享队列（shared queue）、分布式队列（distributed queue）。

1.4.1 节算法结构设计空间中的模式主要集中于算法的表达，而支持结构设计空间中的这些模式面向并行程序的实现，将算法结构设计空间中的算法转换为程序。这两个设计空间中的模式对应关系如表 1－2 所示，其中星号的多少表示算法结构模式对程序构造模式的适用程度。

表 1－2　算法结构设计空间和支持结构设计空间中的模式对应关系

模式	任务并行	分治	几何分解	递归数据	流水线	基于事件的协作
SPMD	★★★★	★★★	★★★★	★★	★★★	★★
循环并行	★★★★	★★	★★★			
主/从	★★★★	★★	★	★	★	★
fork-join	★★	★★★★	★★		★★★★	★★★★

在串行编程时代，通常采用结构化编程方法，结构化程序理论证明利用顺序、选择和循环这三种组合程序，可以表示所有可计算函数。因此，这三种结构足以表示 CPU 中的指令执行过程，也可以表示图灵机的运作，以此观点来看，处理器所执行的指令可视为某种结构化程序，也就是以一些简单、有层次的程序流程架构所组成，可分为顺序、选择及循环结构的程序。

结构化串行编程模式中的串行控制模式包括 sequence（顺序）、selection（选择）、iteration（循环迭代）、recursion（递归）、function（函数）和 nesting（嵌套）。其中，nesting 是一种分层组合模式的能力，可应用于串行和并行的结构化编程模式中。图 1–24 展示了不同控制模式的嵌套结构。

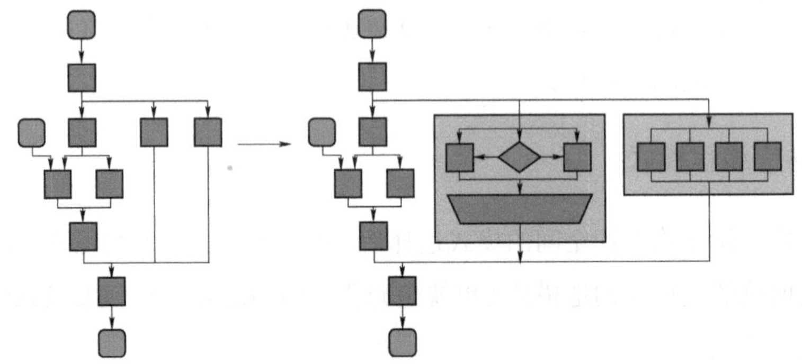

图 1–24 不同控制模式的嵌套结构

在并行编程时代，结构化编程模式中的控制模式得到了相应扩展，产生了以下并行控制模式：superscalar sequence、speculative selection、map、reduce、recurrence（递推）、scan（扫描）、pack/expand、fork-join、pipeline（流水并行）。每个并行控制模式都与至少一个串行控制模式有关，但是放宽了串行控制模式的假设。数据访问模式也从串行编程时代的随机读写、堆栈访问等扩展到了并行编程时代的蒙版（stencil）、数据聚集（gather）、分散（scatter）等。

下面分别介绍几种基于不同控制模式和数据访问模式的结构化并行编程模式：fork-join、map、reduction（规约）、stencil、pipeline、scan、recurrence。

1. fork-join

fork-join 编程模式假设程序开始于一个单独的 master 线程/进程，master 线程/进程一直串行执行，直到遇见一个能够并行执行的代码区域，然后由 master 线程/进程 fork（分）出多个并行线程/进程，并行区域的代码由这些线程/进程并行执行，当并行区域执行完后，这些 fork（分）出的线程/进程再与 master 线程/进程同步或中断，也就是 join（并）到 master 线程/进程，接着串行执行，直到遇见下一个并行执行代码区域。OpenMP 是 fork-join 编程模式的典型代表，其执行过程如图 1-25 所示。fork-join 编程模式的关键是要确定从哪里 fork 从哪里 join，fork 和 join 之间需要并行执行多个相互独立的任务。

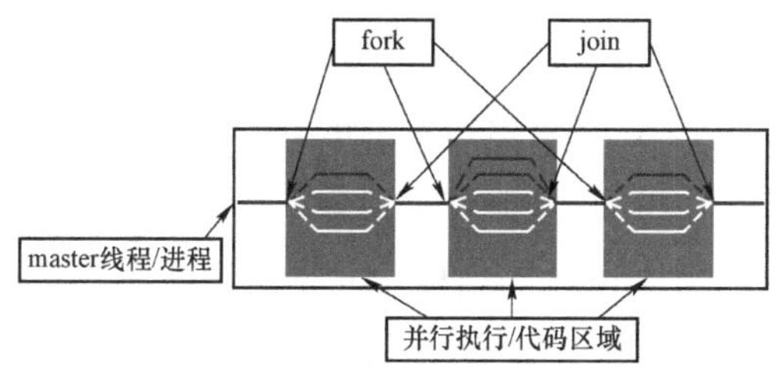

图 1-25　OpenMP 执行过程

另外，fork-join 编程模式也常用于分治算法，因为从任务划分的角度，分治过程就是一个 fork-join 的过程。如图 1-26 所示，采用分治算法的并行程序，无论其具体实现如何，都是从某个主任务出发，然后递归地 fork 出多个子任务，递归到某一深度时产生了大量能够并行处理的基任务（base case），最后 join。图 1-26 中从上到下各层中的任务节点能够被多个线程/进程并行执行。

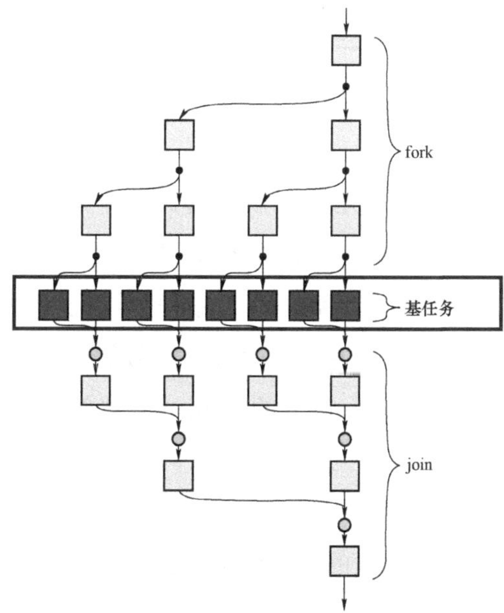

图 1-26　分治算法的执行过程

采用分治算法实现并行程序时，基任务的确定是关键问题之一，因为基任务决定了递归的深度。递归深度应该足够深，以产生大量可以并行执行的任务，但也不能太深，否则会产生大量粒度太小的任务，造成调度开销相对过大。

2. map

map 编程模式是指对集合中的每个元素执行相同的操作，如图 1-27 所示，其串行程序通常采用 for 循环来实现。当每个循环迭代之间相互独立，迭代次数事先已知，并且计算仅取决于迭代计数和输入集合中的数据时，循环体可以表示成基本功能函数，由多个 PE 并行地对不同数据元素调用基本功能函数进行计算，同时产生输出元素，这就是 map 的结构化并行编程模式。这种模式通常基于对数据划分，OpenMP 中的 parallel for 指令和 MapReduce 的 map 阶段等都可以看作是这种并行编程模式。

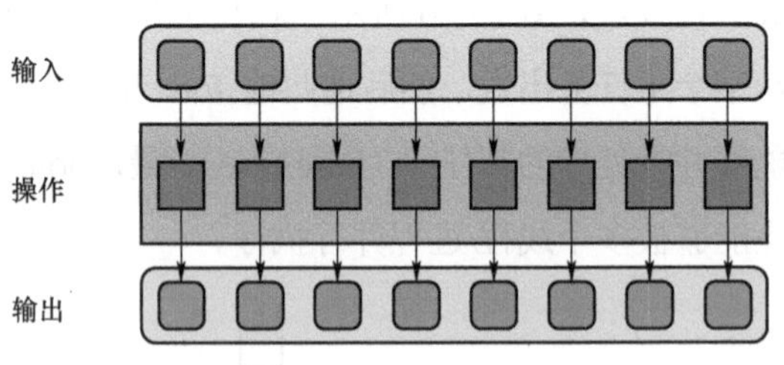

图 1-27 map 编程模式

3. reduction

reduction 编程模式是指使用某种规约函数合并集合中的元素，如对数组元素求和，其串行规约程序执行过程如图 1-28（a）所示，从数组的第一个元素开始，逐一向后执行规约函数。这个过程可以进行并行优化，并行规约的过程如图 1-28（b）所示，各层上的规约函数能够并行执行。OpenMP 中的 parallel reduce 指令、MapReduce 的 reduce 阶段等都可以看作是这种并行编程模式。

常用的规约函数有加法、乘法、最大值、最小值、与、或、异或等，规约函数的不同使初值的选取以及元素的规约顺序可能不同。

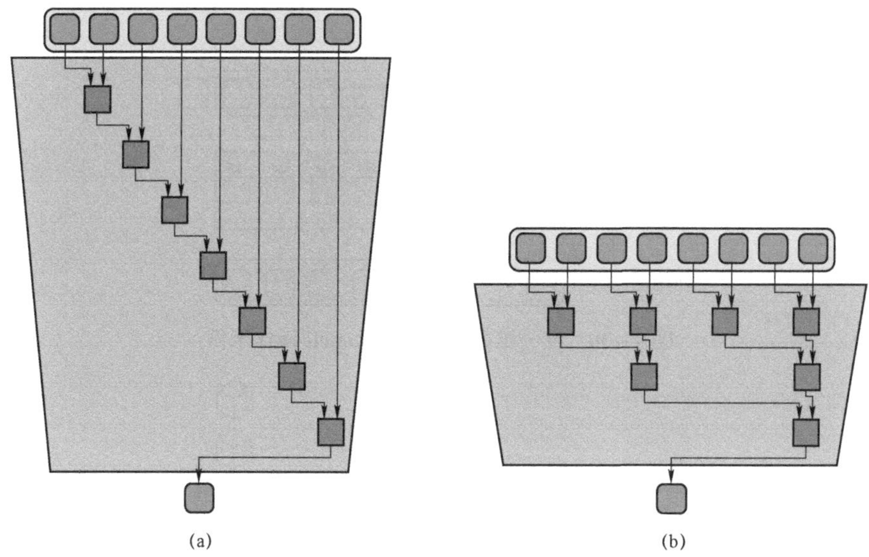

图 1-28　reduction 编程模式

（a）串行规约；（b）并行规约

4. stencil

stencil 编程模式是对相邻的一些数据执行某个特定的函数。如图 1-29 所示，***A*** 矩阵中 4 个元素，每个元素的值与其上、下、左、右 4 个元素的值取平均，得到该位置的输出结果。如果 ***A*** 和 ***B*** 矩阵是两块独立的数据，则各位置平均值的计算能够并行进行。stencil 编程模式用偏移窗口实现 stencil 操作，需要考虑边界条件，图 1-29 中为使 ***A*** 矩阵边界数据能够计算，可提前将 ***A*** 扩充一圈 0 值。当 ***A*** 矩阵较大时，大部分 stencil 操作是在其内部进行的。

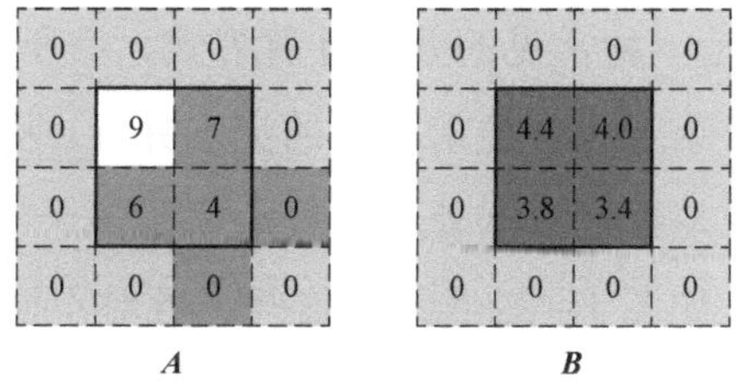

图 1-29　stencil 编程模式

图 1-30 展示了在一维数组上进行 stencil 操作示例，可以看到，stencil 其实是一种多对一的 map 编程模式，和之前介绍的 map 编程模式的区别在于，map 编程模式是一对一的。图 1-31 所示为三维 stencil 操作示例。

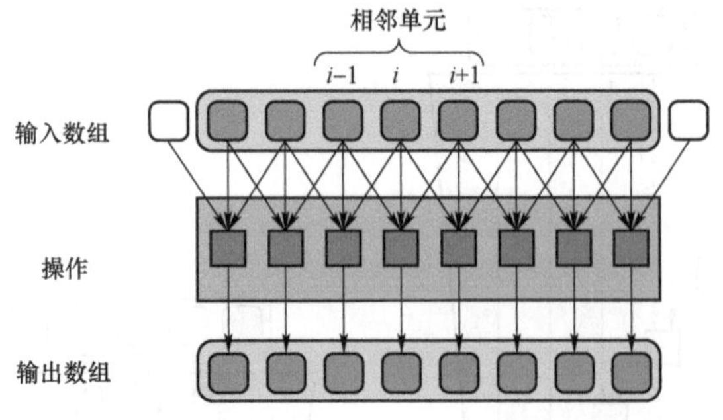

图 1－30　在一维数组上进行 stencil 操作示例

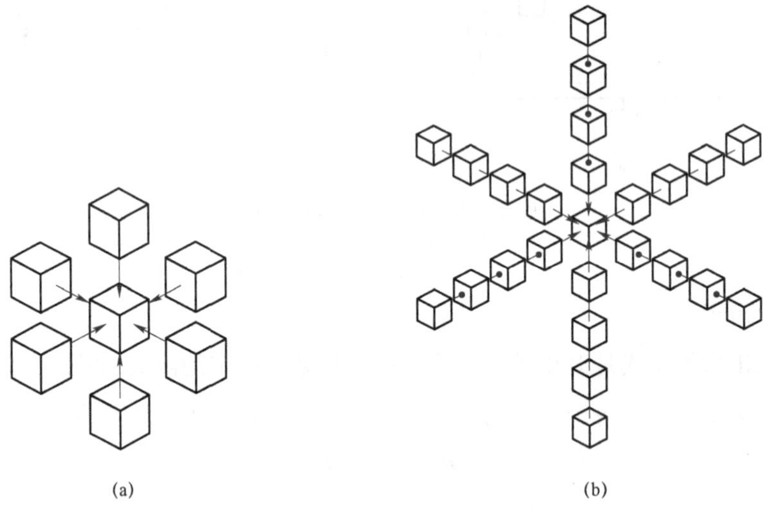

图 1－31　三维 stencil 操作示例

（a）6 点 stencil 操作；（b）24 点 stencil 操作

5. pipeline

pipeline 编程模式是一种常见的并行计算方式，在不同层次/粒度的并行处理中都有应用，如指令流水线就是指令级的流水并行。从结构化并行编程模式的角度来看，流水并行是指把数据处理过程分成了多个流水段，每个流水段是一个相对独立的任务，如图 1－32 所示，这些任务对不同的数据单元都能够并行执行。

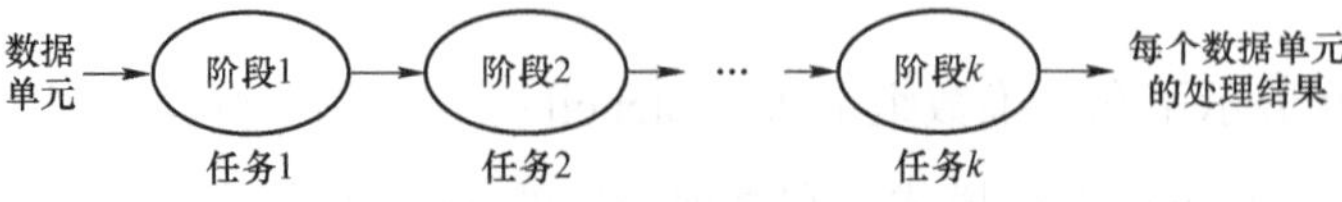

图 1－32　任务的流水并行处理

多个处理器采用流水并行编程模式，在实现上有两种选择。

（1）每个处理器都执行整条流水线，数据逐次送入各个处理器的流水线，各处理器之间通过同步来确保数据按照先后顺序经过各个流水段。这种方式严格来讲不属于流水并行编程模式，只是从数据单元的流入和流出来看，多个处理器在数据单元顺序流入后并行处理，然后顺序流出数据。

（2）每个处理器执行一个流水段的任务，数据单元在各个处理器之间传递，形成流水。这种方式和指令流水线类似，只不过这里的每个流水段执行的是一个任务，并行粒度较大。和前一种方式相比，这种方式由于数据要在处理器之间流动，因此通信开销较大（在共享存储系统中可忽略），数据的空间局域性较差，但由于每个处理器只执行一小部分工作，因此指令的空间局域性和时间局域性较高。

6. scan

scan 编程模式是指对数组元素从前往后进行扫描（处理），从而得到需要的输出。图 1－33 所示为前缀和（prefix sum），图 1－34 所示为流压缩（stream compaction），两者都是典型的 scan 编程模式。scan 编程模式的核心在于扫描过程中产生的中间结果会逐渐累积成最后的输出，也就是前面数组元素的扫描结果可直接用于下一个数组元素的处理中，而不用对每个数组元素都从头开始处理。

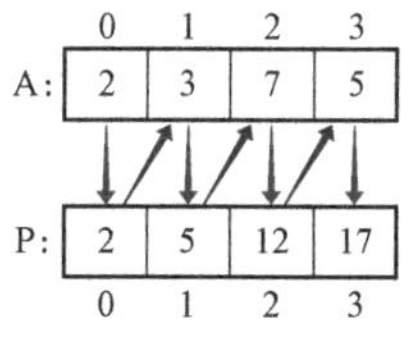

图 1－33 前缀和

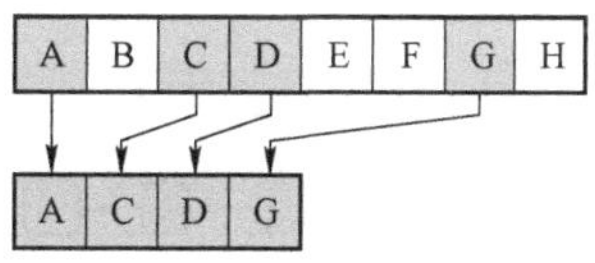

图 1－34 流压缩

串行扫描过程如图 1－35（a）所示，其时间复杂度为 $O(n)$。并行扫描过程如图 1－35（b），每层的计算可以由多个处理器并行执行，其时间复杂度为 $O(\log n)$。数据元素很多时，扫描过程需要大量同步执行的线程，这很符合 GPU 的特点，因此并行扫描在 GPU 上可以获得很好的性能。在 GPU 上优化并行扫描的实现已有很多研究。

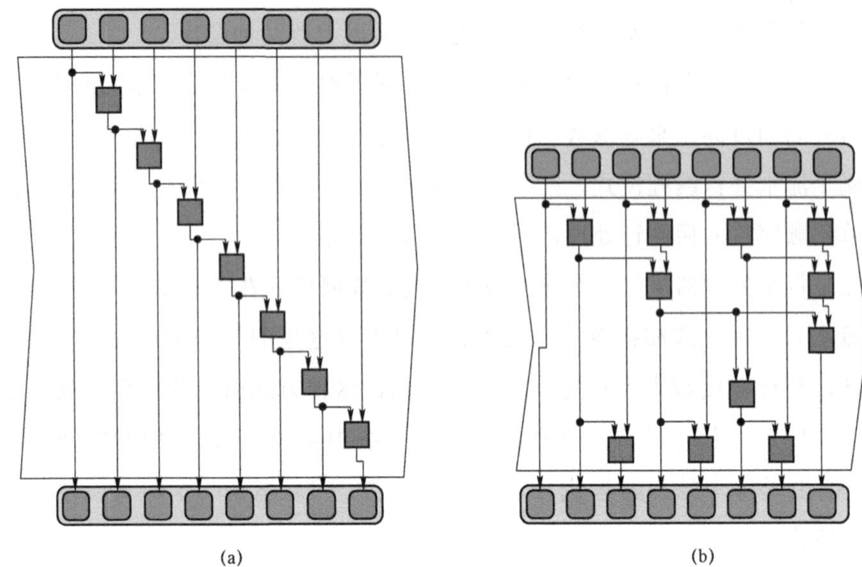

图 1－35 scan 编程模式

（a）串行；（b）并行

7. recurrence

在数学中，recurrence 关系是一个递推方程，即将序列的第 n 项表示为前 k 项的函数。图 1－36（a）表示了一个在二维数组 A 上的递推计算，其串行程序实现如图 1－36（b）所示。由于 A 中每个元素的计算都依赖于其左、上、左上三个方向上的相邻数据，因此存在数据依赖，其数据相关性如图 1－36（a）中箭头所示。计算需要沿箭头方向逐次进行，就好像一个从左向右、从上向下的推算过程。

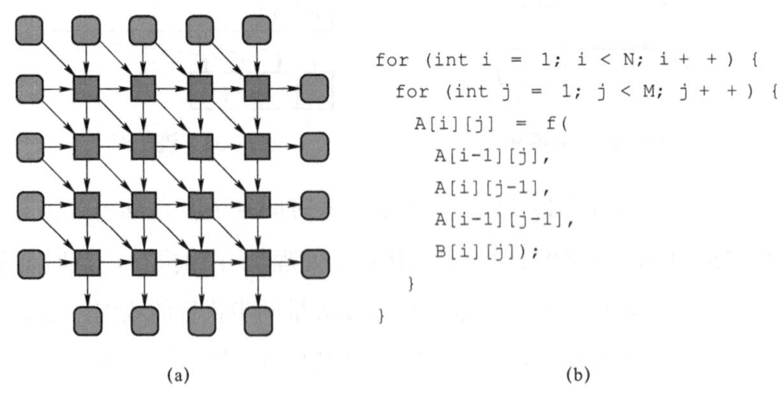

图 1－36 recurrence 编程模式

（a）在二维数组 A 上的递推计算；（b）串行程序实现

图 1－37 中循环看似由于循环迭代间的数据依赖而不能并行化，但仔细观察，在图 1－37（a）中的每条虚线上，各节点的计算是完全可以并行进行的，只是各条虚线应按照图中大箭头方向逐条处理。为便于理解和编程，把图 1－37（a）旋转 45° 成图 1－37（b）的样子。当数组元素很多，其数量远远大于 PE 的数量时，并行实现会得到很好的性能提升。另外，还可以将多个数组元素划为一块，各块作为一个整体进行递推，如图 1－37（c）所示，这样能够减少调度和同步的开销。

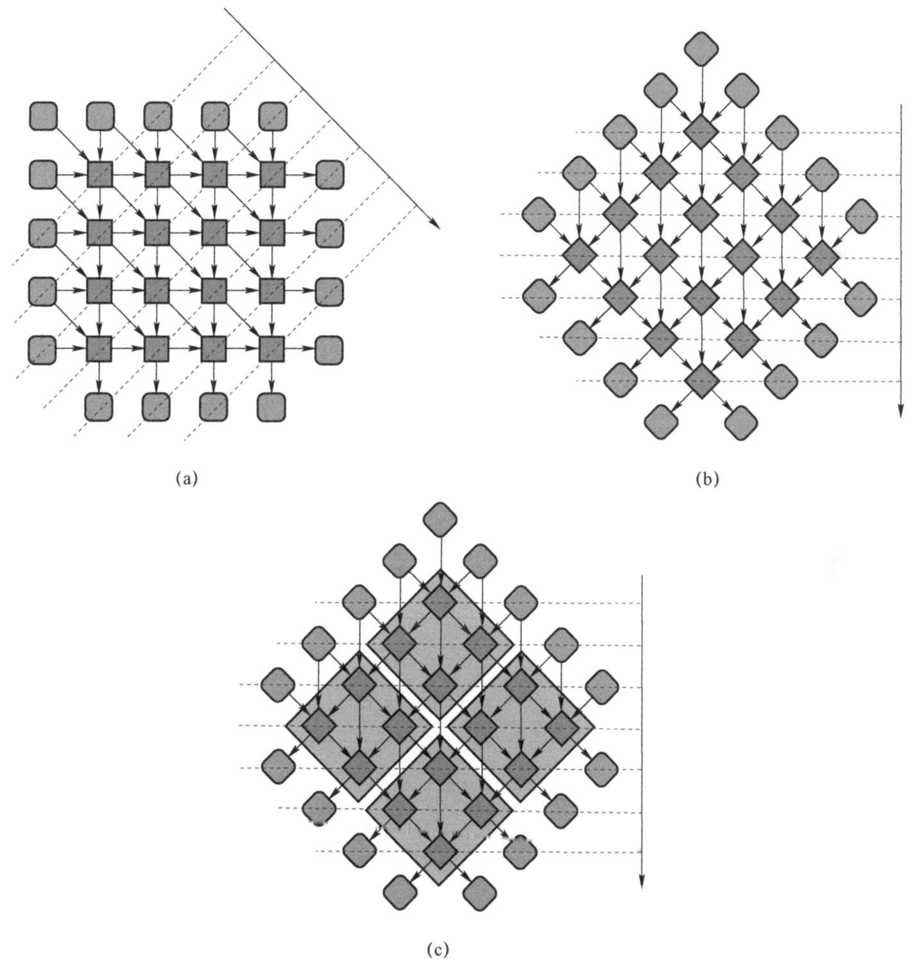

图 1－37　递推运算优化

（a）原数组；（b）数组旋转 45°；（c）分块整体递推

1.5 并行程序的性能评估

1.5.1 加速比和并行效率

通常用加速比（speedup）来量化并行程序的性能，加速比定义为

$$S_p = \frac{T_1}{T_p} \tag{1-3}$$

式中，p 指 CPU 数量；T_1 指顺序执行算法的执行时间；T_p 指当有 p 个 CPU 时并行算法的执行时间。加速比的四种可能的曲线如图 1－38 所示。当 $S_p=p$ 时称为理想线性（perfect linear）加速比。理想线性加速比下方的直线称为线性（linear）加速比，表示性能随 CPU 数量的增加线性提升，此时程序具有很好的扩展性。但由于程序中总有一些不能并行的部分，以及 CPU 数量增加后带来的调度等额外开销也相应增大，因此大多数并行程序的加速比是图 1－38 中最下方的曲线，即次线性（sub-linear）加速比。最上方曲线表示超线性（super-linear）加速比，即 $S_p>p$。超线性加速比的出现是由于在某些特定情况下，顺序执行时的额外开销（除程序本身的计算外的开销）大于并行执行的额外开销，也就是说某些因素（如程序局域性）的影响，使 T_1 远大于理想情况下的 T_p，从而加大了 T_1/T_p。

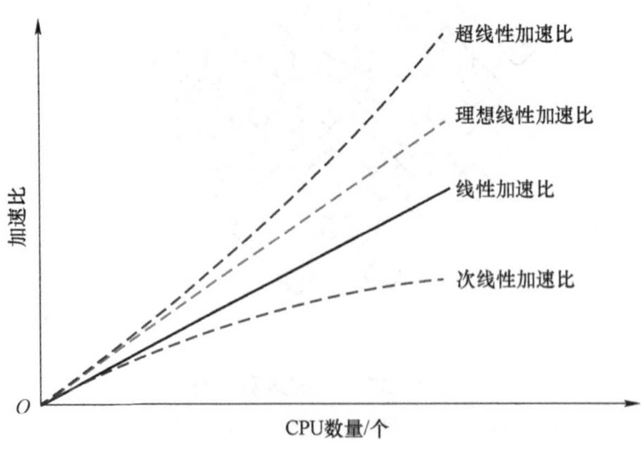

图 1－38 加速比的四种可能的曲线

有时人们用并行效率（parallel efficiency）来评价并行程序，其计算公式为

$$E_p = \frac{S_p}{p} = \frac{T_1}{pT_p} \tag{1-4}$$

可以看到，并行效率 E_p 和加速比 S_p 是可以互换的，E_p 的值一般介于 0～1 之间，用于表示在解决问题时，相较于在通信与同步上的开销，参与计算的 CPU 得到充分利用的程度。拥有理想加速比的算法并行效率为 1。图 1－39 所示为在英国爱丁堡大学的生物医学数据集上应用并行化随机森林算法研究婴儿血源性感染的程序加速比和并行效率。深色曲线是加速比，随着 CPU 数量增多越来越高；浅色曲线是并行效率，随着 CPU 数量增多越来越低。实线表示墙上时钟时间，简称墙上时间，也就是用程序完整运行时的真实时间计算得到的数值；虚线表示将结果收集和传送回 master 进程等开销排除后的时间，也就是纯粹的计算时间。从图 1－39 中可以看到，进程数超过 128 后，实际并行效率降低至 50%以下，也就是说进程通信和传输数据等开销超过了并行化对实际计算带来的收益。

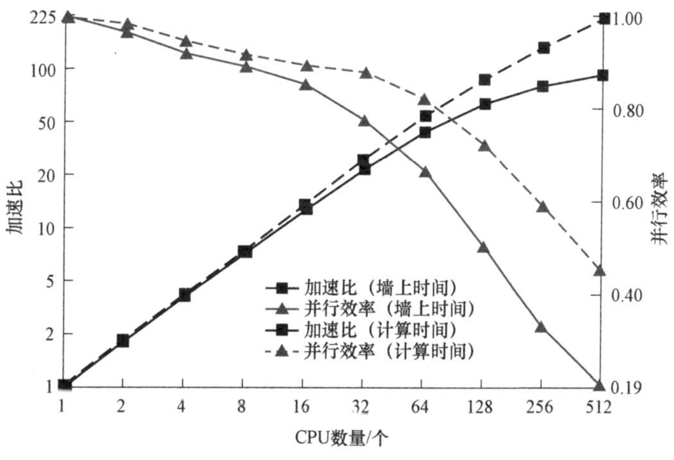

图 1－39　加速比和并行效率示例

1.5.2　可扩展性

设计实现一个并行程序时，不光要使加速比尽量高，还应考虑其可扩展性。可扩展性是指一个技术（算法/程序）可以处理规模不断增长的问题的能力。对

于并行程序，如果输入规模增大，同时增加进程/线程数量（PE 数量），能够使并行效率保持不变，那么该程序就有很好的可扩展性。

可扩展性没有一个统一的量化方法，但对并行程序，从可扩展性的角度可分为两类。

（1）强可扩展：问题规模固定，增加进程/线程数量时，效率不变。

（2）弱可扩展：增加进程/线程数量时，只有以相同倍率增大问题规模时才能使效率值不变。

强可扩展的应用中，通过增加 PE 数量能够大幅提高性能；弱可扩展的应用中，增加 PE 数量对性能的提高不大，但当问题规模变大时能够通过增加 PE 数量使性能满足要求。通常在判断强可扩展性或弱可扩展性的时候，并不严格要求效率值保持不变，只是将效率值的变化作为一个判断依据，相对地区分扩展性的强弱。

1.5.3 Amdahl 定律

Amdahl 定律定义了串行系统并行优化后的加速比计算公式和理论上限。假设系统执行某应用程序需要的时间为 T_{old}，该应用程序可并行优化的部分执行时间与总时间比例为α，若将该部分性能提升 k 倍，则总的执行时间为

$$T_{\text{new}}=(\alpha T_{\text{old}}/k)+(T_{\text{old}}-\alpha T_{\text{old}})=T_{\text{old}}[(1-\alpha)+\alpha/k] \tag{1-5}$$

加速比 $S=T_{\text{old}}/T_{\text{new}}$ 为

$$S=\frac{1}{(1-\alpha)+\alpha/k} \tag{1-6}$$

图 1－40 显示了程序中并行部分所占比例不同时加速比随 CPU 数量的变化。可以看到，要想获得 10 倍以上的加速比，必须提升系统中 90%以上部分的速度，也就是说，一个系统要想提升其性能，需要改进该系统中相当大的部分。由式（1－6）得到加速比的上限是 $S=1/(1-\alpha)$，即 k 无穷大时，并行部分运行时间忽略不计时的加速比。

Amdahl 定律描述的是在问题规模一定时，增加计算资源时的可扩展能力，反映了程序的强可扩展性。

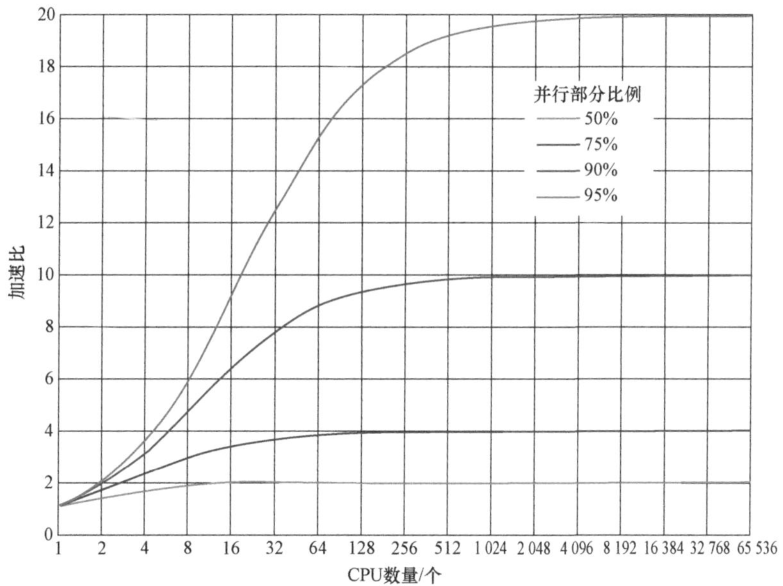

图 1-40 Amdahl 定律计算的加速比

1.5.4 Gustafson 定律

Gustafson 定律描述的是在问题规模和计算资源同时增加时的可扩展能力，反映程序的弱可扩展性。该定律的核心在于打破了 Amdahl 定律中任务量固定的假设，提出计算固定时间完成的任务量来得到可扩展的并行加速比。具体计算如下所述。

定义 a 为系统串行执行时间，b 为系统并行执行时间，n 为 CPU 数量，那么系统执行时间（串行时间+并行时间）可以表示为 $a+b$，系统总执行时间（串行时间）可以表示为 $a+nb$，串行比例 $F=a/(a+b)$，则加速比为

$$S=\frac{a+nb}{a+b}=\frac{a}{a+b}+\frac{nb}{a+b}=F+n\left(\frac{a+b-a}{a+b}\right)=F+n(1-F)=n-F(n-1) \tag{1-7}$$

根据 Gustafson 定律，由于不限制任务量，因此可以通过扩大问题规模，增加工作量来提高并行计算加速比。从式（1-7）中可以看出，如果 F 足够小，并行化程度足够高，那么系统的加速比和 CPU 数量成正比。

1.5.5 程序计时

评价并行程序性能时，经常需要计算程序的执行时间，标准C函数库以及一些并行编程模型都提供了程序计时的接口，在使用这些接口时需要注意其返回的是否为墙上时间。如图1-41所示，调用标准C函数库的clock( )函数得到的是CPU时间；如图1-42所示Linux操作系统调用的是C语言时间函数clock_gettime( )。此外，MPI编程模型中的MPI_Wtime( )函数，以及OpenMP中的omp_get_wtime( )函数得到的都是墙上时间。

```
clock_t begin = clock();
   /*do your time-consuming job*/
clock_t end = clock();
double time_spent = (double)(end -
      begin)/ CLOCKS_PER_SEC;
```

图1-41 用clock( )函数计时

```
#define MILLION 1000000
struct timespec tpstart;
struct timespec tpend;
clock_gettime(CLOCK_MONOTONIC,&tpstart);
     /*do your time-consuming job*/
clock_gettime(CLOCK_MONOTONIC,&tpend);
long timedif = MILLION*(tpend.tv_sec-
    tpstart.tv_sec)+(tpend.tv_nsec
    -tpstart.tv_nsec)/1000;
```

图1-42 用clock_gettime( )函数计时

（1）墙上时间：是指进程从开始运行到结束，时钟走过的时间，其中包含了进程在阻塞和等待状态的时间。

（2）用户CPU时间：是指用户进程获得CPU资源以后，在用户态执行的时间。

（3）系统CPU时间：是指用户进程获得CPU资源以后，在内核态的执行时间。

通常应使用墙上时间衡量程序性能，在调用相关接口函数时应注意时间单位。

1.6 并行编程的挑战

和传统的串行编程相比，并行编程面临许多新的挑战，这些挑战主要体现在以下几个方面。

（1）新的算法设计、算法分析技术。应用本身所采用的算法在并行计算环境下可能变得不适用，或者需要进行优化，甚至能够提出完全不同于传统串行算法的新算法。相应地，并行算法分析也不同于串行算法，需要考虑加速比、可扩展性等指标。

（2）新的编程语言、模型、开发和调试工具。为支持并行编程，人们开发了许多语言和模型，表 1－3 列举了 20 世纪 90 年代以来出现的上百种并行编程环境（这还不是全部）。新的并行编程语言和模型的产生必然需要新的开发和调试工具。另外，并行程序的调试相较于串行程序困难得多，因为可能存在数据竞争、线程同步错误、动态任务调度带来的不确定性等诸多问题。

表 1－3 20 世纪 90 年代以来出现的并行编程环境

ABCPL	CORRELATE	GLU	Mentat	Parafrase2	μC ++
ACE	CPS	GUARD	Legion	Paralation	SCHEDULE
ACT ++	CRL	HAsL	Meta Chaos	Parallel-C ++	SciTL
Active messages	CSP	Haskell	Midway	Parallaxis	POET
Adl	Cthreads	HPC ++	Millipede	ParC	SDDA
Adsmith	CUMULVS	JAVAR	CparPar	ParLib ++	SHMEM
ADDAP	DAGGER	HORUS	Mirage	ParLin	SIMPLE
AFAPI	DAPPLE	HPC	MpC	Parmacs	Sina
ALWAN	Data Parallel C	IMPACT	MOSIX	Parti	SISAL
AM	DC ++	ISIS	Modula-P	pC	distributed smalltalk
AMDC	DCE ++	JAVAR	Modula－2*	pC ++	SMI
AppLeS	DDD	JADE	Multipol	PCN	SONiC
Amoeba	DICE	Java RMI	MPI	PCP	Split－C

续表

ARTS	DIPC	javaPG	MPC++	PH	SR
Athapascan-0b	DOLIB	JavaSpace	Munin	PEACE	Sthreads
Aurora	DOME	JIDL	Nano-Threads	PCU	Strand
Automap	DOSMOS	Joyce	NESL	PET	SUIF
bb_threads	DRL	Khoros	NetClasses++	PETSc	Synergy
Blaze	DSM-Threads	Karma	Nexus	PENNY	Telegrphos
BSP	Ease	KOAN/FortranS	Nimrod	Phosphorus	SuperPascal
BlockComm	ECO	LAM	NOW	POET	TCGMSG
C*	Eiffel	Lilac	Objective Linda	Polaris	Threads.h++
"C* in C	Eilean	Linda	Occam	POOMA	TreadMarks
C**	Emerald	JADA	Omega	POOL-T	TRAPPER
CarlOS	EPL	WWWinda	OpenMP	PRESTO	uC++
Cashmere	Excalibur	ISETL-Linda	Orca	P-RIO	UNITY
C4	Express	ParLin	OOF90	Prospero	UC
CC++	Falcon	Eilean	P++	Proteus	V
Chu	Filaments	P4-Linda	P3L	QPC++	ViC*
Charlotte	FM	Glenda	p4-Linda	PVM	Visifold V-NUS
Charm	FLASH	POSYBL	Pablo	PSI	VPE
Charm++	The FORCE	Objective-Linda	PADE	PSDM	Win32 threads
Cid	Fork	LiPS	PADRE	Quake	WinPar
Cilk	Fortran-M	Locust	Panda	Quark	WWWinda
CM-Fortran	FX	Lparx	Papers	Quick Threads	XENOOPS
Converse	GA	Lucid	AFAPI	Sage++	XPC
Code	GAMMA	Maisie	Para++	SCANDAL	Zounds
COOL	Glenda	Manifold	Paradigm	SAM	ZPL

（3）操作系统、底层服务和 I/O 接口对并行的支持。并行编程还依赖于系统软件层面对并行的支持，操作系统的资源分配、线程调度、I/O 管理等可能会对程序性能产生重要影响，因此各类系统软件都在不断针对并行计算提出新的技术

和实现方式。并行程序员需要了解系统软件的相关技术。

（4）新的硬件结构。随着多核和异构系统的普及，系统的硬件结构变得越来越复杂多样，并行程序员需要了解底层的硬件结构（尤其是存储系统和互联网络的结构），才能让程序充分利用底层硬件，以达到高性能。

针对某个具体应用问题，使其实现成并行程序需要考虑诸多因素。

① 问题能否需要（适不适合）被并行化？

② 问题如何进行划分？

③ 并行 PE 之间的数据如何通信？

④ 数据之间是否存在依赖关系，以及什么类型的依赖关系？

⑤ 任务之间需不需要同步？

⑥ 负载是否均衡？

如果问题规模不大，或者问题中绝大多数部分必须串行执行，那么可能就不适合进行并行编程实现。对适合并行编程实现的应用，程序员很多时候需要考虑任务划分、任务调度、同步、通信等，这些将在第 4 章介绍。

在并行计算的时代，如何发掘硬件系统中各个层次的并行性是并行编程模型设计和实现需要考虑的核心问题。现代计算机系统中的并行性包含很多层次和方面，如指令级并行（instruction level parallelisem，ILP）、线程级并行（thread level parallelisem，TLP）、进程级并行、循环并行、任务并行、访存并行。

指令级并行是指传统单核处理器中的指令并行技术，包括指令流水线、超长指令字（VLIW）、超标量、向量指令等，是最小粒度的并行。线程级并行是共享存储系统中多个处理核之间通过运行多个线程来实现核间的并行，比指令级并行粒度大。进程级并行可看作是多个处理器同时运行多个进程，从而实现处理器间的并行，相比线程级并行粒度更大。循环并行、任务并行、访存并行等是从程序实现的不同方面来讨论并行性。循环并行主要是针对程序中的循环（循环通常是程序中的瓶颈），将循环迭代分由多个 PE 同时执行，从而实现串行程序的并行化。任务并行是将问题处理过程划分成多个任务，将能够并行处理的任务调度到多个 PE 上并行执行。访存并行是考虑能够并行的存储访问，发掘存储器的并行性，进行访存优化。

第 2 章

并行计算机系统结构

并行程序的设计实现需要对底层计算机系统的体系结构有比较深刻的认识。本章回顾计算机系统结构中与并行编程相关的原理和技术。

2.1　计算机系统结构基础

2.1.1　计算机系统的理论和现实模型

计算机本身是软硬件结合的一个复杂系统，用来进行信息的计算处理、存储和传输，从而解决现实世界中与计算有关的各种实际问题。图灵机可以看作是计算机系统的理论模型。

图灵机模型是英国数学家图灵（Alan Mathison Turing）（见图 2-1）在 1936 年发表的“On Computable Numbers, with an Application to the Entscheidungsproblem”（《论数字计算在决断难题中的应用》）论文里提出的理论模型。它由一条可向两端无限延长且被划分为很多个小格子的纸带、一个控制器和一个可以在纸带上左右移动的读写头组成，如图 2-2 所示。纸带上每个格子包含一个来自有限字母表的符号，其中一个特殊符号表示空白。读写头能读出并改变当前所指的格子上的符号。控制器内部有一个状态寄存器，用来保存图灵机当前所处的状态。控制器根据当前机器所处的状态以及当前读写头所指的格

图 2-1　图灵

子上的符号来确定读写头下一步的动作，并改变状态寄存器的值，令机器进入一个新的状态。图灵机所有可能状态的数目是有限的，并且有一个特殊的状态称为停机状态。图灵认为这样的一台机器能模拟人类所能进行的任何计算过程，后来的丘奇–图灵论题也表明了一切合理的计算模型都等同于图灵机。

图 2–2　图灵机模型

图灵机只是一个理想的模型，不是一台具体的机器，但图灵机奠定了现代通用计算机的基础。从图灵机模型可以隐约看到现代计算机系统的主要构成：纸带相当于存储器，控制器及其状态寄存器相当于 CPU，读写头相当于 I/O 系统。

真正将图灵机变成现实计算机的是美籍匈牙利科学家冯 · 诺依曼（John von Neumann）（见图 2–3），冯 · 诺依曼在数学、计算机科学、物理学、化学等领域都有许多建树，是一个科学全才，被后人称为“现代计算机之父”和“博弈论之父”。1945 年，冯 · 诺依曼在参加世界上第一台通用电子计算机 ENIAC 研制的时候，提出采用二进制编码和存储程序等，奠定了现代计算机系统结构的基础。后来，人们把冯 · 诺依曼提出的这种计算机系统结构称为冯 · 诺依曼系统结构。冯 · 诺依曼系统结构的要点是：计算机的数制采

图 2–3　冯 · 诺依曼

用二进制；程序指令和数据统一存储；计算机应该按照程序顺序执行。按照冯·诺依曼系统结构设计的计算机由控制器、运算器、存储器、输入设备、输出设备五部分组成。直到今天，通用计算机系统基本上还都采用的是冯·诺依曼系统结构。如图 2－4 所示，控制器和运算器构成了通用计算机系统的 CPU，在存储器中事先存入要执行的程序指令和处理的数据，当计算机运行时，CPU 将自动并按顺序从存储器中取出指令逐条执行。冯·诺依曼系统结构的计算机系统很好地映射了现实世界的时空观，存储体系对应空间域，指令的顺序执行过程对应时间域。

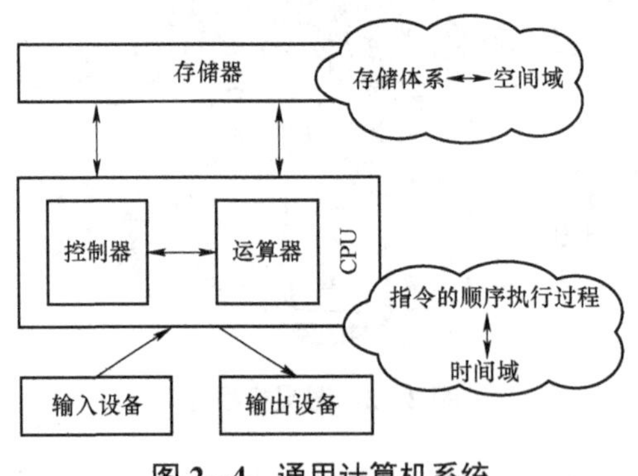

图 2－4　通用计算机系统

2.1.2　存储系统

如 2.1.1 节所述，计算机系统的本质属性是时间和空间，也就是计算和存储，可见存储系统在计算机系统中占有十分重要的地位。计算机系统中存储系统的任务主要是通过存储器存储程序（指令）和数据。

近年来，随着系统软件和应用软件规模的增大、应用范围的扩展、多媒体技术的广泛应用，以及 CPU 本身速度的极大提高，计算机系统对存储器的容量和访问速度要求越来越高，存储系统成为保证系统功能和性能的关键因素。然而，长期以来存储器性能的提高跟不上 CPU 的发展，使得存储器和 CPU 之间性能的差距日益扩大，就如同在 CPU 和存储器之间形成了一道墙，这就是存储墙（memory wall）问题。针对存储墙问题，人们将存储系统设计成了层次结构，利用缓存和程序运行时的局域性来缓解 CPU 和存储器速度的矛盾。

通用计算机系统中的存储系统通常是图 2－5 所示的层次结构。其中第一层为寄存器组；第二层为高速缓存（cache），高速缓存本身也可以根据需要分为 2～3 个层次，速度最高的部分也可以集成在 CPU 芯片中；第三层为主存储器，是存储系统的核心；第四层为辅助存储器，由软盘、硬盘组成，具有容量大、价格低的特点；第五层为脱机存储器，指磁带机、光盘等。

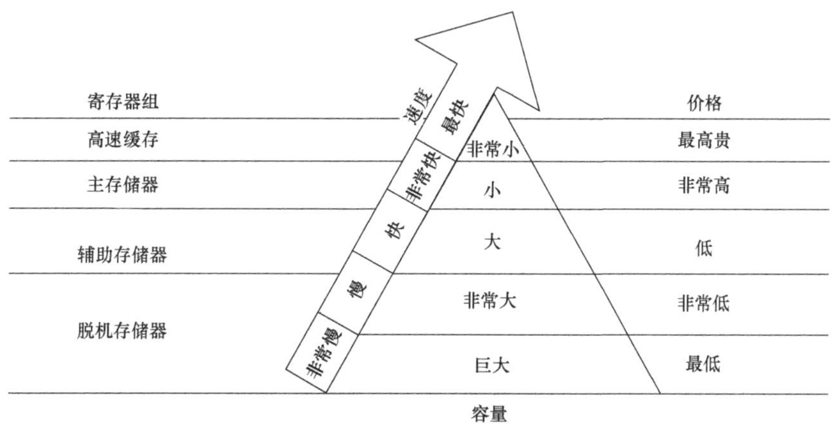

图 2－5 存储系统层次结构

图 2－5 中的存储器，越往上层速度越快、价格越高，越往下层容量越大，形成了存储器“容量大、速度快、价格低”三者之间的矛盾。通用计算机系统把多种容量、速度、价格各不相同的存储器，按层次结构连接起来，通过操作系统软件和辅助硬件进行管理，有机地组成一个统一的整体，也就是存储系统。

存储系统必须能够向程序员提供足够大的存储空间，且无须程序员参与存储器调度。在程序员心目中，整个存储系统是一个单一的、直接可寻址的主存储器，其速度接近于离 CPU 最近的存储层次，其容量和单位价格接近于离 CPU 最远的存储层次。存储器层次结构之所以能做到这些，是因为程序对存储空间的访问具有局部性。

程序访问存储空间的局部性是计算机在程序执行过程中呈现出的一种规律。有统计表明一个程序执行中 90%的时间往往是花费在仅 10%的代码中，也就是程序往往在重复使用它刚刚使用过的数据和指令，这种规律称为程序访问的局部性。程序访问的局部性包含时间局部性和空间局部性两方面。

时间局部性是指最近访问过的内容很可能会在短期内被再次访问。例如，程序中循环体的指令要被反复执行，这些指令和它们所访问的数据可能在短时间内被多次使用，表现出时间上的局部性。

空间局部性是指某个存储单元被访问，短时间内其附近的存储单元也会被访问。在冯•诺依曼系统结构中，存储器是按地址访问的顺序线性编址的一维结构，指令在存储器中按照执行顺序存储，因此对指令的访问本身就具备空间上的局部性。程序中的大量数据，如数组和矩阵，也都是连续存储的，因此对数据的访问很大程度上也具有空间局部性。

把空间位置相邻近的信息作为块或页放到靠近 CPU 的一级存储器 M1 中，根据局部性原理，在之后一段时间内的访存有很大可能会在 M1 的同一块或同一页中找到需要的信息，这种情况称为命中。如果对 M1 的访问未命中，则需把要访问的存储单元所在的块或页从下一级存储器 M2 送至 M1，以此类推，这样可使计算机系统整体的访存速度接近 M1 的访问速度。"高速缓存—主存储器—辅存储器"是存储系统里最重要的三级层次，通常将其分为"高速缓存—主存储器"和"主存储器—辅存储器"两个两级存储系统来研究。

并行计算机的存储系统更加复杂，编程时存储访问需要考虑不同访存模式可能导致的几十倍的性能差异，这需要程序员对存储系统结构有很好的了解，或者并行编程模型能够"掌握"底层存储系统结构。

2.1.3 计算机系统的分类

计算机系统最典型的分类方法是 1966 年美国计算机科学家弗林（Michael J. Flynn）提出的分类方法，称为弗林分类法。其按指令流和数据流的多倍性将计算机系统分为四类：单指令单数据流（SISD）系统、单指令多数据流（SIMD）系统、多指令单数据流（MISD）系统、多指令多数据流（MIMD）系统。

这里的多倍性是指在系统瓶颈部件上处于同一执行阶段的指令或数据的最大可能的个数。

对程序员来说，不同体系结构的计算机系统上有不同的编程方法（编程模型、语言和工具），存储系统结构的不同是造成这些编程方法不同的一个重要原因。如在具有单独一个存储空间（存储器）的计算机系统上进行编程，程序可以直接通过访存指令获取需要的数据。然而在具有分布在多个不同节点的存储器的计算机系统上编程，当程序需要访问不在同一节点上的存储器中的数据时，就需要通过节点间的互联网络来传输数据。由此可见，从存储模型角度对存储系统进行分类有助于理解不同计算机系统上的编程方法。

从存储模型，也就是存储系统的抽象结构来看，存储系统可分为以下三类：共享存储系统、分布式存储系统、混合分布式－共享存储系统。

共享存储系统又可分为统一内存访问（uniform memory access，UMA）和非统一内存访问（non-uniform memory access，NUMA）两种结构。UMA 结构（见图 2－6），和传统的对称多处理器（symmetric multiprocessor，SMP）系统或现代的多核（multi-core）系统一样，它们具有多个相同的 PE，各个 PE 访存时间（延迟）相同。NUMA 结构（见图 2－7）通常由总线连接的两个或多个 SMP 构成，如一个主板上有两个 CPU 插槽(multi-socket)，装上两个多核 CPU 后就形成了 NUMA 结构。NUMA 结构中，虽然多片内存在物理上可能是分散的，但每个 CPU 都能直接访问系统中所有的内存，只是各个 CPU 的访存时间可能会不相同，因为一个 CPU 访问本地存储的速度会比访问远程存储的速度快很多。

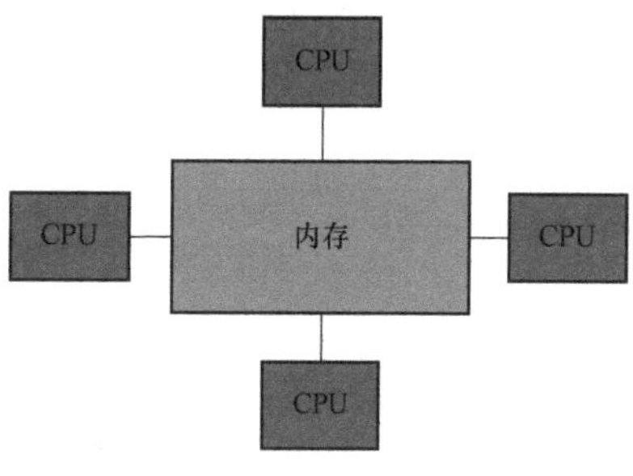

图 2－6　UMA 结构

图 2－7　NUMA 结构

分布式存储系统如图 2－8 所示，系统包含多个节点，这些节点通过网络连接在一起，每个节点的 CPU 有自己本地的存储。该系统中没有全局统一的存储地址空间。CPU 访问本地存储的速度很快，而且通常不用维护与其他节点数据的一致性，也就是说，CPU 对本地内存中数据的读写不会被自动传递到其他节点上。

如果要将一个节点上的数据传递到其他节点上，只能通过节点间的网络通信来完成。相比共享存储系统，分布式存储系统具有很好的可扩展性，但其节点间的数据传递、任务同步、数据在系统中的分布等诸多细节都需要程序员自己实现，增加了程序员编程的负担。

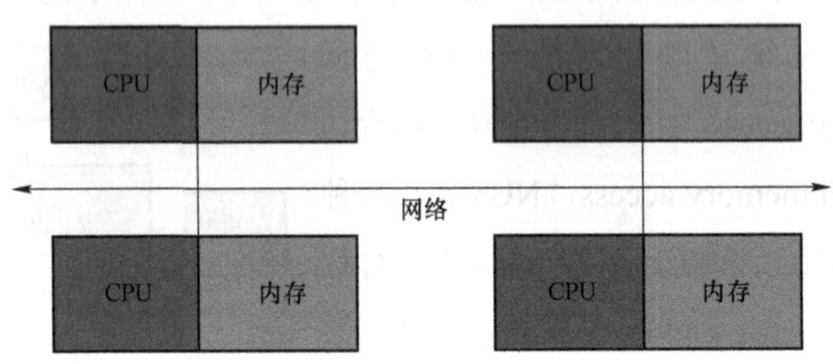

图 2-8 分布式存储系统

混合分布式-共享存储系统如图 2-9 所示，这种系统可分成两个层次，首先是节点之间通过网络互连的层次，从这一层次来看，该系统属于分布式存储结构；其次是节点内部多个 CPU 共享访问同一个存储器，也就是每个节点内是属于共享存储结构。这种系统可扩展性更好，可以同时扩充分布式的互连节点或者节点上的 CPU 和存储器来提高系统性能，但系统复杂性的增加也使得编程更加困难。另外，由于 GPU 等计算设备的广泛使用，共享存储层也可能是多个 CPU 和 GPU 的异构并行结构，如图 2-9 所示。这种异构的混合分布式-共享存储系统在超算系统中已非常普遍，如 2019 年 6 月世界排名第一的超算系统 IBM Summit，由 4 608 个节点采用胖树网络拓扑结构互连而成，每个节点包含 2 个 22 核 IBM Power9 微处理器和 6 个 NVIDIA Tesla V100 GPU。

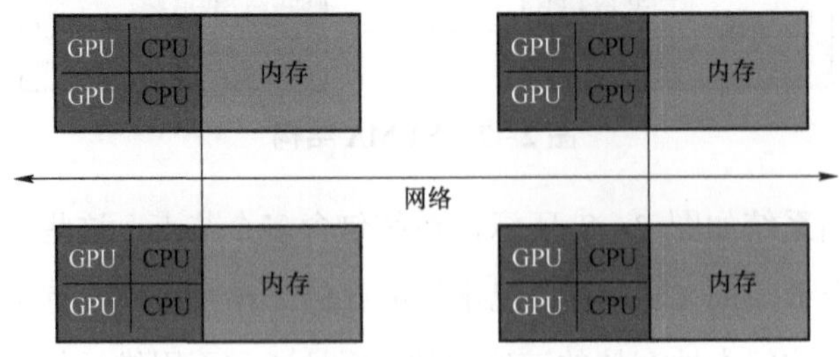

图 2-9 混合分布式-共享存储系统

2.2　指令级并行性

处理器体系结构发展历程中产生了许多发掘指令级并行的技术，主要包括但不限于：流水线（pipelining）、多发射（multi-issue）、超标量、乱序执行（out of order execution）、推测执行（speculative execution）、VLIW、SIMD、硬件多线程（hardware multithreading）。

流水线是指令执行的中枢，它承载并决定了处理器其他微架构的细节。假设处理器指令周期包含取指令（IF）、指令译码（ID）、指令执行（EX）、访存取数（MEM）、结果写回（WB）5 个阶段。各阶段对应的硬件电路模块之间设有高速缓冲寄存器，以暂时保存上一阶段子任务处理的结果，在统一的时钟信号控制下，数据从一个阶段流向相邻的阶段，从而实现指令的流水执行。如图 2－10 所示，标量流水计算机时空图中上一条指令与下一条指令的5个阶段在时间上可以重叠执行，当流水线满载时，每一个时钟周期就可以输出一个结果。这种并行处理方式被称为流水并行。

周期时间t

IF	ID	EX	MEM	WB				
	IF	ID	EX	MEM	WB			
		IF	ID	EX	MEM	WB		
			IF	ID	EX	MEM	WB	
				IF	ID	EX	MEM	WB

指令序列i

图 2－10　标量流水计算机时空图

多发射是相对单发射的一个概念。单发射处理机每个周期只取一条指令，只译码一条指令，只执行一条指令，只写回一个运算结果；多发射处埋机每个周期同时取多条指令，同时译码多条指令，同时执行多条指令，同时写回多个运算结果。多发射处理机的具体实现技术可分为以下两类。

（1）静态多发射，就是在指令执行之前明确哪些指令或微指令将会同时执行，如 SIMD、VLIW 技术。

（2）动态多发射，就是在指令执行过程中动态决定哪些指令可以同时发射到指令流水线中执行，如超标量技术。

超标量是相对标量的概念。标量处理机在一个时钟周期最多完成一条指令的执行；超标量处理机通过同时发射多条指令（多发射），设置多个指令执行部件，实现了在一个时钟周期执行多条指令。超标量处理机通常有两条或两条以上能够同时工作的指令流水线。

乱序执行是相对按序执行（in-order）的概念。按照程序中书写的指令的顺序执行称为按序执行。按序执行是限制流水线性能的主要因素之一。如果有一条指令在流水线中停顿了，例如，ld 指令从内存中取数要花费较多个时钟周期，其后的指令因为要用到前面 ld 指令的运行结果，就会陷入长时间的等待，此时流水线中多个功能部件处于闲置状态，流水线效率大大降低。乱序执行技术能够很好地解决这一问题。乱序执行允许处理器将多条指令不按程序规定的顺序分开发送给各个相应的电路单元处理。根据各个电路单元的状态和各指令能否提前执行的具体情况，将能提前执行的指令立即执行。如图 2－11 所示，假设寄存器 r3 和 r5 中的数已经准备好，但第 1 条 ld 指令从 r2 的内存地址取到 r1 中的数时需要花费较长时间，因此乱序执行处理器就会先执行第 3 条指令，后执行第 2 条指令。因为第 3 条指令不依赖于第 1 条 ld 指令，而第 2 条指令需要等待 ld 指令完成后取数。

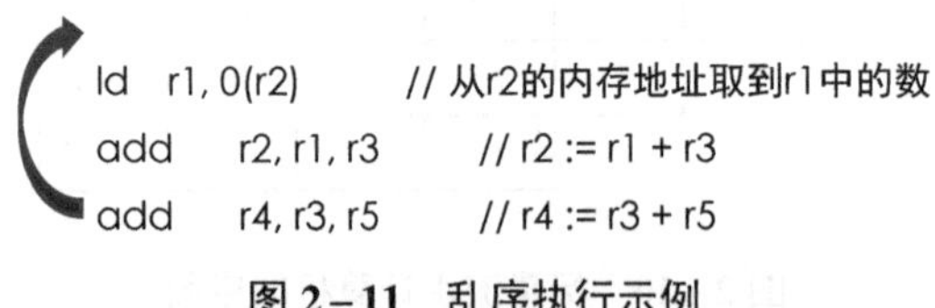

图 2－11 乱序执行示例

实现乱序执行的关键在于取消传统的在取指和执行两阶段中指令需要线性排列的限制，并使用一个指令缓冲池来开辟一个较长的指令窗口，以便允许执行单元能在一个较大的范围内调遣和执行已译码过的指令流。

现代通用微处理器大多都采用了图 2－12 所示的超标量乱序执行（superscalar out of order execution）微处理器体系结构。指令的取指、译码和提交阶段通常是顺序的，乱序主要体现在指令的执行阶段。

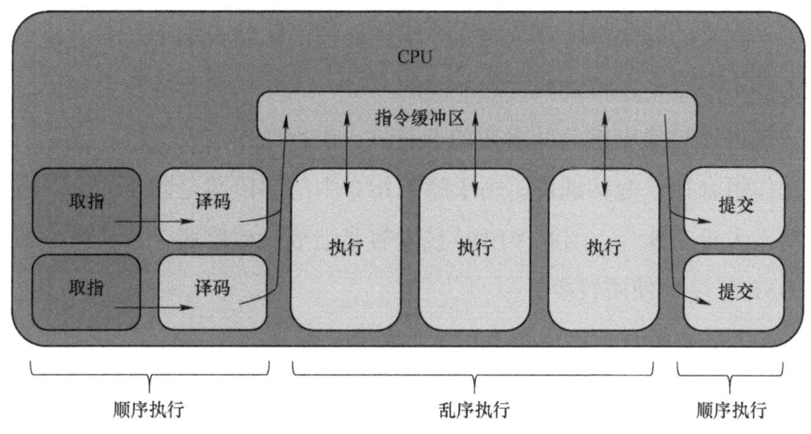

图 2-12　超标量乱序执行微处理器体系结构

推测执行（又称投机执行）是计算机系统设计中常用的一种优化技术，通过预先执行一些尚未确定是否要执行的任务来减少系统卡顿，从而提高系统性能。根据粒度的不同，推测执行技术又可分为指令级的推测执行技术［即分支预测（branch prediction）］和线程级的推测执行技术［即线程级推测（thread-level speculation，TLS）执行，也称推测多线程（speculative multithreading，SpMT）］。

分支预测是当流水线遇到转移指令时，为尽量不打断流水线指令的处理，会预测分支的跳转并投机执行分支之后的指令。现代微处理器中的分支预测器通常有很高的准确率（大于 95%），因此总体预测失败的开销不大。动态分支预测的基本思想是通过分支指令的历史记录来进行当前分支指令的预测。历史记录中记录的内容可能包括分支指令最近一次或多次是否转移成功的信息、转移成功的目标地址、目标地址处的一条或多条指令。根据不同处理器的需要，历史记录中可能包括其中的一种或多种信息。因此需要分支历史记录表、分支目标缓冲区（BTB）等额外硬件支持。

线程级推测执行是从串行程序中提取线程，并使推测线程与原线程并行执行的技术。这是一种运行时的动态并行化技术，因为推测线程与原线程之间可能存在运行时才能捕获的相关数据和相关控制，所以无法在编译时静态并行化。推测线程可能需要对输入变量的值进行假设。如果假设是正确的，两个线程的并行执行就能缩短程序执行时间。如果推测线程的假设在之后被证明是错误的，则需要放弃推测执行或重新运行推测线程。

VLIW 技术是指计算机系统的指令集中存在一些超长指令，一个超长指令包含了多条基本指令，它们被发送到不同的 VLIW 入口中并行执行。超长指令是由编译程序在编译时找出指令间潜在的并行性，进行适当调整安排，把多个能并行执行的操作组合在一起构成的。由于超长指令中的字段数是固定的，在构造时可能需要插入大量空操作，因此 VLIW 技术容易造成代码膨胀，除了几个嵌入式处理器和 DSP 等以外使用较少。

SIMD 指令是相对于标量指令而言的指令。标量指令，如一个普通加法指令，一次只能对两个数执行一个加法操作；而一个 SIMD 加法指令，一次可以对两个数组（向量）中的多个元素同时执行加法操作。目前，各种处理器架构都提供有各自的 SIMD 指令集，如 Intel AVX 指令集（AVX、AVX2、AVX－512）、AMDFMA 指令集、ARM NEON 指令集。

硬件多线程是指在单个处理核内部实现多线程并行的技术。其具体实现方式主要有以下三种，这三种实现方式的比较如图 2－13 所示。

（1）粗粒度多线程（coarse-grained multithreading）：在遇到比较耗时的卡顿（stall）时切换线程（例如，图 2－13 中超标量执行中遇到高速缓存缺失）。其优点是调度开销少，不会拖慢单独一个线程的执行，缺点是无法隐藏短时间的卡顿。

（2）细粒度多线程（fine-grained multithreading）：每个时钟周期都可以切换线程。其优点是能够隐藏任意时间长短的卡顿，缺点是调度开销大，会拖慢单独线程执行，没有完全发挥多发射架构的能力。

（3）同时多线程：一个时钟周期可同时发出并执行不同线程的指令，同时发挥线程级的并行性和指令级的并行性，最大化指令执行部件的利用率。

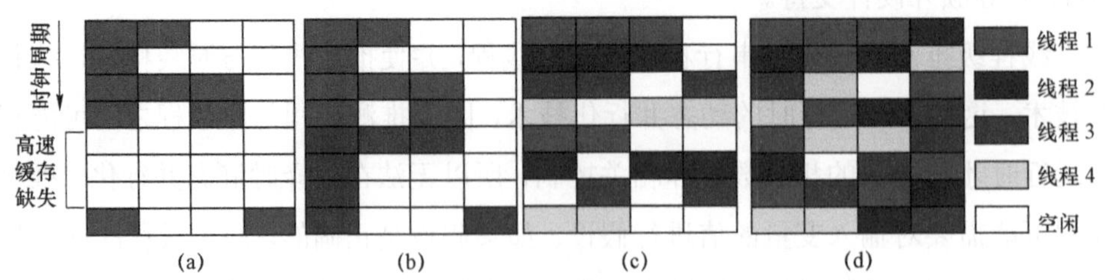

图 2－13　硬件多线程三种实现方式的比较

（a）超标量；（b）粗粒度多线程；（c）细粒度多线程；（d）同时多线程

多个线程可以由多个处理核并行执行，或者在单个处理核上由操作系统按时间片进行调度，从而在一段时间内并发执行，这属于软件上的多线程。这里所说的硬件多线程是指硬件实现的多个线程在单个处理核内的并行执行。

2.3 多核处理器

推动微处理器性能不断提高的因素主要有两个：半导体工艺技术的飞速进步和体系结构的不断发展。半导体工艺技术的每一次进步都为微处理器体系结构的研究提出了新的问题，开辟了新的领域；体系结构的进展又在半导体工艺技术发展的基础上进一步提高了微处理器的性能。这两个因素是相互影响、相互促进的。一般来说，工艺和电路技术的发展使微处理器性能提高约 20 倍，体系结构的发展使微处理器性能提高约 4 倍，编译技术的发展使微处理器性能提高约 1.4 倍。由单核到多核是微处理器体系结构发展的必然结果。

目前，通用处理器芯片基本上都采用了多核处理器架构，图 2－14 展示了 Intel Core i7 处理器的一个组织结构，这个处理器芯片中有 4 个处理核，每个核中都有它自己的一级和二级高速缓存。按处理核的对等与否，多核处理器可分为同构多核和异构多核。处理核相同、地位对等的称为同构多核，Intel 公司和 AMD 公司主推的多核处理器，大都是同构的多核处理器。处理核不同、地位不对等的称为异构多核，异构多核多采用“主处理核＋协处理核”的设计，IBM、索尼和东芝等公司联手设计推出的 Cell 处理器正是这种异构多核的典范。处理核本身的结构，关系到整个芯片的面积、功耗和性能。怎样继承和发展传统处理器的成果，直接影响多核处理器的性能和实现周期。

多核处理器的各处理核执行的程序之间需要进行数据的共享与同步，因此其硬件结构必须支持核间通信。高效的通信机制是多核处理器高性能的重要保障，目前比较主流的片上高效通信机制有两种：一种是基于总线共享的高速缓存结构，另一种是基于片上互连的结构。

总线共享的高速缓存结构是指每个处理核拥有共享的二级或三级高速缓存，用于保存比较常用的数据，并通过连接核心的总线进行通信。这种结构的优点是结构简单，通信速度高；缺点是基于总线的结构可扩展性较差。

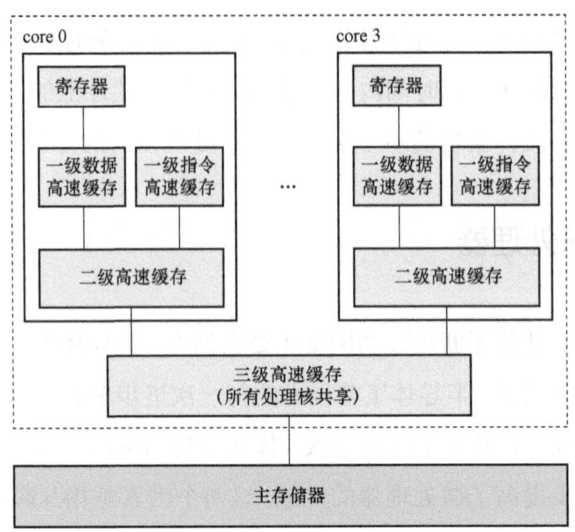

图 2－14　Intel Core i7 处理器组织结构

基于片上互连的结构是指每个处理核具有独立的 PE 和高速缓存，各个处理核通过交叉开关或片上网络等方式连接在一起。各个处理核间通过消息进行通信。这种结构的优点是可扩展性好，数据带宽有保证；缺点是硬件结构复杂，且软件改动较大。

访存一致性问题是多核处理器带来的一个关键问题。如果在每次读取某一数据项时都会返回该数据项的最新写入值，则称这个系统是一致的。变量的最新写入值在单线程执行时可以由程序顺序确定，但在多线程执行时，多个线程所在多个处理核如果写同一个变量时，理论上是无法确定哪个线程写入的值是最新的，因为硬件上按实际时间（墙上时间）判断不出来谁先写的谁后写的，即无法真正获得写的顺序。要判断就需要通信，假如 10 个时钟周期通信一次，处理核 P_0 就不可能知道 P_1 两个时钟周期前做了什么。多核并行运行时，需要保证访存操作按照确定的顺序进行，也就是各个处理核看到的访存顺序是一致的，这就是访存一致性问题。

访存一致性又可分为两个方面。

（1）连贯性：保证对同一个内存地址写的顺序在各个处理核来看都一样。如对同一个变量，处理核 P_1 写 1，P_2 写 2，如果 P_3、P_4 都在不断地读这个变量，那么它们读到的值的顺序要一样，要么都是 1、2，要么都是 2、1。

（2）一致性：保证对不同内存地址写的顺序在各个处理核来看都一样。如 P_1 写地址 A，然后写地址 B，P_2 如果读到 B 的新值，则 P_2 也一定会读到 A 的新值，不会读出一个 A 的旧值。

访存一致性在多核处理器中的实现主要体现为高速缓存一致性（cache coherency）。多核处理器中各处理核都有自己的高速缓存，这使得一个变量在多个处理核中可能有多个副本，某个处理核对变量的修改可能不被其他处理核所察觉。高速缓存一致性通过高速缓存一致性协议来保证对某个内存地址的读操作作返回的值一定是最新值。典型的高速缓存一致性协议有 MESI、MOSI、MOESI、MERSI、MESIF 等。高速缓存一致性协议的硬件实现主要有基于侦听（snooping）和基于目录（directory-based）两种方法。

2.4　异构系统

异构系统是相对于同构系统而言的。同构系统是指系统中的某类部件（如处理器）是由多个相同单元（核心）组合而成的系统；异构系统是指系统中的某类部件是由多个不同的（也就是异构的）单元（核心）组合而成的系统。

现实世界中的大多数应用都有复杂的组成。比如，应用的某些部分或某些执行阶段容易并行化，某些部分却很难并行化；某些部分的数据访问模式可预测，而某些部分的数据访问模式不可预测；某些部分是数据密集型的，某些部分是计算密集型的；某些部分需要占用大量通信带宽，而某些部分没有通信需求。因此，要让应用在计算机系统上得到最高效的运行，就要针对不同的应用特性配置不同的系统资源，也就是用合适的工具做合适的事。这就需要系统资源的多样化和可配置。

一个计算机系统中的资源主要包括处理核、高速缓存、带宽、内存、磁盘、能耗等。这些资源被运行在系统中的应用所共享。理想的计算机系统，要让每个应用运行在最适合它的资源上，必然是一个异构和可配置的系统。

以系统中最重要的资源——处理核为例，同构和异构多核系统的处理器区别如图 2－15 所示。同构多核系统中各个处理核都是相同的，而异构多核系统中包含不同性能和功耗的处理核。图 2－15 中面积大的处理核表示结构复杂、性能高、功耗大的处理核，如一些通用 CPU 核心；面积小的处理核表示结构简单、性能和功耗低的处理核，如 GPU 中的流式处理核。面对复杂应用，同构多核系统显然做不到性能和能耗的最优化，而异构多核系统通过合理的调度机制，让代码在最适合它的硬件资源上执行，能够使性能和能耗达到最优。

C	C	C	C
C	C	C	C
C	C	C	C
C	C	C	C

(a)

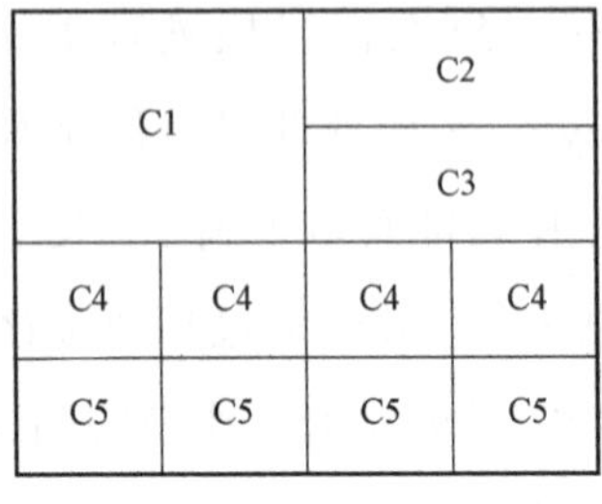

(b)

图 2－15　同构和异构多核系统的处理器区别

（a）同构；（b）异构

处理核代表系统中的计算资源，除此之外，还有存储和通信资源，这些资源都可以是异构、可配置的。如高速缓存可以采用缓存分区（cache partitioning）、便笺式存储器（scratchpad memory）等技术进行配置和管理，主存储器可以结合传统动态随机存储器（DRAM）和非易失存储器（non-volatile memory，NVM）混合存储。可以说异构在计算机系统中无处不在。异构系统通过对应用或应用的不同阶段分配不同的计算、存储、通信资源来满足不同的能耗、性能、可靠性需求。

要实现这样的异构系统，针对不同硬件的指令集体系架构，需要程序员开发应用或软件模块的不同版本，因为需要将软件动态调度到适合其执行的硬件上，这极大增加了软件系统开发的难度。另外，如何管理系统中的共享资源，以实现按需分配、物尽其用是一件非常困难的事情。编程模型对异构系统资源进行抽象，设计实现任务或资源的调度策略，在一定程度上能够缓解在异构系统上编程的困难。

供应商特定的编程模型往往受限于这些供应商的硬件体系架构。典型的异构多核架构有 Cell/B.E.、NVIDIA GPU、AMD GPU、Intel XeonPhi、FPGA 和 DSP 等。CPU＋GPU 是目前最常见的异构系统，应用程序中的串行部分通常在 CPU 上执行；并行部分（如可并行执行的一些计算密集型的函数调用）通常放到 GPU 上执行。

第 3 章 并行编程模型的现状

并行编程模型是并行计算机系统与上层应用之间的桥梁，它为程序员提供了一个合理的编程接口，使其在编程时既可以充分利用丰富的系统资源，又可以不必考虑复杂的硬件细节。如 1.2 节所述，并行编程模型有库例程、编译器注释和语言扩展三种实现方法。基于这三种实现方法，工业界和学术界已提出上百种并行编程模型，这里无法逐一列举，本章 3.1 至 3.3 节将针对不同类型计算机系统分别介绍常见的并行编程模型，3.4 节专门介绍基于任务的并行编程模型。

3.1 共享存储系统并行编程模型

共享存储系统上的并行程序利用多个处理器或处理核同时执行多个任务。在共享内存架构中，多个处理器或处理核可以访问同一个公共内存区域，从而使它们能够轻松地进行数据共享。在共享存储系统上，无论是基于任务还是基于数据进行并行程序的设计实现，最终都会体现为多个线程在多个处理核上的并行执行。并行编程模型须处理好线程创建、调度、同步等细节，为程序员提供简单的编程接口。

以下简要介绍几种 C/C++ 语言的共享存储系统的并行编程模型：Pthreads、OpenMP、Cilk、TBB 和 PPL。其他语言在共享存储系统上的并行编程模型大多实现为库例程或语言扩展的方法，如 Java Concurrency API 是 Java 5 中引入的一组库和语言特性，用于支持 Java 程序中的并行编程；Go 语言从语言层面就支持并行编程，采用 Goroutine（轻量级线程/协程）和通道（channel）来实现并行。

3.1.1 Pthreads

历史上，计算机软硬件厂商都开发了各自私有的多线程实现，这使得开发可移植的多线程程序变得非常困难，于是，IEEE 开始进行多线程编程接口的标准化工作，并于 1995 年形成了 POSIX 1003.1c 标准规范，POSIX 代表可移植操作系统接口（portable operating system interface）。遵循该标准的多线程实现称为 POSIX threads 或 Pthreads。

Pthreads 是一组 C 语言数据类型和库函数的集合，这种基于库例程的编程模型使用起来非常方便，只需要在编译时包含 pthread.h 头文件，链接时包含 – pthread 选项即可。

POSIX 标准定义的线程库适用于所有的计算平台，目前基本上所有类 UNIX 操作系统都实现了 Pthreads 线程库。如果打算使用 C 语言开发多线程程序，并且需要一个能比 OpenMP 提供更多直接控制的可移植的 API，那么 Pthreads 线程库就是一个很好的选择。

Linux 操作系统没有真正意义上的线程，它的实现是由进程来模拟，因此属于用户级线程，位于 libpthread 共享库（线程的 ID 只在库中有效），遵循 POSIX 标准。

Pthreads 线程库提供的函数一般都以 pthread 开头，如表 3 – 1 所示。

表 3 – 1　Pthreads 线程库的函数前缀

前缀	功能集合
pthread_	线程或子线程
pthread_attr_	线程对象属性
pthread_mutex_	互斥变量
pthread_mutexattr_	互斥变量对象属性
pthread_cond_	条件变量
pthread_condattr_	条件变量属性

Pthreads 线程库总共有 100 多个 API，以下是常用的 3 类 API。

（1）线程管理：创建线程（pthread_create）、终止线程（pthread_exit，pthread_cancel）、分离线程（pthread_detach）、等待线程（pthread_join）、线程属性的设置与查询等。

（2）互斥变量：创建/销毁互斥变量（pthread_mutex_t）、对互斥变量进行加解锁（pthread_mutex_lock、pthread_mutex_unlock）等。

（3）条件变量：解决线程间需要基于特定的条件进行互相通知的问题，如创建和销毁条件变量（pthread_cond_t）、基于特定值等待某个条件变量（pthread_cond_wait）、通知某个条件变量（pthread_cond_signal）等。

3.1.2　OpenMP

OpenMP 是面向共享存储系统的并行编程模型，已成为多线程编程的工业标准。它由一系列编译制导指令、运行时库函数和环境变量组成，支持 Fortran、C 和 C++ 语言的并行编程。OpenMP 具有编程简单、增量并行化、移植性好、可扩展性好等特点。

从实际工程的角度考虑，一般试图改进已有的串行程序，而不是凭空创造并行程序，这就是所谓的增量并行化原则。OpenMP 通过在串行程序基础上添加一些编译制导指令就能实现一个多线程的并行程序，且每次只对部分代码进行并行化，这样可以逐步改造和调试，实现增量并行。

如图 3－1 所示，OpenMP 采用 fork-join 编程模式。OpenMP 的程序开始于一个单独的 master 线程，master 线程一直串行执行，直到遇见第一个并行域（parallel region），然后开始并行执行并行域的代码。其过程如下：

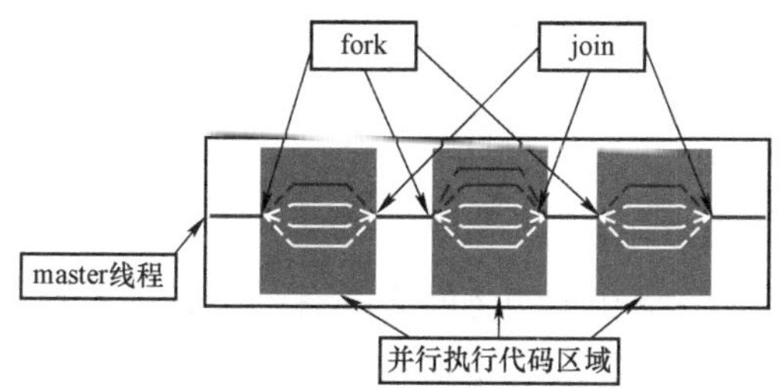

图 3－1　OpenMP 的并行编程模式

（1）fork 阶段，master 线程创建一个并行线程队列，然后并行域中的代码在不同的线程上并行执行；

（2）join 阶段，当并行域执行完之后，它们或被同步或被中断，最后只有 master 线程在执行。

由于串行程序中最耗时的部分往往是循环，因此 OpenMP 常用于循环的并行化。如图 3－2 所示，图 3－2（a）是一个简单的串行程序，对 A、B 两个数组各元素求和，结果放入数组 C 中，该循环是一个完全可并行的循环（DOALL LOOP），用 OpenMP 将该循环分配给多个线程并行执行，只需要如图 3－2（b）那样包含 omp.h 头文件，并添加一句编译制导指令即可。目前，几乎所有的 C/C++ 编译器都支持 OpenMP，即图 3－2（b）中的代码编译后将自动成为多线程的并行程序，程序员不用像使用 Pthreads 线程库那样，自己创建和管理线程。

```
#define N 10000
void main()
{
  double A[N],B[N],C[N];
  ...
  for(int i=0; i<N; i++)
    C[i]=A[i]+B[i];
}
```

(a)

```
#include <omp.h>
#define N 10000
void main()
{
  double A[N],B[N],C[N];
  ...
  #pragma omp parallel for
  for(int i=0; i<N; i++)
    C[i]=A[i]+B[i];
}
```

(b)

图 3－2 OpenMP 编程示例

（a）串行程序；（b）并行程序

OpenMP 编译制导指令是对编程语言的扩展，一条编译制导指令由制导指令前缀、制导指令和子句三部分构成，格式如下：

```
#pragma omp directive-name[clause…]
```

其中，#pragma omp 是编译制导指令前缀，对所有的 OpenMP 语句都需要这样的前缀。在制导指令前缀和子句之间必须有一个正确的制导指令，表明该条语句具体的功能。最后是一些针对当前制导指令的子句，在没有其他约束条件下，子句可以无序，也可以任意选择，这一部分也可以没有。

OpenMP 的编译制导指令大致可分为四类。

（1）并行域指令（如 parallel）：负责生成并行域，即产生多个线程以并行执行任务，所有并行任务都必须放在并行域中才可能被并行执行。

（2）工作共享指令（如 for、sections、task）：负责任务划分，并分发给各个线程，工作共享指令不能产生新线程，因此必须位于并行域中。

（3）同步指令（如 single、master、critical、barrier 等）：负责并行线程之间的同步。

（4）数据环境（如 threadprivate 指令、private、shared、default、firstprivate、lastprivate、copyin、reduction 子句）：负责并行域内变量的属性（共享或私有），以及边界上（串行域与并行域）的数据传递。

大多 OpenMP 编译制导指令作用于其后的一个结构块。结构块是指仅有一个入口（顶端）和一个出口（底端）的一块语句。结构块中，除了 Fortran 语言的 STOP 语句和 C/C ++ 语言的 exit( )函数，没有跳转到块外的分支。如图 3 – 3 所示，图 3 – 3（a）大括号中的代码块是一个结构块，其中的 goto 语句跳转到块内，没有从块内跳转到块外的分支；而图 3 – 3（b）中，既有从块内跳转到块外的分支（goto done），又有从块外跳转到块内的分支（第二个 goto more），因此大括号括起来的代码块不是一个结构块，不能在前面使用 OpenMP 编译制导指令。当然，也有个别 OpenMP 编译制导指令是孤立的语句，不依赖于其他的语句，也就是不作用于一个结构块。

```
#pragma omp parallel
{
  int id  =  omp_get_thread_num();
more: res[id]  =  do_big_job (id);
  if (conv (res[id]) goto more;
}
printf ("All done\n");
```

(a)

```
if (go_now()) goto more;
#pragma omp parallel
{
  int id  =  omp_get_thread_num();
more:  res[id]  =  do_big_job(id);
  if (conv (res[id]) goto done;
  goto more;
}
done: if (!really_done()) goto more;
```

(b)

图 3 – 3　结构块和非结构块

（a）结构块；（b）非结构块

OpenMP 还定义了一批运行时库函数，其中常用的函数有以下几个。

（1）omp_[set|get]_num_threads( )：设置/获取在并行域中使用的线程数量。

（2）omp_get_thread_num( )：获取当前线程的编号。

（3）omp_in_parallel( )：判断当前位置是否位于并行域中。

（4）omp_get_num_procs( )：获取系统中的处理核个数。

（5）omp_[set|unset]_lock( )：显式加锁和解锁。

（6）omp_[set|get]_dynamic( )：设置/获取线程数动态调整的启用状态。

（7）omp_[set|get]_nested( )：设置/获取嵌套并行的启用状态。

（8）omp_get_wtime( )：程序计时。

和运行时库函数相对应，OpenMP 定义了以下环境变量。

（1）OMP_NUM_THREADS：并行区域中的最大线程数。

（2）OMP_SCHEDULE：循环调度方式。

（3）OMP_DYNAMIC：确定是否动态设定并行域执行的线程数，其值为 FALSE 或 TRUE，默认为 TRUE。

（4）OMP_NESTED：确定是否可以并行嵌套，默认为 FALSE。

环境变量的设置命令与所使用的操作系统和 Shell 有关，例如，Windows 操作系统下的 set OMP_NESTED＝TRUE，Linux bash 下的 export OMP_NUM_THREADS＝4。

3.1.3 Cilk

Cilk 是由麻省理工学院（MIT）的计算机科学与人工智能实验室（CSAIL）在 20 世纪 90 年代开发的一种并行编程模型，包括编程语言和运行时系统。

Cilk 是 C 语言的扩展，它提供了多种语言结构来表达并行性，如图 3－4 中的 spawn 和 sync 关键字。这些扩展允许程序员指定可以并发执行的代码区域并在需要时进行同步，这种并行性的表达方式十分自然和直观。

在 Cilk 中，程序被构造为可以并行执行的任务集合。这些任务在运行时被组织成一个树状结构，树中的每个节点代表一个任务，边代表任务之间的依赖关系。当一个任务被执行时，它可能会创建额外的任务，这些任务被添加到树中作为子节点。当一个子任务完成时，它的父任务会收到通知。如果一个任务的所有子任务都已完成，则允许它继续进行。

```
cilk int fib (int n) {
  if (n<2) return (n);
  else {
    int x,y;
    x  =  spawn fib(n-1);
    y  =  spawn fib(n-2);
    sync;
    return (x + y);
  }
}
```

图 3-4　Cilk 程序示例

Cilk 还提供一组同步原语，允许任务之间相互通信和同步。这些原语包括原子操作、互斥变量和条件变量，可用于协调任务的执行。

相比同一时代的其他编程模型，Cilk 的主要优势之一是它能够处理不规则的和动态的并行性。这在许多科学和工程应用中很重要，在这些应用中并行结构是事先不确定的。为了支持这一点，Cilk 提供了一个工作窃取（work-stealing）调度器，它动态地平衡所有可用 PE 的工作负载，这使程序能够有效地利用所有可用资源，并适应不断变化的工作负载和资源可用性。

Cilk 的设计特别适合但不限于分治算法。它将问题分解成可以独立完成的子问题（任务），再将这些执行结果合并起来。另外，对于那些常常使用分治算法的递归函数，Cilk 也支持得很好。任务既可以在不同的函数里实现，也可以在一个迭代的循环中产生。Cilk 的关键字能有效地标识可并行执行的函数调用和循环，同时，Cilk 的运行时系统能高效地将这些任务调度到空闲的处理器上运行。

下面描述了使用 Cilk 编写和运行一个并行程序的基本步骤。

（1）通常，要有一个已经实现了基本功能的 C/C++ 串行程序。要确保该串行程序是正确无误的。因为虽然在串行程序中的任何 bug 仍会在并行程序中发生，但是这些 bug 在并行程序中将更加难以辨别和调试。

（2）找出程序中可以从并行操作中获益的代码段。那些执行时间相对长，并且能独立执行的操作是首选修改目标。

（3）用三个 Cilk 关键字标明那些能并行执行的任务。

① cilk_spawn 表示对一个函数（子任务）的调用，能与调用者（父任务）一起被并行处理。

② cilk_sync 表示所有衍生的“子”函数完成后，才能继续后续代码执行。

③ cilk_for 表示一个循环包含的迭代可以被并行执行。

（4）编译程序。Windows 操作系统下选择使用 icl 命令行工具，或者在微软（Microsoft）公司的 Visual Studio 下进行编译。如果使用 Visual Studio 进行开发，确保已经从 Intel 公司的 Parallel Composer 工具相关菜单中选择了 Use Intel C++ 选项。Linux 操作系统下使用 icc 命令编译。

（5）执行程序。如果没有竞争条件，并行程序将输出和串行程序相同的结果。

（6）调试程序。通过使用 reducer 锁，或者重写代码解决任何由于竞争条件而产生的冲突问题。

Cilk 开始是一个开源项目，后来开发者创建了一个公司，推出改进的私有版本，整合到 Windows 操作系统下的多种编译器中。2009 年，Intel 公司收购了 Cilk，发布了改进版 Cilk Plus。该版本增加了对 C++ 语言的支持，并引入了新的语言扩展，使程序员可以更轻松地在代码中表达并行性。Intel 公司还将 Cilk Plus 集成到他们的编译器中，从而可以在广泛的处理器上编译和运行 Cilk Plus 程序，包括 Intel 处理器、AMD 处理器和 ARM 处理器。2018 年，Intel 公司宣布不再积极开发 Cilk Plus，但该技术已作为开源项目发布，并继续用于需要并行编程的各种应用中。

3.1.4 TBB

Intel 公司的线程构建模块（threading building blocks，TBB）是一套用于并行编程的 C++ 模板库，与其他底层线程库或操作系统的多线程编程 API 相比，TBB 为表达并行性提供了更高级别的抽象，从而使程序员更容易编写可扩展且高效的代码。

TBB 是一个基于任务的并行编程模型，计算过程被表示为可以在多个处理核上并发执行的任务集合。和 Cilk 类似，TBB 提供了一个工作窃取的任务调度器，可以将任务动态映射到可用线程，以实现高效的负载平衡并最大化吞吐量。

TBB 的主要特点包括以下几点。

（1）基于任务的编程模型：TBB 提供了一个任务调度器，可以跨可用线程动态地调度任务，允许程序员在较高的抽象层次上表达并行性。可以使用简单的C++模板创建和管理任务，如 parallel_for、parallel_reduce 和 parallel_pipeline。

（2）线程安全的容器和算法：TBB 提供了一系列线程安全容器和算法，包括 concurrent_hash_map、concurrent_vector、concurrent_queue、parallel_sort、parallel_scan 等。这些表达并行性的高级结构允许程序员在多线程环境中安全有效地管理共享数据结构。

（3）优化的内存管理：TBB 还提供了一个针对多线程性能优化的内存分配器。分配器根据使用中的线程数量自动调整内存池的大小，减少争用并提高整体性能。

（4）可扩展性：TBB 旨在具有大量处理核的系统上高效扩展。任务调度程序使用工作窃取来平衡可用线程之间的工作负载，确保所有处理核都得到有效利用。

（5）互操作性：TBB 旨在与 Intel C++ 编译器和 Intel VTune 等其他 Intel 公司的软件工具以及 Visual Studio 和 Eclipse 等第三方工具无缝协作。

总之，TBB 为 C++ 语言的并行编程提供了一个强大而灵活的工具包，使程序员能够充分利用现代多核处理器的全部潜力，同时不用担心线程管理的复杂细节。

如图 3－5 所示，TBB（2.1 版本）包含 6 个模块，分别是并行算法、并发容器、任务调度、异步原语、实用工具、内存分配器。

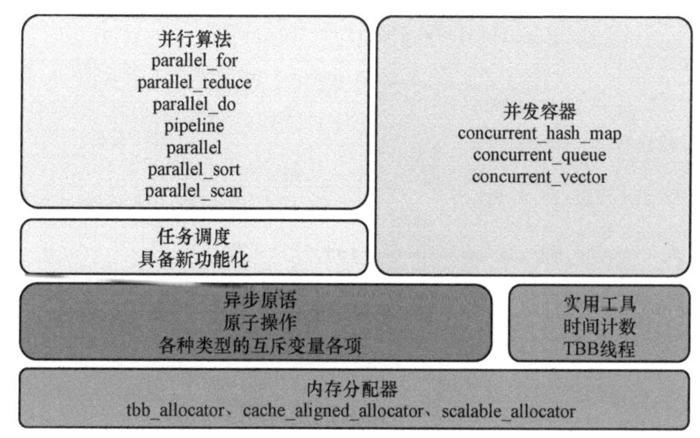

图 3－5　TBB 的 6 个模块

程序员主要使用图 3－5 中最上面的两个模块，即利用 TBB 提供的一系列并行算法和数据结构来编写一个并行程序。例如，图 3－6 是用 TBB 实现的矩阵相乘示例，矩阵相乘的串行执行过程如图 3-6 中的嵌套循环，这里对最外层循环并行，为使用模板函数 parallel_for( )，需要编写一个重载了( )运算符的类，operator( )函数中执行通过 blocked_range 划分的任务。编写好 Multiply 类后，main( )函数中只需要调用模板函数 parallel_for( )即可。TBB 的运行时系统会自动进行任务的划分和调度，默认情况下，由 parallel_for( )函数所表示的并行循环会被逐渐二分成多个任务，也就是说，其内部是和图 3-4 Cilk 程序类似的递归过程，这样，在 TBB 的运行时系统层面统一了扁平的循环并行和分治类型的任务树并行，所有并行执行的代码都被包装成了任务，然后由任务调度器调度运行。

```
/* matrix-tbb.cpp */
#include "tbb/parallel_for.h"
#include "tbb/blocked_range.h"

using namespace tbb;
const int size = 1000;
float a[size][size];
float b[size][size];
float c[size][size];

class Multiply
{
public:
   void operator()(blocked_range<int> r) const {
      for (int i = r.begin(); i != r.end(); ++i)
         for (int j = 0; j < size; ++j)
            for (int k = 0; k < size; ++k)
               c[i][j] += a[i][k] * b[k][j];
   }
};

int main()
{
   // Initialize buffers.
   …
   // Compute matrix multiplication.
   // C <- C + A x B
   parallel_for(blocked_range<int>(0,size), Multiply());
   return 0;
}
```

图 3-6 基于 TBB 的矩阵相乘示例

TBB 在双重许可模式下可用，允许商业和开源开发。该库由 Intel 公司积极维护和更新，定期发布包含新功能和改进的版本。TBB 现在属于 oneAPI 的一部分，oneAPI 是 Intel 公司的一个统一的软件开发套件，旨在使软件开发人员能够使用单一的代码库在不同的计算平台上开发应用程序。它提供了一组标准化的应用 API，如表 3－2 所示，可以让软件开发人员在不同的计算平台上使用相同的代码开发应用程序。这些计算平台包括 CPU、GPU、FPGA、AI 加速设备等。oneAPI 还包含了一系列工具，帮助软件开发人员在不同的计算平台上调试、优化和部署应用程序。这些工具包括性能分析工具、调试工具以及应用程序打包工具。

表 3－2　oneAPI 包含的主要库

名称	简写	描述
oneAPI DPC++ 库	oneDPL	加速 DPC++ 内核编程的算法和函数
oneAPI 数学核心库	oneMKL	数学例程，包括矩阵代数、快速傅里叶变换和矢量数学
oneAPI 数据分析库	oneDAL	机器学习和数据分析功能
oneAPI 深度神经网络库	oneDNN	用于深度学习训练和推理的神经网络功能
oneAPI 集合通信库	oneCCL	分布式深度学习的通信模式
oneAPI 线程构建块	oneTBB	线程和内存管理模板库
oneAPI 视频处理库	oneVPL	实时视频编码、解码、转码和处理

3.1.5　PPL

并行模式库（parallel patterns library，PPL）是微软公司为 C++ 语言开发人员提供的一个多线程并行编程库。它首先与 Visual Studio 2010 捆绑在一起。它在风格上类似于 C++ 标准模板库，并且与 C++ 11 语言功能 lambda 配合很好，lambda 也是在 Visual Studio 2010 中被引入的。

PPL 主要包含以下功能。

（1）任务并行：基于 Windows 操作系统的线程池来并行执行多个工作项（任务）的机制。

（2）并行算法：基于并发运行时来并行处理数据集合的泛型算法。

（3）并行容器和对象：对元素提供安全并发访问的泛型容器类型。

PPL 的接口几乎与 TBB 相同，也采用了工作窃取任务调度和任务优先级排序，有消息（包括 TBB 的团队博客）表明，它们是一起构建的，并且使用同一个核心库，因此这里不作过多介绍。

3.2 分布式存储系统并行编程模型

分布式存储系统（如计算机集群）各计算节点有自己独立的存储地址空间，节点之间通过网络进行交互，其上的应用主要通过运行在不同 PE 上的多个进程来并行执行任务。分布式存储系统并行编程模型须处理好进程之间的通信、同步、任务调度等细节，为程序员提供简单易用的上层接口。

3.2.1 消息传递接口

分布式存储系统不同节点上的进程要进行通信，通常只能是通过网络来发送、接收消息，如果让程序员自己使用 socket 编程处理一个应用中多个进程间的交互，开发效率低，且程序的可移植性差。显然，需要对系统级的网络编程接口进一步封装，形成应用级的统一编程接口来支撑多进程的并行编程，因此消息传递接口（message passing interface，MPI）应运而生。

MPI 本身是一个函数库标准和规范，而不是一种编程语言，它为用户提供了消息传递的统一编程接口，C/C++、Fortran 等编程语言对这些接口都有具体实现。目前，MPI 已成为分布式存储系统上并行编程模型的代表和事实上的标准。

MPI 标准工作组在 1994 年正式发布了 MPI-1，也就是 MPI 标准的 1.0 版本，支持经典的消息传递编程，包括点对点通信、集合通信等。当时，最流行的 MPI 标准实现是由美国 Argonne 国家实验室和密西西比州立大学联合开发的开源软件 MPICH。1997 年，MPI-2 发布，增加了动态进程管理、并行 I/O、远程存储访问等特性，并支持 Fortran90 和 C++ 语言。2012 年，MPI-3 发布，增加了非阻塞的集合通信、Fortran 2008 支持等。直到 2021 年，MPI-4 才发布，增加了分区通信（partitioned communications）、持久集合通信（persistent collective communications）等特性。从 MPI 标准的发展历史来看，其标准非常稳定，多年才有一次改动，且变化不大，这有利于标准的推广和软件的兼容性。

MPI 标准有多种开源和商业软件实现。开源实现主要有 MPICH、LAM/MPI

（Open MPI 的前身）等，工业界在 MPICH 的基础上也有很多 MPI 标准实现：Intel MPI、IBM Blue Gene MPI、Cray MPI、Microsoft MPI、MVAPICH、MPICH-MX 等。迄今为止，MPICH2（MPICH 的改进版本）仍是最流行的开源 MPI 标准实现。

MPI 标准定义了一组数据类型、通信操作和同步原语，其函数接口数量庞大、功能丰富，但根据实际编写 MPI 程序的经验，常用的 MPI 接口个数确实有限。下面是 6 个最基本的 MPI 函数。

（1）MPI_Init( )：第一个被调用的 MPI 函数，用于 MPI 并行环境初始化，从其后到 MPI_Finalize( )函数之前的代码在每个进程中都会被执行一次。

（2）MPI_Comm_size( )：用于获得通信域（也就是一组相互通信的进程及其上下文环境）中的进程数量。

（3）MPI_Comm_rank( )：用于获得当前进程在通信域中的编号，从而能确定当前进程要执行的任务或要处理的数据。

（4）MPI_Send( )：用于向通信域中的某个进程发送消息。

（5）MPI_Recv( )：用于从通信域中的某个进程接收消息。

（6）MPI_Finalize( )：用于退出 MPI 并行环境。在一个进程执行完其全部 MPI 函数调用后，将调用函数 MPI_Finalize( )，从而让系统释放分配给 MPI 并行环境的各种资源。

调用上述函数就能实现 MPI 进程间的点对点通信。如图 3－7 所示的示例，假设启动 4 个进程运行该 MPI 程序，1～3 号进程发送消息，0 号进程接收到消息并打印输出。

由于本书并不详细介绍具体编程模型的使用，这里仅给出简单示例使读者对 MPI 编程有基本的认识，具体编程方法可参阅其他介绍 MPI 编程的书籍和文章。

3.2.2　大数据处理中的编程模型

近年来，随着互联网、物联网等技术的发展和应用，信息爆炸式增长，现代信息社会进入了大数据时代。对大数据的保存和处理过程通常是在云平台上由很多个节点并行进行，因此，大数据所涉及的编程模型也属于并行编程模型的范畴。

```
#include <stdio.h>
#include "mpi.h"
main(int argc, char* argv[])
{
  int numprocs, myid, source;
  MPI_Status status;
  char message[100];
  MPI_Init(&argc, &argv);
  MPI_Comm_rank(MPI_COMM_WORLD, &myid);
  MPI_Comm_size(MPI_COMM_WORLD, &numprocs);
  if (myid != 0) {
    strcpy(message, "Hello World!");
    MPI_Send(message,strlen(message)+1,
       MPI_CHAR, 0,99, MPI_COMM_WORLD);
  }
  else {/* myid == 0 */
    for(source=1; source<numprocs; source++){
      MPI_Recv(message, 100, MPI_CHAR, source,
               99, MPI_COMM_WORLD,  &status);
      printf("%s\n", message);
    }
  }
  MPI_Finalize();
}
```

图 3-7　MPI 程序示例

要了解大数据相关的编程模型，先要对大数据处理系统有一个基本认识。因此，首先介绍大数据处理系统的技术架构，特别是基于 Hadoop 的大数据处理系统，其次分别介绍批处理、流处理和批流统一的大数据处理编程模型，以及面向大规模图数据处理的编程模型。

3.2.2.1　大数据处理系统概述

如图 3-8 所示，大数据处理过程通常包括 4 个环节：数据采集与清洗、数据存储与管理、计算处理与分析、结果展示。这 4 个环节形成了数据从数据源到用户的整个生命周期，这些环节所采用的技术和框架就形成了大数据处理系统的整体技术架构。

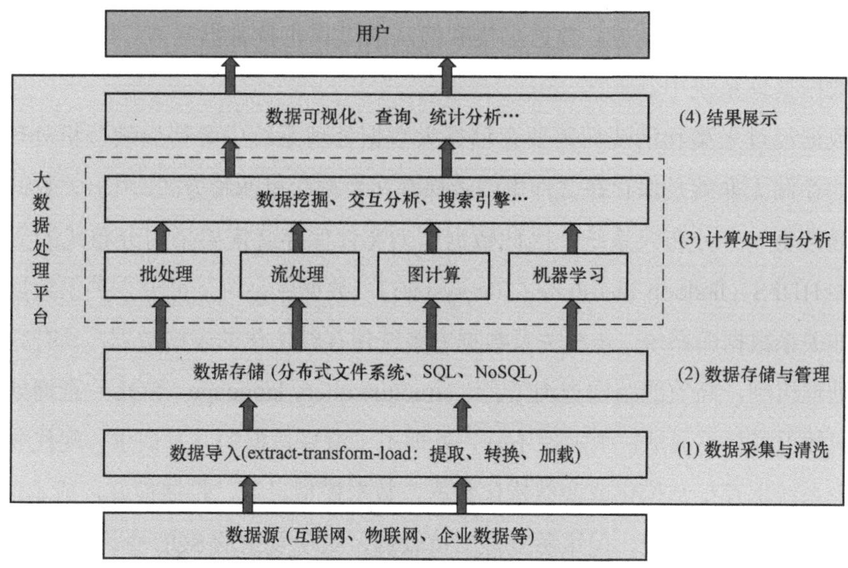

图 3-8　大数据处理系统技术架构

数据采集就是从数据源获取数据，目前，大数据的主要来源有以下几种：

（1）保存在传统介质里的多媒体信息，如光盘、影碟、磁带等；

（2）社交网络上的多媒体信息，如 Facebook、Twitter、YouTube、抖音、微博、微信等；

（3）云平台所产生的数据，包括系统日志等，如淘宝等网购平台云端处理过程中产生的数据（订单信息等）；

（4）Web 上的大量信息，包括新闻、论坛、社区、贴吧上的信息；

（5）物联网数据，主要包括各种物联网传感器所收集到的数据；

（6）数据库中的格式化数据，包括传统关系数据库和现代非关系数据库中的数据。

从这些数据源，可以通过网络爬虫、网站公开 API、传感器接口、日志收集工具、底层数据采集引擎、中间件系统、关系数据库查询等数据收集技术来获取数据。常见的数据采集开源工具有 Scrapy 爬虫框架、Flume 日志采集系统、Kafka 消息中间件、Sqoop 工具（RDBMS 和 Hadoop 之间的数据交互）。

数据清洗是对数据的初步整理，即将重复、多余的数据筛选清除，将缺失的数据补充完整，将错误的数据纠正或者删除，最后整理成为可以进一步加工、使用的数据。很多时候数据清洗过程包含在数据采集或者处理过程中，很多数据采集工具本身具备清洗功能。数据采集和清洗的过程也称数据导入，即将数据导入到大数据处理系统中。

数据经过采集和清洗后需要存储在大数据处理系统中等待后续分析处理，大数据的存储无非就是保存在文件里或者保存在数据库里两种方式。由于大数据处理系统通常是一个分布式系统，因此数据作为文件保存就需要采用分布式的文件系统，如 HDFS（hadoop distributed file system）。数据库系统又可分为关系数据库系统和非关系数据库系统。传统关系数据库系统保存结构化的表格数据，具有完善的事务处理机制，高效的结构查询语言（structure query language，SQL）查询处理引擎，但数据模型不灵活，扩展性不好，处理不了海量数据的并发请求。现代非关系数据库系统保存半结构化或非结构化数据，数据模型灵活，扩展性好，成本低廉，具有高并发的读写性能，但事务处理支持较弱，实现复杂的 SQL 查询较困难。

存储在系统中的数据只有通过计算处理和分析才能为用户产生价值，根据应用场景的不同，大数据处理和分析可能要采用不同的技术框架。如图 3－8 所示，这些技术框架大体上可分为批处理、流处理、图计算和机器学习四类。另外，目前很多应用中批处理和流处理可统一在一个框架中进行，因此，批流统一的框架正逐渐取代传统独立的批处理和流处理框架。

批处理是指在大容量的静态数据集上进行计算处理，数据被分成一批一批，即许多数据块被并行处理。在批处理过程中，数据是先存储后处理，也就是说批处理的输入数据是静态的，不是动态的流式数据，因此批处理主要面向大规模、非实时的计算，也称离线处理。

流处理是指系统接收并处理一系列连续不断变化的数据，如社交网络、传感器网络的实时信息。在流处理过程中，数据是一直在变化的，且无法回退，数据源源不断地涌进系统，因此流处理主要面向对实时性有较高要求的应用，也称在线处理。

另外，图计算和机器学习，由于近年来相关应用的快速发展，也已形成各自独立的计算框架。许多大数据都是以大规模图或网络的形式呈现，如社交网络、传染病传播途径、交通事故对路网的影响。许多非图结构的大数据，也常会被转换为图结构后进行分析。图结构很好地表达了数据之间的关联性，而关联性计算是大数据计算的核心，通过获得数据的关联性，可以从噪声很多的海量数据中抽取有用的信息。有关图计算的编程框架在后面会详细介绍。

机器学习框架，如 TensorFlow、PyTorch、MXNet、Caffe 等，由于其较高的抽象层次，训练和推理过程的并行化都在框架内部实现，其相关应用很少涉及本书中并行编程的关键问题，因此这里不做详细介绍。

3.2.2.2 Hadoop

Hadoop 是一个由 Apache 软件基金会所开发的分布式系统基础架构，由于其开源性质和完善、活跃的开源社区，Hadoop 在大数据处理中得到了广泛应用。Hadoop 经过多年的发展，已形成了一个大数据处理的 Hadoop 2.0 生态系统，如图 3-9 所示，其核心组件包括以下内容。

（1）HDFS：Hadoop 的分布式文件系统，提供了高可靠性、高扩展性和高吞吐率的数据存储服务。

（2）MapReduce：一个用于并行处理大数据集的分布式计算框架，具有易于编程、高容错性和高扩展性等优点。

（3）YARN：资源管理系统，负责集群资源的统一管理和调度。

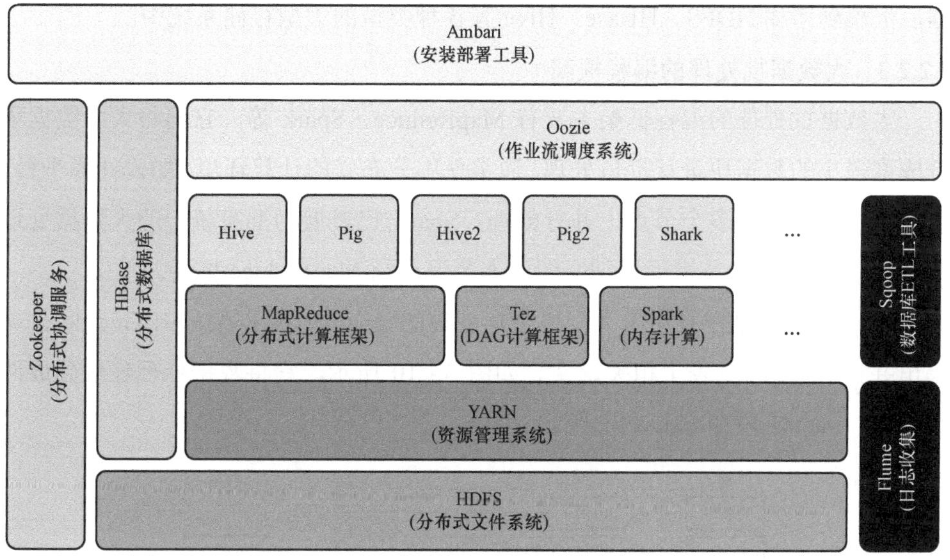

图 3-9 Hadoop 2.0 生态系统

除以上核心组件外，Hadoop 2.0 生态系统还包括许多组件，以下仅列出一些常用的组件。

（1）HBase：分布式数据库，类似 Google 公司 BigTable 的分布式 NoSQL 列

数据库。

（2）Hive：基于 Hadoop 的一个数据仓库工具，可以将结构化的数据文件映射为一张数据库表，并提供完整的 SQL 查询功能，可以将 SQL 语句转换为 MapReduce 任务并执行。

（3）Zookeeper：集群节点之间进行协调服务的开源工具，基于一套文件系统 API 实现分布式锁等功能。

（4）Ambari：安装部署工具，提供一套基于网页的界面来管理和监控 Hadoop 集群，让 Hadoop 集群的部署和运维变得更加简单。

（5）Pig：大数据数据流分析平台，为用户提供多种接口。

（6）Tez：基于 YARN 的 DAG（directed acyclic graph）计算框架，作业根据数据依赖关系构成 DAG，由其调度运行。

（7）Sqoop：数据库 ETL 工具，在 Hadoop 与传统的数据库间进行数据的传递。

（8）Flume：用来进行日志采集、汇聚的工具，它能从各类数据源中读取数据后汇聚到诸如 HDFS、HBase、Hive 等各种类型的大型存储系统中。

3.2.2.3 大数据批处理的编程框架

大数据批处理的编程框架主要有 MapReduce、Spark 等，它们将大的数据集分成许多小的数据块进行批量处理。通常使用分布式的计算环境，如云计算平台，让数据在集群中的多个节点上并行处理。Spark 已发展为批流统一的大数据处理框架，将在 3.2.2.5 节进行详细介绍，本节仅介绍 MapReduce 框架。

MapReduce 是一种用于大规模数据处理的分布式计算框架，由 Google 公司提出并在 2004 年发表了相关论文。如图 3－10 所示，它将数据处理任务分成两个阶段：map 阶段和 reduce 阶段。

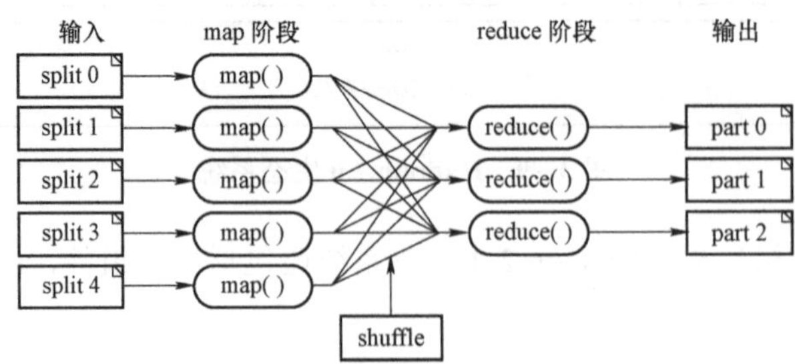

图 3－10 MapReduce 数据处理过程

map 阶段将输入数据划分成若干个小数据块，由多个计算节点并行处理，生成若干个键值对。每个键值对包含一个键和一个值，表示 map 阶段计算的中间结果。

reduce 阶段将 map 阶段产生的中间结果进行合并和统计，并生成最终的输出结果。在 reduce 阶段中，键值相同的数据会被合并在一起，然后进行一些计算和处理，最后生成输出结果。

程序员只要按照这个框架的要求，设计实现 map( )和 reduce( )函数，分布式存储、节点调度、负载均衡、节点通信、容错处理和故障恢复等操作都由 MapReduce 框架自动完成，设计的程序有很高的扩展性。

由于 MapReduce 框架具有良好的扩展性和容错性，它在大规模数据处理和分析领域中被广泛应用。例如，在搜索引擎、社交网络、金融、医疗等领域中，都需要对海量数据进行处理和分析。MapReduce 框架可以帮助处理这些海量数据，从中提取有用的信息。

3.2.2.4　流处理的编程框架

与传统的批处理不同，流处理是实时对数据进行分析处理，而不是先将数据收集到一定量后再进行处理。在大数据流处理中，数据以数据流（data stream）的形式产生和流动，对数据流进行实时处理、聚合、转换和过滤等操作，以满足不同的业务需求。流处理的编程框架数量很多，比较流行的有 Storm、Spark Streaming 和 Flink。Spark Streaming 是 Spark 的扩展，使其成为支持实时流处理和批处理的统一框架，Flink 虽然是一个流处理框架，但也提供了批处理模式，Spark 和 Flink 将在 3.2.2.5 节中介绍，本节主要介绍 Storm。

Storm 是一个 Apache 软件基金会开源的分布式实时流处理框架，最初由 Twitter 开发。它可以帮助用户在海量实时数据流中进行复杂的数据处理操作，并能够保证数据处理的低延迟（毫秒级）和高吞吐率。

Storm 的核心是一个分布式实时数据处理引擎，它可以实现高可靠性、高性能的实时数据处理。Storm 数据处理框架类似一个水流的处理框架，如图 3－11 所示，数据来源定义为 Spout，源源不断地供给数据。Storm 将流数据（stream）描述成一个无限的 tuple 序列，这些 tuple 序列会以分布式的方式并行地创建和处理。Storm 将流数据的状态转换过程抽象为 bolt，bolt 接收 spout 或 bolt 输出的 tuple

序列进行处理，处理后的 tuple 序列作为新的流数据发送给其他 bolt，就好像供水系统中的净化池，流入待净化的水流，流出净化后的水流，或者是各个家庭，流入自来水，在家中用掉了。

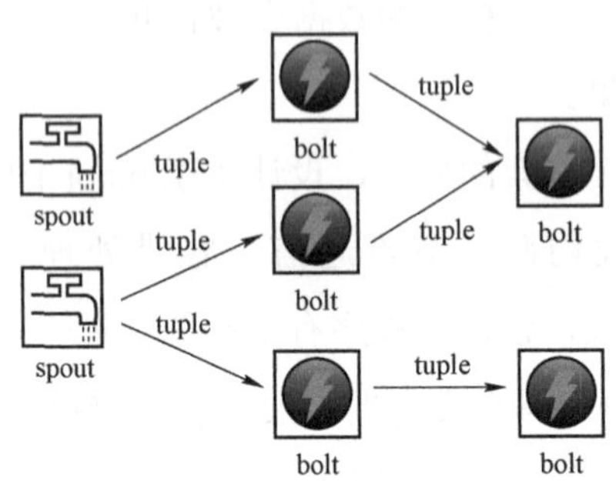

图 3－11 Storm 数据处理框架

Storm 将由多个 spout 和 bolt 组成的网络抽象成 topology，它可以被提交到 Storm 集群执行。topology 里面的每个处理组件（spout 或 bolt）都包含处理逻辑，而组件之间的连接则表示数据流动的方向，这样，topology 可视为流转换图。topology 里的每一个组件都是并行运行的，可以指定每个组件的并行度，Storm 则会在集群中分配与并行度数量对应的线程来同时计算。

Storm 集群系统架构和工作流程如图 3－12 所示。Storm 集群采用 master/worker 的节点组织方式。master 节点运行名为 Nimbus（类似 Hadoop 1.0 中的 JobTracker，或者 Hadoop 2.0 里的 ResourceManager）的后台程序，负责协调和管理整个集群的运行。它接收客户端提交的 topology（类似于 Hadoop 的 Job），并将其分配到 worker 节点上运行。Nimbus 还负责监控集群中的所有组件，并处理故障恢复等问题。

worker 节点运行名为 Supervisor（类似 Hadoop 中的 NodeManager）的后台程序，负责监听其所在节点被分配的工作，即根据 Nimbus 分配的任务来决定启动或停止 worker 进程，一个 worker 节点上同时运行若干个 worker 进程。每个 worker 进程都包含一个或多个执行器（executor），执行器负责运行实际的数据处理任务。

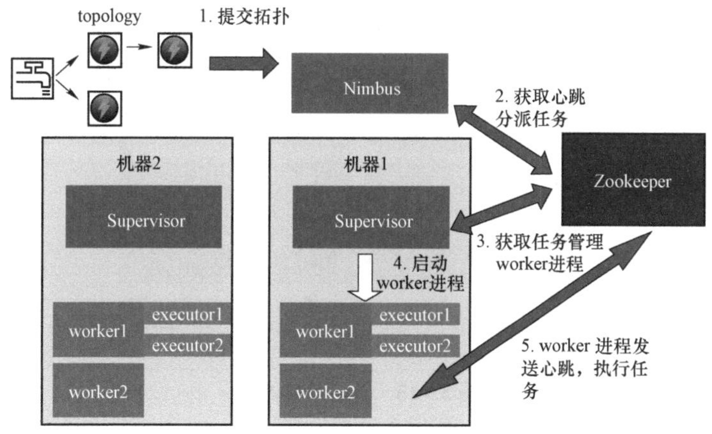

图 3－12　Storm 集群系统架构和工作流程

Storm 使用 Zookeeper 作为分布式协调组件，负责 Nimbus 进程和多个 Supervisor 进程之间的所有协调工作。若 Nimbus 进程或 Supervisor 进程意外终止，借助于 Zookeeper，当重启时也能读取、恢复之前的状态并继续工作，使 Storm 极其稳定。

3.2.2.5　批流统一的编程框架

无论是流处理还是批处理，本质上都是在分布式系统上的数据并行处理，因此其处理核引擎可以统一起来。Spark 和 Flink 是两个典型的批流统一的大数据处理框架。Spark 的处理核一开始是面向批处理，后来 Spark Streaming 在其基础上进行了扩展，支持流处理，形成了批流统一的处理框架。Flink 主要是面向流处理，但其执行引擎设计比较灵活，能将批处理当作流处理的特例对待，因此也可以看作是批流统一的框架。

1. Spark

在 Spark 发布之前，大数据处理的主要编程框架就是 Hadoop MapReduce，MapReduce 的中间结果须写入 HDFS。显然，这些中间数据如果能保留在内存中，而不是写入文件系统，处理速度会有很大提升，这就是开发 Spark 的主要动机。Spark 也被称为内存计算的框架，提供统一的内存管理模型，使计算的中间结果都尽量保存在内存中。

Spark 最初由 UC Berkeley AMP Lab 开发，2013 年加入 Apache 孵化器项目后发展迅猛，如今已经成为 Apache 软件基金会最重要的分布式系统开源项目之一。如图 3－13 所示，Spark 提供了一个强大的技术栈，是一个可以进行即时 SQL 查询、流处理、机器学习、图计算等多种大数据处理的计算平台。

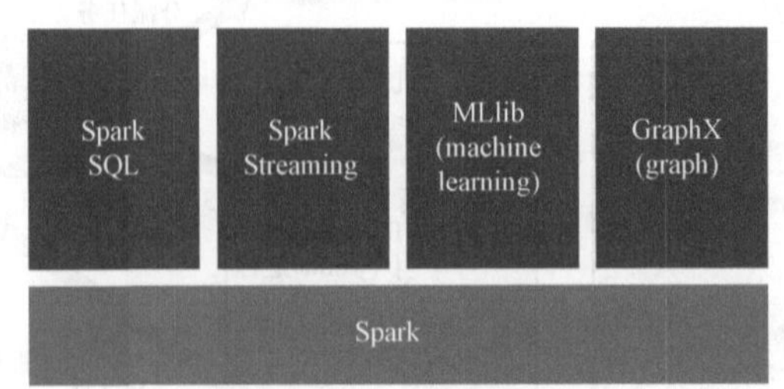

图 3－13 Spark 技术栈

Spark 主要有以下特点。

（1）运行速度快：使用 DAG 执行引擎以支持循环数据流与内存计算。

（2）容易使用：支持使用 Scala、Java、Python 和 R 语言进行编程，可以通过 Spark Shell 进行交互式编程。

（3）通用性：Spark 提供了完整而强大的技术栈，包括 SQL 查询、流处理、机器学习和图计算组件。

（4）运行模式多样：可运行于独立的集群模式中，也可运行于 Hadoop 中，还可运行于 Amazon EC2 等云环境中，并且可以访问 HDFS、Cassandra、HBase、Hive 等多种数据源。

Spark 本身是使用 Scala 语言开发的，因此 Scala 语言是开发 Spark 应用的首选语言。Scala 语言是一门现代的多范式编程语言，运行于 Java 平台，并兼容现有的 Java 程序。多范式指的是可以支持多种编程风格，如函数式编程、面向对象编程等。Scala 语言就是一种融合了面向对象编程和函数式编程风格的语言，和 Java 语言相比，用 Scala 语言实现同样的功能所需要编写的代码量通常会少 50%以上。

Spark 从数据源读入数据作为内存中的弹性分布式数据集（resillient distributed dataset，RDD）。RDD 是分布式内存的一个抽象概念，为分布式系统提供了一种高度受限的共享内存模型，主要限制在于 RDD 是只读的分区记录的集合，只能通过在其他 RDD 执行确定的转换操作而创建，这些限制使得实现容错的开销很低。Spark 中的一个 Job 包含多个 RDD 及作用于相应 RDD 上的各种操作，一个 Job 会分为多组 Task，每组 Task 称为 Stage，或者也称 TaskSet，代表了一组关联的、相互之间没有 Shuffle 依赖关系（新 RDD 一个分区的数据依赖于旧 RDD 多个分区的数据）的任务组成的任务集。Spark 运行时系统不断将准备好的 Stage 中各个 Task 调度到 Spark worker 进程上执行。

Spark Streaming 扩展了 Spark 核心 API，以支持实时数据流的处理。如图 3－14 所示，它把流处理计算转化为一系列微小数据块的批处理计算，具体做法：把实时输入数据流以时间片（如 1 s）为单位切分成块；把每块数据作为一个 RDD，并使用 RDD 操作处理每一小块数据；每个块都会生成一个 Job 处理，最终结果也以一小块一小块的形式返回。

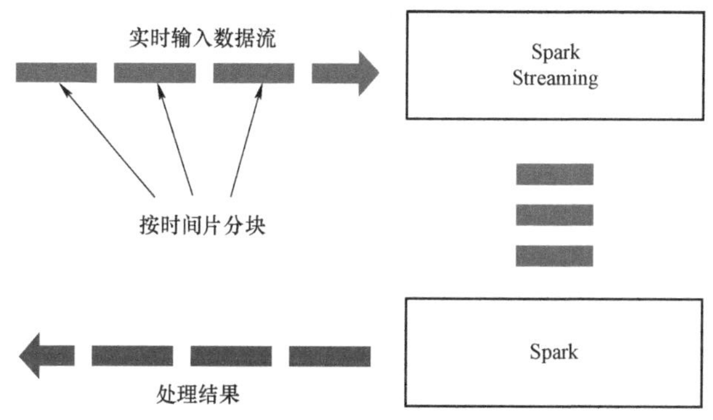

图 3－14　Spark Streaming 数据流的处理

一般情况下，Spark Streaming 的延时比 Storm 要高，Storm 处理的是每次传入的一个事件，而 Spark Streaming 是处理某个时间段窗口内的事件流。因此，Storm 处理一个事件可以达到秒内的延迟，而 Spark Streaming 则有几秒的延迟。但 Spark Streaming 提供了一个统一的解决方案，在一个集群里面可以进行离线计算、流处理、图计算、机器学习等，而 Storm 集群只能单纯地进行实时流处理。

2. Flink

Flink 起源于柏林工业大学的实验室项目 Stratosphere，2014 年 5 月，Stratosphere 作为孵化器项目被贡献到 Apache 软件基金会，并更名为 Flink。目前，Flink 是 Apache 社区最活跃的大数据项目之一。国内外许多公司都在使用 Flink，国外公司有 Netflix、eBay、LinkedIn 等，国内公司有阿里巴巴、腾讯、美团、小米、快手等，这使 Flink 已成为实时计算的事实标准。

Flink 具有十分强大的功能，可以支持不同类型的应用程序。Flink 的主要特性包括批流一体化、精密的状态管理、事件时间支持以及精确一次的状态一致性保障等。

Flink 不仅可以在包括 YARN、Mesos、Kubernetes 等在内的多种资源管理框架上运行，还可以在裸机集群上独立部署，这一点和 Spark 类似。在启用高可用选项的情况下，它不存在单点失效的问题。

事实证明，Flink 已经可以扩展到数千核心，其状态可以达到 TB 级别，且仍能保持高吞吐、低延迟的特性。世界各地有很多要求严苛的流处理应用都运行在 Flink 之上。

Flink 作为理想的流处理框架，与 Storm、Spark Streaming 相比都有一定优势。Storm 虽然可以做到低延迟，但是无法实现高吞吐，也不能在故障发生时准确地处理计算状态。Spark Streaming 通过采用微批处理方法实现了高吞吐和容错性，但是牺牲了低延迟和实时处理能力。Flink 兼具高吞吐、低延迟和高性能，并且同时支持批处理和流处理。此外，Flink 还支持高度容错的状态管理，防止状态在计算过程中因为系统异常而出现丢失。

3.2.3 图计算编程模型

图是顶点和边的集合，常用于表示对象（顶点）之间的关联关系（边）。现实世界中的很多应用场景都可以用图结构进行表示和计算，如知识图谱、网页搜索、蛋白质相互作用、交通网络和社交网络等。随着信息技术的飞速发展，图数据的规模急速增长，已成为大数据的主要来源之一。

大规模的图计算问题涉及图算法、存储和计算三个方面：图算法主要包括图的遍历、聚类、连通性、中心度等问题；图数据在大数据处理系统中的存储方式可以是以 CSV 或 JSON 等格式保存在 HDFS 中，或者是存储在 Neo4j、Cosmos DB、OrientDB、ArangoDB 等图数据库系统中；计算则需要由图计算编程模型来支撑，否则程序员很难实现对大规模图数据的并行处理。

早期有一些面向图计算的程序库，例如，Boost 中包含的 BGL（boost graph library）和 PBGL（parallel boost graph library）。BGL 提供了用于表示图的数据结构以及一些常用的图分析算法；PBGL 则扩展了 BGL，在此之上基于 MPI 提供了并行/分布式计算的能力。但这些库缺乏对程序员友好的编程模型，需要程序员介入和管理的细节较多，使用难度较大。后来随着图数据的规模越来越大，图计算受到越来越多的重视，学术界和工业界都提出了很多图计算框架，其中有代表性的包括 Pregel、GraphLab、PowerGraph、Giraph、GraphX、Gemini、Flink Gelly、Hama 等。

Pregel 是 Google 公司发布的一个分布式图计算框架，它实现了整体同步并行（bulk synchronous parallel，BSP）计算模型。Pregel 支持基于顶点的并行计算，具有高效的性能和可伸缩性。在 Pregel 中，图计算过程被表示为多轮同步迭代过程，每一轮迭代抽象为从单个顶点的角度考虑需要完成的计算过程，即用户自定义的顶点程序。每个顶点有活跃和非活跃两种状态，每轮迭代中只有活跃顶点需要参与计算。Pregel 使用消息传递模型 MPI 在顶点之间通信，在每一轮迭代中，每个顶点接收前一轮迭代中其他顶点发送的消息，修改自己的属性和其邻接边的属性，并发送消息给其他顶点。Pregel 直观、灵活且易于使用。Giraph 和 Hama 是基于 Hadoop 技术栈的开源 Pregel 实现，支持多种图算法，包括 PageRank、最短路径、图聚类等。

GraphLab 是由卡内基梅隆大学研究人员提出的一个基于分布式共享内存的异步图计算系统。与 Pregel 相同，图中的每个顶点都执行一个用户自定义的函数，基于分布式共享内存机制，该函数能够直接访问存储在相关顶点或边中的数据。但与 Pregel 的目标不同，GraphLab 主要面向机器学习/数据挖掘问题，针对很多这类算法需要在稀疏数据上进行迭代式计算的特点，GraphLab 把 I/O 数据以图的形式进行表示，并将算法抽象为图上的计算过程。因此，尽管都采用了以顶点为中心的图计算模型，GraphLab 在一些设计决策上与 Pregel 有较大的不同：GraphLab 中的通信发生在各个顶点不同副本间的状态同步，而非 Pregel 中的消息传递；GraphLab 主要采用异步的计算模式，通过多种级别的一致性来保证算法的收敛效率，而 Pregel 是典型的同步计算模式。

PowerGraph 是 GraphLab 的 2.x 版本，主要针对现实世界中大规模图数据幂律分布的特点（即图中少部分的节点会拥有大部分的边）以及异步引入的开销导致性能不够理想的问题，对 GraphLab 进行了优化。PowerGraph 的编程模型称为 GAS（gather-apply-scatter），GAS 将顶点程序分成了收集信息（gather）、更新状态（apply）和分发信息（scatter）三个步骤。如图 3－15 所示，在点切割中，图中的每个节点可能会在多个图分区出现，其中一个分区的点称为 master 节点，而在其他分区出现时称为 mirror 节点。对于图中的每个节点，首先 Gather( )函数根据每个分区的本地信息计算出一个中间结果，其次所有的 mirror 节点将中间结果发送给 master 节点，由 master 节点执行 Apply( )函数，并将执行结果同步给 mirror 节点，最后所有的 master 节点和 mirror 节点执行 Scatter( )函数将相应的更新结果发送给本分区中的邻居节点。

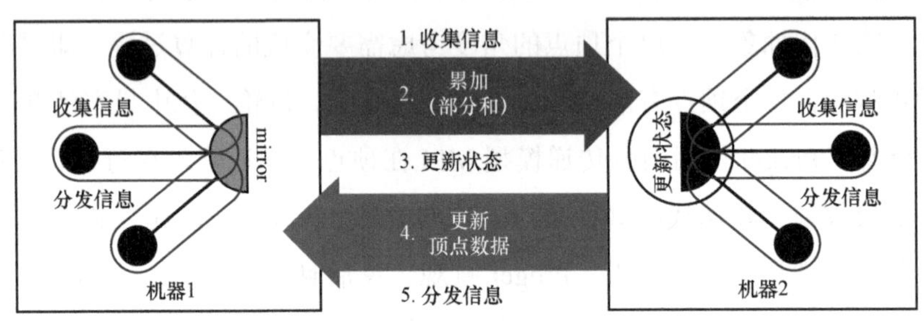

图 3－15 GAS 编程模型

GraphX 是 Spark 的图计算框架，它与 Spark 生态系统中的其他组件无缝集成，用户可以很方便地将 GraphX 与 Spark SQL、Spark Streaming 等组件集成起来，实现复杂的数据分析任务。GraphX 采用与 Pregel 类似的图并行抽象，同时借鉴 GAS 编程模式。与 PowerGraph 相比，GraphX 适用于更多的图算法并具有丰富的编程接口。

Flink Gelly 是 Flink 的图计算框架，它与 Flink 的批处理和流处理模式无缝集成。这意味着，用户可以将图算法嵌入到 Flink 流处理作业中，以实时处理图数据；也可以将其嵌入到批处理作业中，以处理离线图数据。这种灵活性和一致性使 Flink Gelly 成为处理大规模图数据的强大工具。

除上述图计算框架外，国内图计算框架也是百花齐放，如阿里巴巴公司的 GraphScope、腾讯公司的 Plato、字节跳动公司的 ByteGraph、百度公司的 HugeGragh、蚂蚁科技公司的 TuGraph、京东公司的 JoyGraph、华为公司的 EYWA 等。

上述图计算框架大多以顶点为中心进行计算，也就是将顶点作为并行的基本单元，另外还有一些图计算框架是以边为中心，如 X-Stream；以分区或子图为中心，如 Giraph++、GoFFish、NScale、Datalog；以矩阵为中心，如 GraphMat、Pegasus、CombBLAS。

除基于内存的图计算框架外，还有一些基于外存的单机图计算框架，如 GraphChi、X-Stream、GridGraph 等。将大规模图数据保存在外部存储介质中，在图计算过程中内存与外存不断进行数据交换以获取需要的信息。

另外，随着 GPU 等硬件加速设备的普及，也出现了许多针对异构系统的图计算框架，如 Gunrock、cuGraph、Enterprise 等。

3.3　异构并行编程模型

异构并行编程模型是随着 GPU 的发展而兴起的，2001 年之后 GPU 作为通用计算单元，也就是通用图形处理器（general purpose graphic processing unit，GPGPU 的概念逐渐被人们认识和广泛使用，GPGPU 通过内部众多的流式 PE 进行并行计算，因此保留了许多流式多处理器（SM）的特征。早期的异构并行编程模型，例如，2004 年斯坦福大学提出的 BrookGPU，秉承了流式编程思想。流是一组可并行处理的数据的集合，计算在流的每个数据元素上并行执行，以单指令多数据或多指令多数据的形式进行数据并行。BrookGPU 的许多思想和元素，如核函数（kernel），被之后的 GPU 编程框架一直延续使用。由于英伟达（NVIDIA）公司的大力推广，CUDA（compute unified device architecture）已经成为目前 GPU 编程最普及的方式，然而，CUDA 仅能在以 NVIDIA GPU 为加速设备的异构系统中使用。于是，2008 年年底出现了多家公司共同制定的跨平台异构并行编程模型标准 OpenCL，它适用于任何异构系统。OpenCL 将实际的硬件平台抽象为一个统一的平台模型，这也是 OpenCL 与 CUDA 最大的不同，目前 Intel、AMD、苹果（Apple）、NVIDIA 等公司都有其硬件平台的 OpenCL 实现。

虽然 CUDA 和 OpenCL 已得到广泛支持和应用，但 CUDA 和 OpenCL 的编程接口都较为低级，程序员的编程效率不高，其原因首先是遗产代码需要重新改写，其次是它们基于 C 语言进行扩展，Java、Python 等更高级的语言无法使用这种扩展。针对遗产代码的问题，2011 年出现了 OpenACC 异构并行编程模型，它支持在 C、Fortran 语言的遗产代码上直接加入编译制导指令，目前

OpenACC 已经成为 OpenMP 4.0 的一部分；而针对 Java、Python 语言程序员使用异构系统困难的问题，出现了 Copperhead、Lime、HJ-OpenCL、Aparapi 等编程接口与 Java、Python 语言类似的异构并行编程模型，以及 JOCL、PyCUDA、PyOpenCL 等辅助工具。此外，作为业界巨头之一的微软公司 2012 年发布了 C++ AMP（accelerated massive parallelism）。C++ AMP 是 Visual Studio 和 C++ 语言针对异构系统的新扩展，虽然与 OpenCL 是一种竞争关系，但也提供了将 C++ AMP 程序转换成 OpenCL SPIR（standard portable intermediate representation）的功能。

3.3.1 工业界常见异构并行编程模型

工业界，也就是在实际应用产品研发中常用的异构并行编程模型有 CUDA、OpenCL、C++ AMP、OpenACC、OpenMP、ROCm、SYCL 等，其背后是各业界巨头和标准化组织。其中 OpenACC 和 OpenMP 属于编译器注释类型的并行编程模型，其他基本上属于语言的扩展和并行库形式。

3.3.1.1 CUDA

CUDA 是 NVIDIA 针对 GPGPU 推出的编程模型，是对流行编程语言的扩展（如 C、C++、Fortran），因此任何有 C、C++、Fortran 语言基础的程序员都能很容易地开发 CUDA 程序，利用 NVIDIA GPU 进行计算。

CUDA 编程模型提供了对 GPU 硬件资源（SM 硬件线程、GPU 内存）的软件抽象层。在 CUDA 编程模型中，异构系统由主机（host）和设备（device）组成，CPU 负责进行逻辑复杂的串行计算，而 GPU 进行数据并行的计算。作为程序员需要做的就是编写 CPU 端及 GPU 端的代码，并根据计算任务的需要，在主存储器及设备内存上利用 CUDA 提供的编程接口分配内存空间，并完成数据复制。一般情况下，将在 GPU 上执行的任务称为 kernel。

图 3－16 是 CUDA 程序的典型示例，程序调用 cudaMalloc( )、cudaMemcpy( )、cudaFree( )函数进行 GPU 设备内存的分配、复制和释放，调用以＜＜＜,＞＞＞为标志的 CUDA kernel 在 GPU 上进行计算。

典型的 CUDA 程序执行流程如图 3－17 所示。由于设备不能直接访问主机内存，因此输入数据必须通过 PCI-Express 从主机内存移动到设备内存。初始时刻，从 CPU 加载输入数据到 GPU，然后启动 kernel，让其在 GPU 进行计算。kernel 的执行是异步非阻塞的，在其执行过程中，CPU 不需要阻塞等待 GPU 执行完成，期间如果 CPU 没有其他独立的任务执行，将会浪费 CPU 多核的计算资源。

```
void main(){
    float *a, *b, *out;
    float *d_a;

    a = (float*)malloc(sizeof(float) * N);

    // Allocate device memory for a
    cudaMalloc((void**)&d_a, sizeof(float) * N);

    // Transfer data from host to device memory
    cudaMemcpy(d_a, a, sizeof(float) * N, cudaMemcpyHostToDevice);

    …
    vector_add<<<1,1>>>(out, d_a, b, N);
    …

    // Cleanup after kernel execution
    cudaFree(d_a);
    free(a);
}
```

图 3-16　CUDA 程序的典型示例

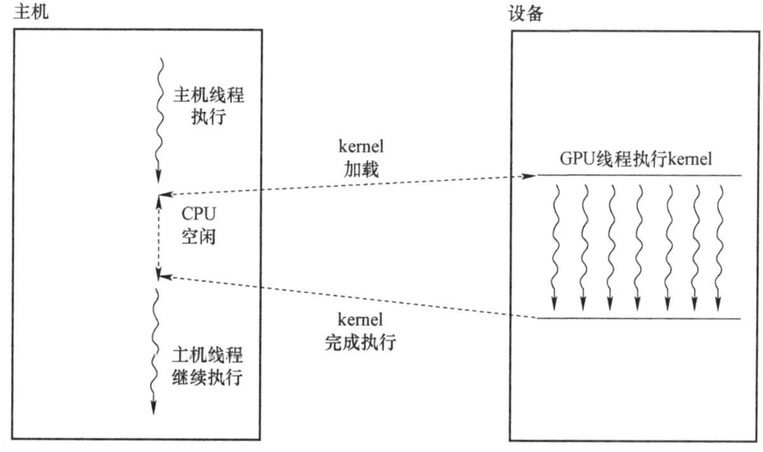

图 3-17　典型的 CUDA 程序执行流程

在 CUDA 编程模型中，其线程组织结构及内存访问模式都是层次性的。这与 CPU 编程模型有一些不同之处，在 CPU 里，每一个处理核通常支持一或两个硬件线程，而 GPU 上具有成百上千个处理核，从而可以同时支持大规模线程并行执行。图 3－18 展示了 CUDA 如何层次性地组织大规模硬件线程。CUDA 线程层次结构可分为线程、线程束（warp）、线程块（block）和网格（grid）。一个 kernel 所启动的所有线程可以构成一个网格，它们共享设备的全局内存空间；然后一个网格内部又包含一组线程块，这些线程块被调度至不同的流式多处理器上异步执行；每个线程块的内部又可以进一步划分为一系列 warp，它是流式多处理器中基本的执行单元；而 warp 则是由一个个线程组成，一个 warp 中的线程集合以单指令多线程（SIMT）方式运行，通常 warp 的大小为 32。

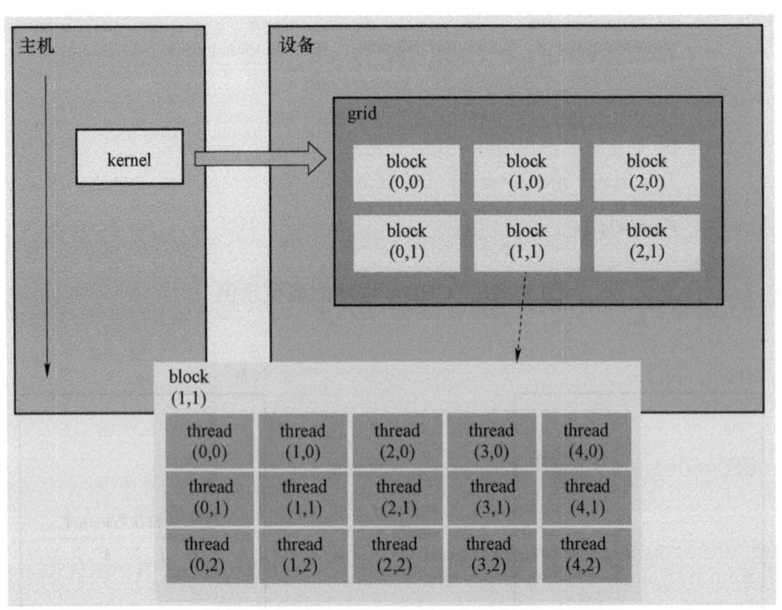

图 3－18　CUDA 线程层次结构

同线程组织结构相似，CUDA 的内存访问也具有层次性的特点。如图 3－19 所示，从下至上分别为纹理内存（texture memory）、常量内存（constant memory）、全局内存（global memory）、共享内存（shared memory）和寄存器（register）。其中寄存器的访问速度最快，全局内存访问速度最慢，共享内存还可以直接通过编程控制，类似于 CPU 的缓存。层次性的内存布局给予了编程很大的灵活性，为编程人员提供更多可控的支持，为优化程序、实现更高性能提供了可能。

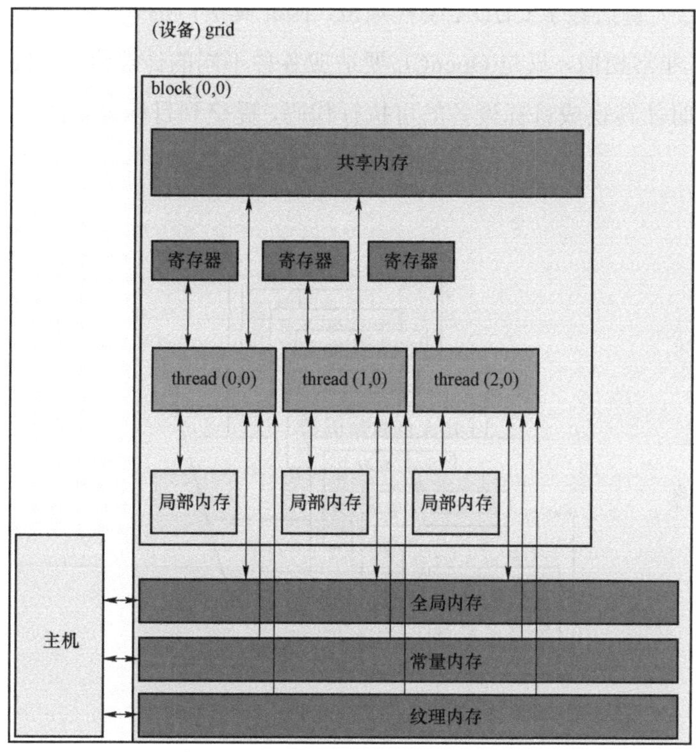

图 3-19　CUDA 内存层次结构

3.3.1.2　OpenCL

OpenCL 是由非营利性技术联盟 Khronos Group 维护的开放标准，是一个面向各种异构系统（CPU、GPU、DSP、FPGA、ASIC）的统一编程模型。2008 年 OpenCL 由 Apple 公司提出，随后 AMD、IBM、Intel 和 NVIDIA 等公司开始参与，共同制定和发布了 OpenCL 标准规范，目前标准版本为 OpenCL 3.0。OpenCL 只是一套开放的标准规范，各主流硬件厂商的异构计算设备都有自己的 OpenCL 实现。

OpenCL 主要由一门用于编写 kernel 程序（在 OpenCL 设备上运行的任务）的语言（基于 C99）和一组用于定义并控制平台的 API 组成。如图 3-20 所示，OpenCL 将异构系统抽象为主机连接一个或多个计算设备，计算设备又可分成一个或多个计算单元，每个计算单元又可进一步分成一个或多个 PE。如一个 4 核 8

线程的 CPU 就是一个计算设备，其中有 4 个计算单元，每个计算单元包含 2 个 PE。OpenCL 大量借鉴了 CUDA 编程规范，因此其接口形式、程序结构等各方面都和 CUDA 非常相似，只是 OpenCL 要适应各种不同的计算设备，kernel 程序可能会在运行时才转换成目标设备的可执行代码，提交到目标设备的命令队列由其执行。

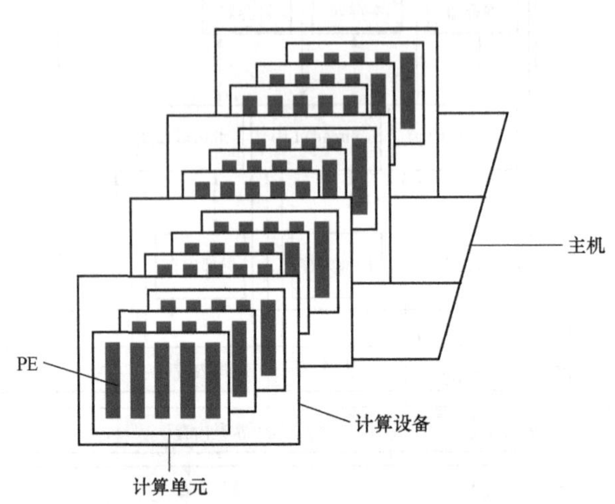

图 3－20 OpenCL 对异构系统的抽象

3.3.1.3 C ++ AMP

C++AMP 是由微软公司开发的加速 C++程序的并行计算库，是 C++语言的扩展，目前只支持 Windows 操作系统。它是基于 DirectX 11 技术实现的一个并行计算库和开放的编程规范，使 C++程序员可以很容易地编写运行在 GPU 上的并行程序。

使用 C++AMP 一般涉及三步：创建 array_view 对象，调用 parallel_for_each( ) 函数，通过 array_view 对象访问计算结果。array_view 模板类管理数据的移动，在 kernel 中用到的时候进行数据的复制。parallel_for_each( )函数是启动 kernel 的入口，该函数需要指定线程任务划分和执行的 kernel。C++AMP 会自动处理显存的分配和释放、GPU 线程的分配和管理。

3.3.1.4 OpenACC

OpenACC 是由 OpenACC 组织（主要发起者包括 NVIDIA、PGI、Cray 三家

公司）于 2011 年推出的众核加速编程标准，以编译制导指令的方式实现众核编程，只需要对程序稍加修改，就可以实现任务在众核上的并行计算。

OpenACC 编译制导指令的基本语法是#pragma acc＜directive＞［clause［［，］clause］…］，其中 directive 包括 parallel、kernel 等。比如，parallel 和 kernel 指示都会告诉编译器此区域需要并行加载到加速设备上执行，不同点在于 parallel 指示中的多个循环等价于一个大的 kernel，所以多个循环是并行执行的；而 kernel 指示中的多个循环相当于多个 kernel，是顺序执行的。

OpenACC 中定义了多个子句来更加精细地指导程序的并行执行。比如，private 指定需要私有化的变量；reduction 指定需要规约的变量；copyin 和 copyout 指定需要进行数据传输的内存地址等。OpenACC 还提供了一些运行时库例程供程序调用，包括获取设备的数量、初始化设备、内存申请和释放等，以帮助程序的调试和进一步优化。

另外，OpenACC 支持三级并行机制：gang、worker、vector。其中，gang 是粗粒度并行，在加速设备上可以启动一定数量的 gang；worker 是细粒度并行，每个 gang 内包含一定数量的 worker；vector 是在 worker 内通过 SIMD 或向量操作的指令集并行。

GCC 对 OpenACC 的支持进展缓慢，GCC 9.1 才提供了对几乎完整的 OpenACC 2.5 的支持。目前，OpenACC 已经成为 OpenMP 的成员，并合并到 OpenMP 中，以创建通用规范。该规范扩展了 OpenMP，以在 OpenMP 的未来版本中支持各种加速设备。

3.3.1.5 OpenMP

从 OpenMP 4.0 开始支持加速设备装载和向量指令，OpenMP 5.0 开始完全支持加速设备，包含主机和设备的统一共享内存。为了处理设备之间指令集和编程模式的不同，OpenMP 主要添加了 target 指令以及相关的子句（如 teams、distribute、data map 等）和函数来适配这些设备。目前，支持采用 OpenMP 进行 GPU 编程的编译器主要有 Clang、XL C（IBM Compiler Suite）、GCC 和 Cray Compiler Environment。

target 结构由 target 区域与一个 target 指令构成。target 区域内的程序将在默认的计算设备或者由 device 子句显式指定的计算设备上执行。同时，还需要通过

map 子句将相应的输入数据映射到对应的计算设备上，完成计算之后，再将结果数据映射回主存储器。在 map 子句中可以采用 alloc 子句定义目标计算设备独自使用的数据，还可以通过 to、from 及 tofrom 来控制数据的传输方向。图 3－21 所示为 OpenMP 主机与计算设备之间数据传输示意。

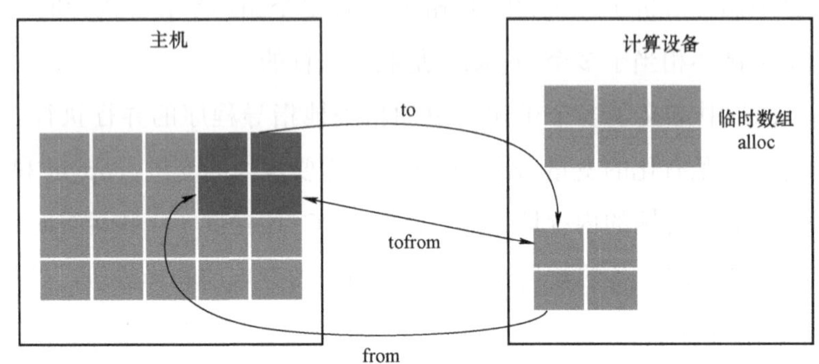

图 3－21 OpenMP 主机与计算设备之间数据传输示意

除了 target 指令之外，还有另一个可以控制线程组的子句 teams，它可以用来构建一个线程组集合。这些线程组之间不能通信，也没有同步机制。线程组数由 num_teams 子句来指定。teams 中各线程组中 master 线程都会执行相应的 teams 区域的程序。可以通过引入 distribute 子句来隐式分发计算量至各个线程组，避免重复执行的问题。OpenMP 中任务的异步执行可以通过 nowait 子句来实现，还可以通过 depends 子句构建任务之间依赖，强制程序的执行顺序。

OpenMP 的异构并行计算模式适用于 CPU 与 GPU 构成的异构系统。在图 3－22 的 OpenMP 异构执行模型中，首先，CPU master 线程执行主机代码，在遇到 target 指令后，控制权便转交给 GPU master 线程；其次，CPU master 线程异步执行其他工作，等待任务执行完毕；最后，当 target 区域的任务执行完成后，GPU master 线程将结果数据传回 CPU master，并将控制权转给主机。

3.3.1.6 ROCm

radeon 开放计算平台（radeon open computing platform，ROCm）是 AMD 公司推出的开源 GPU 计算生态。它为开发人员提供了一套完整的工具和库，使他们可以轻松地利用 AMD GPU 的高性能和低功耗来加速各种计算密集型任务。图 3－23 所示为 CUDA 和 ROCm 的技术栈对比，ROCm 跟 CUDA 对应，复制了 CUDA 的技术栈。

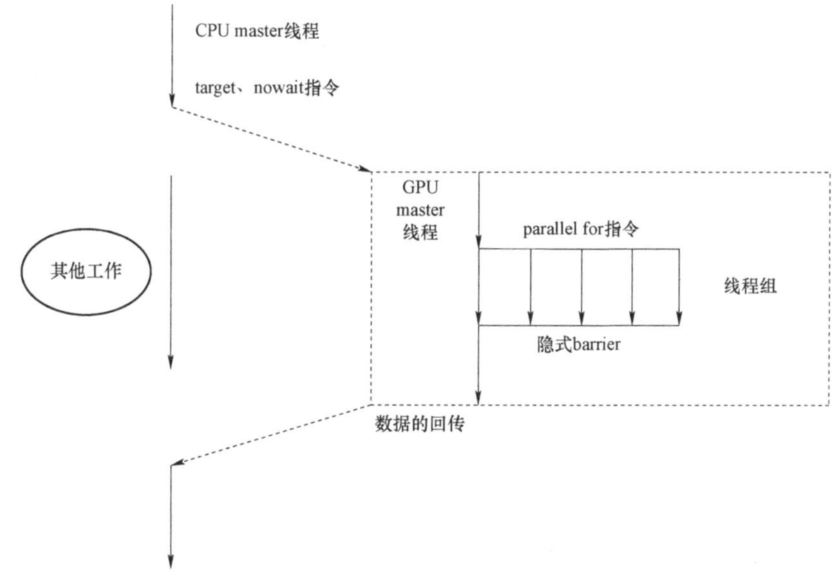

图 3－22　OpenMP 异步执行模型

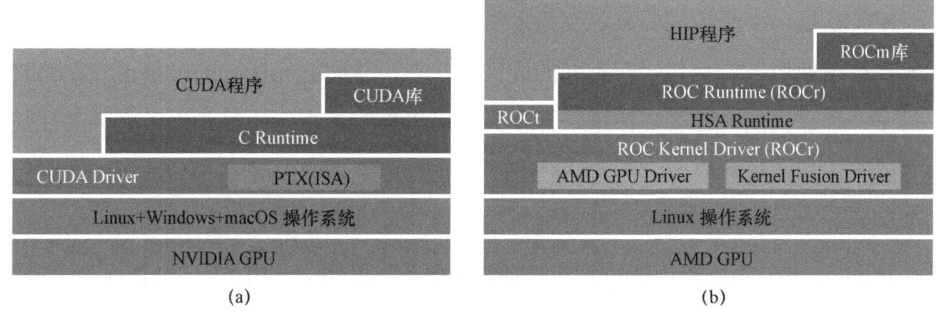

图 3－23　CUDA 和 ROCm 的技术栈对比

（a）CUDA；（b）ROCm

ROCm 的主要组成部分包括以下内容。

（1）可移植异构计算接口（heterogeneous-computing interface for portability，HIP）：一个 C++ 语言编程接口，它允许开发人员使用类似于 CUDA 的语法来编写并行程序，从而实现在多种 GPU 架构之间的可移植性。

（2）ROCm 工具链：包括编译器、调试器和性能分析器等工具，可以帮助开发人员快速开发和调试高性能 GPU 应用程序。

（3）ROCm 数学库：包括 BLAS、FFT 和 RNG 等数学库，可用于实现各种数值计算和科学计算应用。

（4）ROCm 深度学习框架：包括 TensorFlow、PyTorch 和 Caffe2 等深度学习框架的 ROCm 版本，可以利用 AMD GPU 的高性能来加速深度学习训练和推理。

ROCm 可以支持多种 GPU 架构，包括 AMD 公司的 Radeon 和 FirePro 系列 GPU 以及其他厂商的 GPU。开发人员可以使用 HIP、OpenCL 和 OpenMP 编写 ROCm 应用程序，因此，ROCm 具有很好的灵活性和可移植性。

3.3.1.7 SYCL

SYCL 是由 Khronos Groups 于 2014 年开始起草制定的一个 C++ 并行编程模型。2017 年 SYCL 1.2.1 版本发布（基于 OpenCL 1.2），2021 年发布 SYCL 2020 标准。SYCL 建立在 C++11 基础之上，并允许在同一源文件中编写主机和设备代码，从而简化了异构系统上的软件开发流程。它可以看作是一个跨平台的抽象层，它建立在 OpenCL 的概念、可移植性和效率之上，在异构系统上使用标准 C++ 语言进行编程。

SYCL 是一个开放的标准，支持多种硬件平台，包括 CPU、GPU 和 FPGA。开发人员可以使用同一套代码在不同的硬件上执行，从而提高代码的可移植性。SYCL 提供了一种显式的内存管理模型，开发人员可以控制数据在主机和设备之间的传输，这有助于优化性能和资源利用率。SYCL 使用任务图（task graph）来表达计算任务之间的依赖关系。任务图提高了并行执行的效率，并有助于自动化任务调度。

Intel 公司于 2020 年推出了 oneAPI 软件开发套件，采用 SYCL 作为异构系统的开发标准。oneAPI 包含了 SYCL 的超集 DPC++（Data Parallel C++）语言、一套用于 API 编程的函数库以及底层硬件接口（如 oneAPI Level Zero），从而提供一个适用于各类计算架构的统一编程模型和编程接口。

3.3.2 学术界常见异构并行编程模型

工业界常用的异构并行编程模型 CUDA 等，对异构系统上的并行编程提供了基本支持，在其基础上人们想要更易用、更高性能、更符合应用特征的编程模型，这激发了学术界对高层次异构并行编程模型的研究兴趣。对 CPU+GPU 异构系统，较高层次的并行编程模型会负责任务的划分与调度，程序员只需要按照模型提供的编程接口完成并行任务的隐式或显式定义，此类比较知名的异构并行编程模型包括 StarPU、OmpSs、XKaapi、Habanero-C/Java、Qilin、MDR、G-Charm 等。

3.3.2.1　StarPU

StarPU 是一个面向异构计算架构的运行时系统。它为编程人员提供了便捷的编程接口，可以方便且充分地利用多核 CPU 及 GPU 的计算资源。它的设计目标主要有三个方面：① 以一种便捷方式为编程人员提供生成并行计算任务的方法；② 提供高效的任务调度算法；③ 替编程人员管理数据一致性和数据传输，减轻编程人员的负担。同 OpenCL 等编程模型类似，StarPU 也通过扩展 C/C++ 语言的方式提供编程支持。

StarPU 也是一种基于任务图的异构并行编程模型。用户在程序中显式地定义任务，并提交任务至 StarPU 运行时系统，StarPU 替用户去执行任务的调度运行、数据准备及数据一致性保证。StarPU 支持对同一个任务有多种实现方式，以便它可以被调度到不同的处理器上运行。任务的整个运行过程对于编程人员来说都是透明的。

StarPU 中最核心的概念是代码集，代码集就是对计算 kernel 的具体实现的一种抽象，它记录了在每一种计算设备上的实现方式，它也是具体计算任务的模板，定义了一类任务的共有特征。与代码集相关联的数据结构是任务，它是代码集的一个实例，是 StarPU 负责调度的对象。任务可以接收一组输入数据，执行代码集中的某个实现函数，然后产生输出。在 StarPU 中，所有的任务都是异步提交的，而且任务之间的依赖关系还可以通过标签（tag）来表达，每一个标签是一个无符号 64 位长整型数，它还可以用于表示任务的终止。另一个比较核心的数据结构是数据句柄（data handle）。每一个数据句柄都与用户定义的数据（矩阵、向量等）相关联，数据句柄作为任务的实际输入和输出。StarPU 正是通过管理数据句柄来实现数据在不同设备间的透明传输及数据一致性。

为了能够在异构系统上较好地执行代码集，StarPU 为用户提供了常见的任务调度算法。如图 3－24 所示，在 StarPU 中，所有的任务调度算法都是基于队列模型的，从用户角度看，就是将逐个任务提交到 StarPU 的任务调度器，而从 StarPU 运行时系统角度看，则是不断地从任务调度器获取任务并在设备上执行。除了常见的任务调度算法外，StarPU 还为用户提供了自定义任务调度算法的接口。

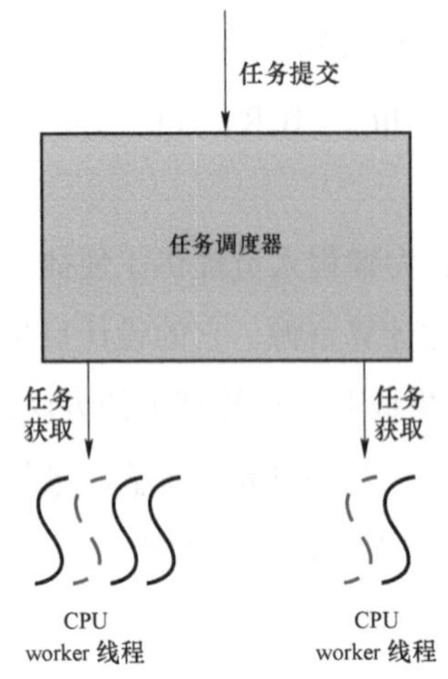

图 3－24　StarPU 任务调度模式

StarPU 目前支持通用处理器、NVIDIA GPU 和 IBM Cell/B.E.处理器，即将支持 Intel Xeon Phi 协处理器。由于 StarPU 运行时系统自动进行异构系统上的任务调度和数据管理，因此属于较高层次的并行编程模型，但 StarPU 也提供了许多底层 API 让程序员了解和控制具体执行细节。

3.3.2.2　OmpSs

StarSs 以类似于 OpenMP 的编译制导指令的形式提供了一个面向不同平台（SMP、GPU、Cell、Cluster、Grid）的、统一的任务并行编程模型。OmpSs 是 StarSs 的后继项目，它结合了 OpenMP 和 StarSs 的思想和特性：一方面，它扩展了 OpenMP 以支持非规则和异步的任务并行，使 OpenMP 支持异构多核系统；另一方面，它结合了 StarSs 对任务依赖关系的各种支持以及数据流的相关概念。OmpSs 对同构和异构系统定义了一个统一的任务并行编程模型，其运行时系统保证任务调度时的依赖关系，在设备间进行对用户透明的数据移动，并根据异构平台中目标设备的特点进行不同优化。OmpSs 通过简单的代码注解描述不同模式的任务并行，抽象层次比 StarPU 等并行库的形式高，虽然编程效率可能优于并行库的形式，但灵活性、可扩展性等方面没有并行库的形式好。

OmpSs 是一个专注于任务分解范式的编程模型，主要用于在异构集群架构下开发并行应用。它提供了一组编译制导指令，旨在为串行程序提供可移植性和灵活性。通过为串行程序添加编译制导指令，不仅可以支持使用如 GPU、FPGA 等加速设备，还可以支持多 GPU 集群的使用。

OmpSs 是一个基于 StarSs 的任务并行编程模型，并通过动态任务级并行来实现较高的计算性能。除了执行任务并行外，运行时系统会按照需要在不同内存节点及 GPU 之间传输数据，并通过使用处理器亲和性（affinity）调度、缓存以及与计算重叠来最大程度地减少通信的代价。OmpSs 允许程序员使用 task 指令标注函数声明或定义，标注后的函数每次被调用时将隐式地创建一个任务，并且将从函数参数中获取任务的数据。OmpSs 还继承了 StarSs 对数据依赖的支持，它通过 input、output、inout 三个原语来标注数据间的依赖：input 不仅指定了任务的输入数据，还标识该数据可能与之前创建的任务的输出数据产生依赖；output 表示任务的输出数据，同时只要之前创建的任务具有与应用相同数据的 input 或 output 原语，且这个任务尚未完成执行，则与当前任务的输出数据形成依赖；inout 则表示任务的输入/输出数据，它还会评估任务给定数据是否出现在之前任务的 input 和 output 原语中，若在之前原语中出现，则形成依赖。

OmpSs 是基于 OpenMP 编程范式之上的异构并行编程模型，它更改了 OpenMP 原有的执行模型与内存模型，并为数据同步、数据传输和异构执行提供了一些扩展支持。与 OpenMP 不同的是，OmpSs 用全局线程组替换了原有的 fork-join 执行模型，如图 3-25 所示。OmpSs 的内存模型假定存在多个地址空间，共享数据可能驻留在某些计算资源无法直接访问的内存位置，并且所有的并行代码都只能安全地访问私有数据。与 OpenMP 类似，OmpSs 也可通过 target 原语指定任务在某加速设备上运行，但是在将任务下放至设备运行时，OmpSs 通过 copy_in、copy_out 与 copy_inout 来指定数据的传输方向。针对 for 循环并行，OmpSs 提供了与 OpenMP 中 parallel for 类似的指令来定义。

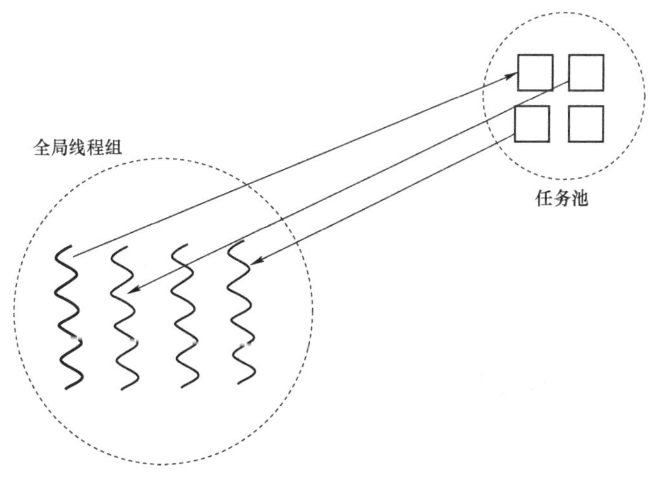

图 3-25　OmpSs 执行模型

3.3.2.3　其他模型

Kaapi 是针对分布式系统上数据流应用的一个编程模型，支持异步任务和对数据流图中依赖的精确描述，采用工作窃取的动态任务调度。XKaapi 是 Kaapi 在异构系统上的扩展，使 Kaapi 的运行时系统支持多 CPU 和多 GPU 架构，这些扩展包括局域性敏感的工作窃取调度算法，GPU 上的异步任务执行策略，数据依赖的延迟计算等。XKaapi 用规则的线性代数应用，如 Cholesky 分解，在 CPU+GPU 异构系统上评估，取得了很高的性能。最近，XKaapi 又提供了对 Intel Xeon Phi 协处理器的支持。

Qilin 针对 CPU+GPU 异构系统（独立 GPU），提供了一套可并行操作（语句）的 API，采用动态编译方式将这些 API 调用转换成本地代码，提出了一种自适应的算法完成计算任务到 PE 的映射。Qilin 的运行时系统负责创建计算任务的 DAG，判断哪些计算任务当前可以并行执行，并将其映射到当前可用的 PE（CPU 或 GPU）上。Qilin 基于 TBB 和 CUDA 实现，并基于 MKL 和 CUBLAS 包装了 BLAS 库接口。

模型驱动运行时（model driven runtime，MDR）是一个面向异构并行系统的运行时框架，它将负载表示成 DAG 的形式，在 DAG 节点之间进行粗粒度并行，节点内部进行细粒度并行，从而贴合异构系统设备间的并行和设备内部多个 PE 的并行。MDR 提出了异构系统运行时系统设计要考虑的 4 个要素（SLAC）：① suitability，哪个 PE 最适合执行给定任务，通常是指哪个 PE 执行给定任务最快；② locality，任务所需数据是否在某 PE 的本地存储空间内；③ availability，PE 何时可用于执行给定任务；④ criticality，给定任务的执行对程序整体执行时间的影响如何，也就是要判断任务是否在关键路径上。MDR 基于 TBB 和 CUDA 实现了一系列性能模型，通过这些性能模型来达到上述 4 个要素的权衡考虑，驱动运行时系统决定任务的映射、调度和数据传输，Qilin、MDR 等模型的框架示意如图 3-26 所示。

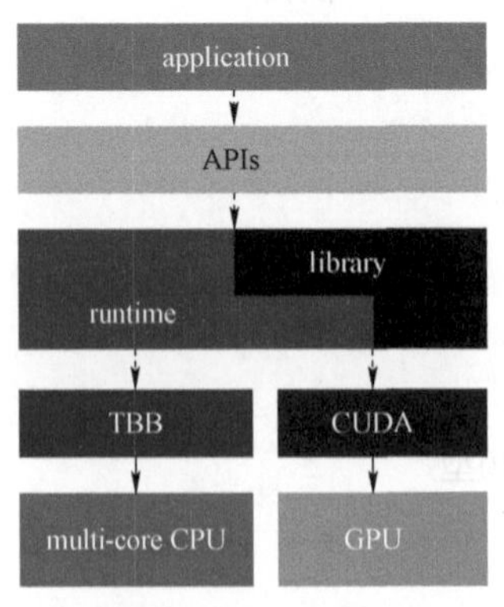

图 3-26 Qilin、MDR 等模型的框架示意

Habanero-C 是 Rice 大学在 Habanero-Java 基础上开发的一种并行编程语言，Habanero-Java 是在 IBM X10 基础上加入了一些新特性，得到的一种基于任务的并行编程语言。Habanero-C/Java 早期只作为一种异步分区全局地址空间（asynchronous partitioned global address space，APGAS）存在，不支持 GPU、FPGA 等加速设备。后来加入了分层地点对（hierarchical place trees，HPTs）存储模型，提供了对 GPU 的支持，其原有的工作窃取任务调度框架也利用 HPTs 来保证数据局域性。

G-Charm 是 Charm++ 为支持 GPU 的扩展，Charm++ 是基于 C++ 语言的一种并行面向对象编程语言。chare 对象是 Charm++ 中的基本单元，是消息驱动的并行对象。G-Charm 运行时系统根据当前负载状况和 chare 对象的预计执行时间（由之前执行的反馈信息得到），在 CPU 和 GPU 之间进行 chare 对象的调度。

3.3.3　异构并行编程模型的关键问题

设备之间的任务划分与调度是异构并行编程模型研究的主要问题之一。从任务划分的时机上可分为动态划分与静态划分两类：动态划分是在任务运行时决定任务执行的计算单元；静态划分则在任务执行之前就规划了子任务执行的具体计算单元，而且映射关系在运行期间保持不变。参考文献［29］～［32］采用动态划分，参考文献［33］～［35］采用静态划分。任务划分可以依据计算单元的计算能力和任务本身的特性进行。假设不同的任务具有相似的性质，并且可以在任何计算单元上运行，任务的映射则主要取决于哪个计算单元能提供更高的性能和哪种映射有助于实现负载平衡。参考文献［36］～［38］采用计算单元的相对计算能力作为划分标准。然而，如果任务特性不同，将特定的计算任务映射到特定的计算单元可能获得更好的性能。例如，计算密集型、高吞吐率的任务可以映射到 GPU，而对时延比较敏感的任务可以映射到 CPU。图 3－27 显示了三个 OpenCL 应用程序在一个 CPU+GPU 异构系统上采用不同任务划分后的执行结果（相对单核 CPU 串行执行的加速比），可见对不同应用程序应采取不同的划分方式。另外，还应考虑某些情况下，任务不能被映射到特定的计算单元，例如，任务的内存占用超过了计算单元的存储器大小。参考文献［39］～［44］采用任务和计算单元性质作为划分与调度标准，例如，提取程序的静态特征（整型、浮点型、分支指令、同步操作、存储访问的数量或比例等）和运行时特征（数据传递的大小、工作项数量等），建立支持向量机（support vector machine，SVM）或决策树来判断给定任务是否适合在 CPU 或 GPU 上运行。

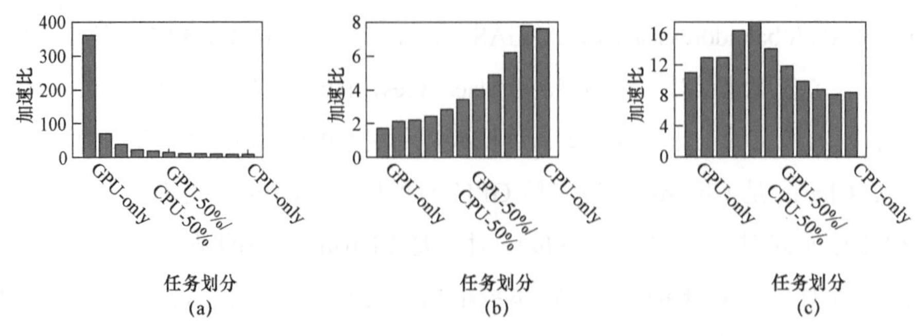

图 3－27 不同任务划分的执行结果

（a）电势能计算；（b）矩阵向量乘；（c）卷积

CPU＋GPU 流水线技术使不同阶段的子任务由 CPU 和 GPU 以重叠的方式进行处理，或者在它们之间的数据传输和计算通过流水线重叠进行。参考文献［45］～［48］主要涉及异构系统流水线技术的研究。

3.4 任务并行编程模型

早期的多线程编程模型（如 OpenMP）主要是针对循环的并行；多进程的并行编程模型（如 MPI）主要针对多数据的并行。循环并行和数据并行在大多数应用中都是十分规则的，属于规则的并行，但现实应用中可发掘的并行性还有很多是不规则的，不能通过简单的循环调度和数据分割来表示。这些不规则的并行需要更贴合现实应用的表示，任务就是这种天然的表示。

任务是指逻辑上可独立分配的程序执行单元，可以看作是一个程序中的一段指令序列，可以与同一程序中的其他任务并发执行。实际上循环并行和数据并行等都能用任务并行来表示，如将并行循环的每个迭代看成一个任务。由于任务能用来表示不同粒度大小、不同特性的程序执行单元，因此目前的各种并行编程模型基本上都以任务并行为设计基础。

在过去的几十年里，学术界和工业界已经开发了大量基于任务的并行编程模型，基于任务的并行范式被广泛应用于通用算法当中。在高性能计算领域中，对大规模任务并行执行模型及如何实现它们的运行时系统已经有比较成熟的研究。Cilk 是一种以任务为中心的并行编程语言，并通过工作窃取的任务调度策略实现较高的执行性能。Chapel 则是一种支持任务并行的编程语言。OpenMP 可以看作是一种编程语言的扩展，OpenMP 3.0 开始集成基于任务的编程接口。除了编程语言及其扩展之外，还涌现了一些基于任务并行的行业标准和并行库，如 TBB 和 Cilk Plus。还有一些运行时系统是专门为提高现有编程语言扩展的共享内存的使用性能而设计的，如 QThread 和 Argobots。

随着 GPU 加速设备的发展，面向异构系统任务并行的运行时系统框架也开始被广泛关注，StarPU 就是一个面向异构系统的基于任务图并行的编程模型，并支持多种混合异构系统。Taskflow 旨在使用一种基于轻量级任务图的方法来简化和并行异构程序的构建，它引入了一种富有表现力的任务图编程模型，以帮助开发人员在异构系统上实现并行和异构任务划分策略。XKaapi 则是一个支持多 CPU 与多 GPU 架构的面向数据流的任务编程模型，包含了基于数据流的任务模型及局部感知的工作窃取调度算法。

从编程接口的实现来看，任务并行编程模型可以分为三类：基于并行库的，如 TBB、TPL、QThread、StarPU；现有语言的并行扩展，如 Cilk Plus、OpenMP 3.0；新的并行语言，如 Chapel、IBM X10、Habanero-Java。

基于任务的并行编程模型把任务作为并行的基本单位，主要涉及任务的划分、调度、数据分布、同步和通信等问题，其中任务调度的设计与实现最为关键，其他问题的研究都与调度策略紧密相关，常常融入任务调度器中实现。第 4 章将详细介绍并行编程模型的关键技术问题，第 5 章着重介绍并行编程模型中的任务调度。

第 4 章 并行编程模型的关键技术问题

并行编程和串行编程相比，从程序的设计到实现多了一些需要考虑的问题，包括能够并行运行的基本单元模块的划分，划分后形成的这些任务的调度执行，具体执行过程中线程或进程之间的协同和数据交互，为适应程序并行执行可能要进行的数据存储位置或存储方式的调整等。下面就这些问题分别进行讨论。

4.1 任务划分

第 1 章介绍了并行编程过程的 4 个设计空间：寻找并发性、算法结构、支持结构和实现机制。任务划分，也就是确定程序中可并行的基本单元模块，是并行编程过程中首先要考虑的问题，只有明确了程序中存在哪些可并行的基本单元以后，才能进一步考虑具体的算法和编程实现。因此，任务划分主要考虑寻找并发性设计空间，以及在后续设计空间中的实现。

任务划分的过程实际上就是寻找程序中并发性的过程，程序中的并发性是指一个程序内部的子任务之间的并发，发掘程序并发性的性能目标主要是最小化程序执行时间。

程序的并发性和操作系统的并发性是有所区别的，操作系统的并发性是指它应该具有处理和调度多个程序同时执行的能力。现代通用操作系统一般都具有并发、共享、虚拟和异步这 4 个基本特征。并发是操作系统最重要的特征，其他 3 个基本特征都是以并发为前提的。操作系统本身是一个并发的系统，因此，对操作系统而言，问题不是寻找并发性，并发性是操作系统固有的特性。由于操作系统的并发性主要是不同程序（进程、线程）之间的并发，粒度比较大，要考虑资源分配的公平性和系统的稳健性，因此性能目标通常与吞吐率和响应时间相关。

在进行任务划分之前，设计者首先要考虑问题规模是否足够大，是否有必要用并行的方法来更快地解决问题。其次需要确保问题中的关键特征和数据元素得到很好的理解。最后要了解问题的哪些部分是计算最密集的部分，因为并行化任务的精力应聚焦在这些部分。

上述问题得以明确后，就开始设计并行程序，第一步就是要将问题分解为可以并行执行的部分，也就是任务划分。任务划分有两种基本的方法：任务分解（即功能分解）和数据分解（即域分解）。

4.1.1　任务分解

任务分解将问题看成指令流，指令流中的指令能够分解成多个序列（任务），如图 4－1 所示，问题被分成了 4 个任务，有些任务之间可能可以并行执行。以园艺工作为例，任务分解会建议园丁按工作本身的属性分配任务：如果两个园丁到达一个客户家，一个修剪草坪，另一个铲除杂草。修剪草坪和铲除杂草是两个被分开的任务，也就是两个能够并行执行的任务。要完成这两个任务，园丁们需要确保他们之间相互协调，这样铲除杂草的园丁就不会坐在待修剪的草坪中间，也就是在并行执行的任务之间需要协同。

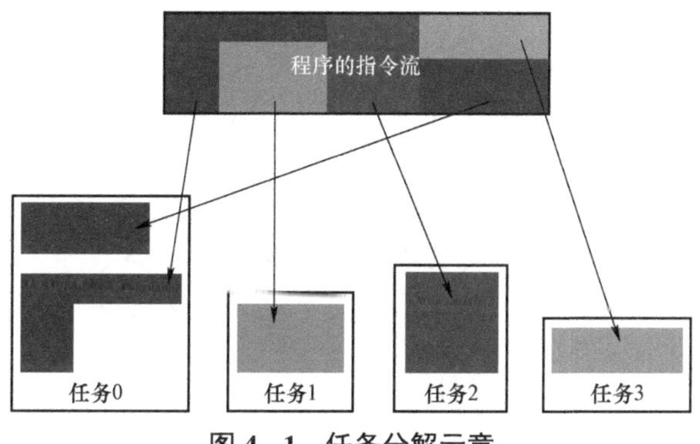

图 4－1　任务分解示意

下面再来看一个任务分解的示例。传统矩阵乘法一般实现为3层的嵌套循环，时间复杂度为 $O(n^3)$，一些快速矩阵乘法通过减少乘法运算来降低复杂度，如 Winograd 快速矩阵乘法的时间复杂度为 $O(n^{2.376})$。如图 4－2 所示，把输入和输出矩阵分块，Winograd 快速矩阵乘法的计算过程如表 4－1 所示，相比传统矩阵乘法少了一次矩阵乘，多了几次矩阵的加减。表 4－1 中的每项矩阵运算可看作一个任务，Winograd 快速矩阵乘法的任务 DAG 如图 4－3 所示，这是一种十分自然的任务划分方式。

$$\begin{bmatrix} \boldsymbol{C}_{11} & \boldsymbol{C}_{12} \\ \boldsymbol{C}_{21} & \boldsymbol{C}_{22} \end{bmatrix} = \begin{bmatrix} \boldsymbol{A}_{11} & \boldsymbol{A}_{12} \\ \boldsymbol{A}_{21} & \boldsymbol{A}_{22} \end{bmatrix} \begin{bmatrix} \boldsymbol{B}_{11} & \boldsymbol{B}_{12} \\ \boldsymbol{B}_{21} & \boldsymbol{B}_{22} \end{bmatrix}$$

图 4－2 分块矩阵乘

表 4－1 Winograd 快速矩阵乘法的计算过程

矩阵加减（前处理）	矩阵乘（递归调用）	矩阵加（后处理）
$\boldsymbol{T}_1=\boldsymbol{A}_{21}+\boldsymbol{A}_{22}$	$\boldsymbol{P}_1=\boldsymbol{A}_{11}\boldsymbol{B}_{11}$	$\boldsymbol{U}_1=\boldsymbol{P}_1+\boldsymbol{P}_4$
$\boldsymbol{T}_2=\boldsymbol{T}_1-\boldsymbol{A}_{11}$	$\boldsymbol{P}_2=\boldsymbol{A}_{12}\boldsymbol{B}_{21}$	$\boldsymbol{U}_2=\boldsymbol{U}_1+\boldsymbol{P}_5$
$\boldsymbol{T}_3=\boldsymbol{A}_{11}+\boldsymbol{A}_{21}$	$\boldsymbol{P}_3=\boldsymbol{T}_1\boldsymbol{T}_5$	$\boldsymbol{U}_3=\boldsymbol{U}_1+\boldsymbol{P}_3$
$\boldsymbol{T}_4=\boldsymbol{A}_{12}-\boldsymbol{T}_2$	$\boldsymbol{P}_4=\boldsymbol{T}_2\boldsymbol{T}_6$	$\boldsymbol{C}_{11}=\boldsymbol{P}_1+\boldsymbol{P}_2$
$\boldsymbol{T}_5=\boldsymbol{B}_{12}-\boldsymbol{B}_{11}$	$\boldsymbol{P}_5=\boldsymbol{T}_3\boldsymbol{T}_7$	$\boldsymbol{C}_{12}=\boldsymbol{U}_3+\boldsymbol{P}_6$
$\boldsymbol{T}_6=\boldsymbol{B}_{22}-\boldsymbol{T}_5$	$\boldsymbol{P}_6=\boldsymbol{T}_4\boldsymbol{B}_{22}$	$\boldsymbol{C}_{21}=\boldsymbol{U}_2+\boldsymbol{P}_7$
$\boldsymbol{T}_7=\boldsymbol{B}_{22}-\boldsymbol{B}_{12}$	$\boldsymbol{P}_7=\boldsymbol{A}_{22}\boldsymbol{T}_8$	$\boldsymbol{C}_{22}=\boldsymbol{U}_2+\boldsymbol{P}_3$
$\boldsymbol{T}_8=\boldsymbol{B}_{21}+\boldsymbol{T}_6$		

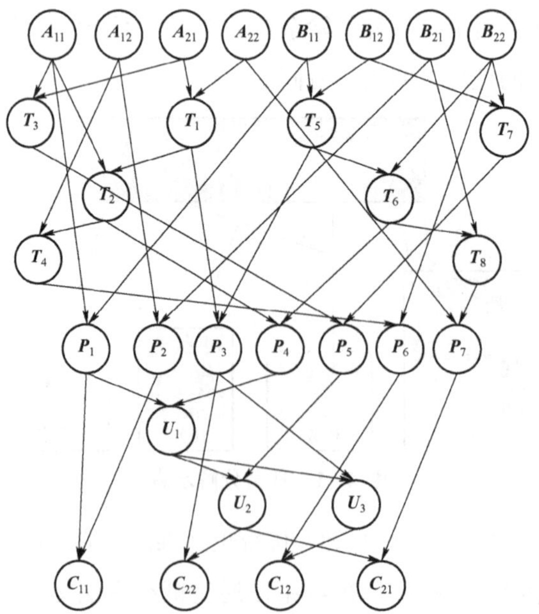

图 4－3 Winograd 快速矩阵乘法的任务 DAG

在将一个问题按功能分解成可能并发执行的任务时，要保证任务间足够独立，这样花费很小的代价就可以管理任务间的依赖关系。另外，还要保证任务能够均匀地分布在所有的 PE 上，这主要是负载均衡的问题，目的是最大化硬件资源的利用率，从而充分发挥系统性能。

如果是对已有的程序进行任务分解，发现任务的常见地方有以下几处。

（1）函数调用：调用函数的地方就是一个任务，如果每个函数调用都作为一个任务，则这种分解方式又称函数分解。

（2）算法循环：另外一个能够找到任务的地方是算法中的循环。如果很多循环彼此独立，这样可以采用每个循环一个任务的分解方法，这种分解方法又称循环分解。

（3）数据分解：如果一个大的数据结构的不同部分分别被更新，则可以根据不同的数据块来划分任务，这种分解方法又称数据分解，后面会详细介绍数据分解的方法。

进行任务分解时要考虑下面几种因素。

（1）灵活性：使设计能够适应拥有不同数量 PE 的并行计算机系统。

（2）效率：需要足够的任务来使得所有计算机都处于忙碌的状态；每个任务有足够量的工作来弥补创建任务、管理任务间的依赖等开销。

（3）简单：任务分解需要足够复杂以完成工作，但也需要足够简单以便于程序调试和维护。

以上三种因素互相制约，具体怎么平衡，还是要看设计师的水平。

4.1.2　数据分解

数据分解不是针对指令，而是针对数据，如图 4-4 所示，与问题相关的数据集被分解，每个并行执行的任务处理部分数据。数据可以有多种不同的分解方式，如图 4-5 所示，假设有 4 个 PE，每个 PE 处理的数据用不同颜色表示，一维数据可以分解成 4 块，也可以周期性地分解成很多小块；二维数据可以按行、按列或者行列同时分解成 4 块，也可以周期性分解。同样以园艺工作为例，如果两个园丁应用数据分解来分解他们的任务，他们两个会每人负责一半的草坪，同时修剪草坪然后铲除杂草，互不影响。

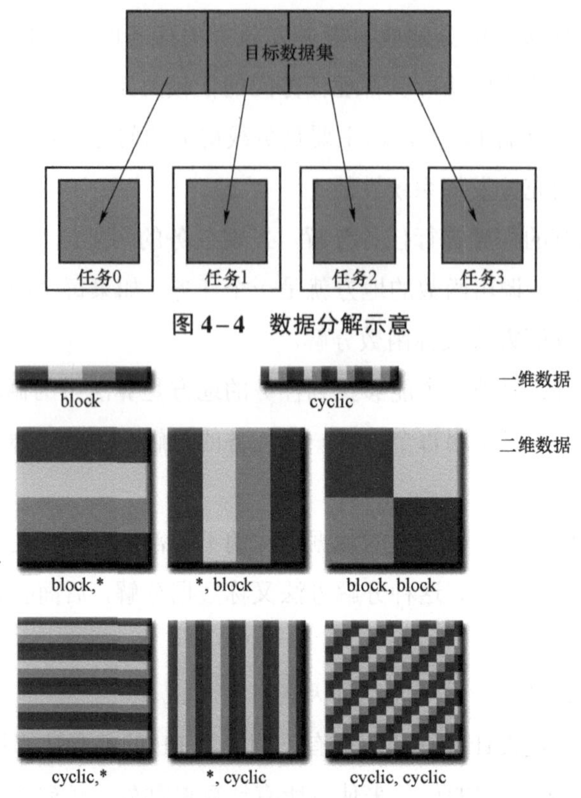

图 4-4 数据分解示意

图 4-5 数据分解的不同方式

任务分解和数据分解是同一个基础分解的两个不同方面，这样划分成独立的维度，是因为通过强调某一维度，问题分解通常能够很自然地进行下去。显式强调任务分解或数据分解，使设计者更容易理解。

如何将问题的数据分解为多个能够独立操作的数据单元？首先，如果已经基于任务对问题进行了分解，那么数据分解就可以由每个任务的需要所驱动，也就是每个任务处理的数据不同自然而然地就把数据分解开了。其次，如果从数据分解开始并行算法设计，则应针对主要数据结构，考虑能否分解成多个可以并发操作的数据块，常见情况有以下几种。

（1）线性数据结构：可以采用分段方式对数据进行分解，如数组。

（2）递归数据结构：可以采用递归方式对数据进行分解，所谓递归方式就是指针对数据的一部分操作和针对整个数据的操作原理上是一样的。例如，将一个大型的树结构分解为多个能够并发更新的子树。

共享存储系统的并行编程中，数据分解常常隐含于任务分解中。如果定义良好且清晰的数据能够和每个任务关联，数据分解就很简单，如二维数组按行、列或块划分。

通常，在以下两种情况下应该首先考虑采用基于数据的分解方式。

（1）待解决问题中计算密集的部分是围绕着数据进行组织的。

（2）同样的操作应用到数据结构的不同部分。

为了创建并行算法，关键不是要进行哪种分解，而是首先从哪种分解开始，在同一个问题中，甚至问题的同一个部分，任务分解和数据分解可能都要进行。和任务分解类似，数据分解也要考虑灵活性、效率和简单三种因素。另外，数据划分的粒度大小、数据之间的依赖关系、共享数据的竞争访问等对数据分解的各方面都有影响。

4.1.3　依赖关系分析

程序中依赖关系分析对任务的划分、调度至关重要，在进行任务划分的时候通常先将程序分成很多小的任务，根据这些任务之间的控制依赖和数据依赖画出任务的 DAG。其次要考虑对任务进行分组或合并，以简化任务的管理。比如，两个任务合并成一个任务自然会减少任务调度的开销，两个有依赖关系的任务合并成一个任务，这两个任务之间原本需要的同步操作和数据通信可能就不再需要了。

绘制任务 DAG 的过程实际上也是对任务进行排序的过程，任务排序就是根据任务之间的依赖关系决定任务执行的先后顺序。任务分组和排序的不同会对性能产生显著影响，例如，图 4－6 中的 7 个任务，假设有 2 个处理器并行执行任务，每个任务的执行时间为 t，不考虑任务调度、同步等开销，则按照图 4－6（a）分组后，一组一组调度执行，先并行执行右上的两个任务，再执行下一分组，依次执行完各组任务总的时间为 $6t$。按照图 4－6（b）分组，一组一组调度执行总的执行时间为 $4t$。如果按照图 4－6 中分组进行任务合并，也就是将图中同一颜色的任务合并为一个任务，假设合并后每个任务的执行时间为 T，则图 4－6（a）执行时间为 $4T$，图 4－6（b）执行时间为 $3T$。

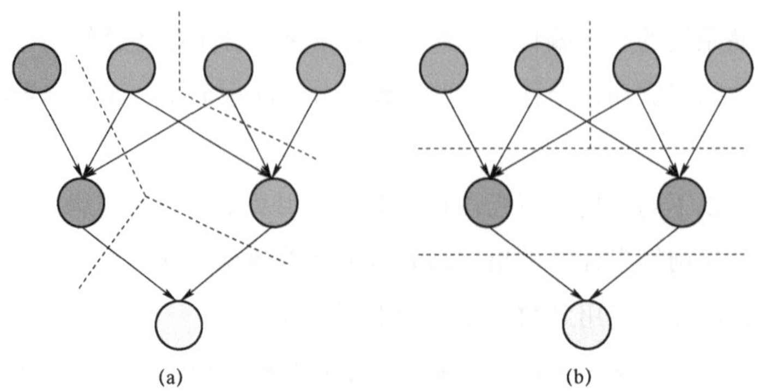

图 4-6 任务分组的不同方式

（a）分组 1；（b）分组 2

如果说任务分组和排序主要是对任务之间控制依赖关系的分析，那么对数据依赖关系的分析主要考虑的就是数据共享问题，也就是给定问题的数据和任务分解，任务之间如何共享数据。数据共享要考虑正确性和效率两方面因素。如果共享数据处理不当可能导致数据竞争，因此要对共享数据添加同步操作，但为保证正确性可能导致过度的同步开销，可考虑采用复制冗余数据等方法进行优化。

数据依赖关系分析首先要识别出任务间的共享数据：对问题主要基于数据分解时，数据块的边缘可能是被共享的；对问题主要基于任务分解时，要确定数据如何传入/传出任务，并分析潜在数据共享源。其次要分析如何使用这些共享数据，比如，数据是被多个任务读写，还是被多个任务读被单个任务写，或是被多个任务只读（只读一般不需要同步）。

4.1.4 任务划分的建议

任务划分就是根据要完成的工作分解问题，让每个任务执行全部工作的一部分。分解不一定是在程序运行前静态完成，也可能在程序运行过程中动态进行，比如，程序运行时产生新的任务就属于动态任务划分，动态任务划分必然要求采用动态的任务调度算法，因为任务量在运行前无法确定。

任务划分时要考虑任务粒度，也就是任务划分多大合适。任务越大程序的并行度就越低，但总体的任务调度开销就越小，因此任务粒度不是越大越好，也不是越小越好，而是在并行度与任务创建和调度开销间权衡，从而确定一个合适的粒度大小，这一点在对并行循环的划分时尤为重要。通常建议先尽可能地识别和划分很多任务，随后根据需要再合并任务。合并后的任务数量要足够多，以保证所有执行单元都有任务可执行。

任务划分的关键在于确定任务间的依赖关系，这种依赖关系主要体现在两个方面：一是任务执行顺序逻辑上的依赖关系，这属于控制依赖；二是数据依赖，即不同任务对同一存储单元访问造成的 RAW（写后读）、WAR（读后写）、WAW（写后写）依赖关系。

在进行任务划分时还应明确以下几个问题。

（1）划分的任务是否至少比目标计算机中的 PE 数多一个数量级？否则，可能会失去设计灵活性。

（2）划分是否避免了冗余的计算和存储需求？否则，可能无法扩展。

（3）任务的规模是否相当？否则，可能很难为每个处理器分配相等的工作量。

（4）任务数量是否会随着问题的大小而变化？否则，可能无法用更多的处理器解决更大的问题。

（5）是否确定了几个可供选择的分解方案？有时需要结合任务分解和数据分解。

那么由谁来进行任务划分？大多数情况下由程序员进行任务划分，有些时候编译器和编程框架的运行时系统能够自动进行任务划分。串行程序并行化过程中的自动任务划分是一项具有挑战性的研究问题。编译器必须正确分析程序，识别其中的所有依赖，但有些数据依赖是在运行时才产生的，无法在编译时得知，例如，访问数组元素 a［index］，其中 index 是变量，在运行时才能确定。

目前对循环依赖的研究较多，通常编译器能识别简单的循环或嵌套循环中的依赖关系，从而对循环进行自动的任务划分。如图 4–7 所示，左侧的循环，各循环迭代之间没有依赖关系，属于完全可并行执行的循环，即 DOALL LOOP；右侧的循环，当前循环迭代依赖于上一次循环迭代，这种循环属于 DOACROSS LOOP，不能直接并行化。但当循环体包含很多语句时，可通过同步操作保证循环中有依赖关系的语句顺序执行，循环的其他部分仍旧能够并行执行。一些性能分析软件，如 Intel VTune，能给出串行程序并行化的建议，比如，图 4–7 中左侧循环，可能会建议使用多线程并行或 SIMD。

DOALL LOOP

```
for (i = 0; i < n; i++){
  a[i] = b[i] + c[i];
}
```

DOACROSS LOOP

```
for (i = 0; i < n; i++){
  a[i] = a[i-1] + b[i] + 1;
}
```

图 4-7 循环程序示例

4.2 任务调度

任务调度是并行编程的几个关键问题中最重要的一个，其他问题都和任务调度相关，例如，任务的划分在 TBB 等编程模型中都是在任务调度器里具体实现的，任务之间的通信开销和如何同步也跟任务是否被调度在同一个 worker 线程或同一个处理器等有直接关系。从系统性能的角度来看，任务调度的终极目标是最小化程序的执行时间、最大化资源的利用率，这两点有时候是统一的，有时候是不统一的，这主要是因为计算机系统复杂的硬件和运行环境。

任务调度要考虑的关键问题是负载均衡和局部性。任务被调度到多个 PE 上并行执行，如果负载不均衡，某些 PE 的利用率就不高，程序执行时间通常就会由负载最重的 PE 执行时间所决定。为了平衡负载，尽量均匀地将任务分配到多个 PE 上，这种分配有时候处理不当会极大降低数据局部性，使性能不能受益于并行执行而得到很好提升。因此在任务的划分和调度过程中要综合考虑负载均衡和局部性两方面因素，有时还需要考虑公平调度等其他因素。

任务调度总体上可分为静态调度和动态调度两种。静态调度是在任务执行前确定任务分配到哪个 PE 上执行，静态调度通常在编译时完成，具有较小的调度开销，但不能适应复杂多变的运行环境（如系统中其他负载的动态变化、当前应用中新任务的动态生成）。动态调度在运行时决定任务的分配，能够达到较好的负载均衡，适应变化的运行环境，因此比静态调度得到更广泛的研究与应用。调度问题可看作是任务和资源之间的映射，因此动态调度算法可分为以任务为中心的和以处理器（计算资源）为中心的调度两种：以任务为中心的动态调度算法在任务生成时发起调度，考虑将任务推送到哪个处理器上运行最合适，如工作共享（work-sharing）的调度策略；以处理器为中心的动态调度算法在处理器空闲时动态决定将哪个或哪些任务分派到当前处理器上运行最合适，如工作窃取的任务调度和自调度（self-scheduling）。

在工作共享的通常实现中，每个 PE 维护一个本地任务队列。当新任务生成时，如果本地任务队列中的任务数量超过了一个给定阈值，则表明该 PE 负载过重，需要将新生成的任务或队列中的部分任务重新调度到其他负载较轻的 PE 上去。由于探测系统中轻负载的 PE 是一个耗时的过程，为避免这一过程，通常使用一个集中任务队列：当阈值达到时，任务被直接移入集中任务队列，如图 4-8 中的 P_1 和 P_2；当某个 PE 的本地队列为空时，则从集中队列中获取任务并执行，如图 4-8 中的 P_3 和 P_4。工作窃取的任务调度如图 4-9 所示，每个 PE 维护一个任务队列，程序执行过程中产生的任务被从队列底部压入，队列中的任务都是相互独立的、可被并行执行的，运行时每个 PE 从自己任务队列的底部每次取出一个任务执行。当某个 PE 的任务队列为空时，该 PE 就会从其他 PE 的任务队列中窃取一个或一组任务，以此达到动态负载均衡。通常，空闲 PE 会随机选择一个目标 PE 进行工作窃取，为减小同步开销，任务总是在队列顶部进行窃取。

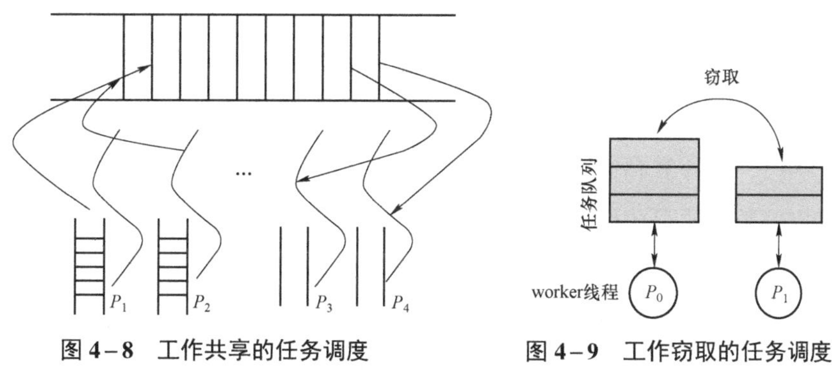

图 4-8　工作共享的任务调度　　图 4-9　工作窃取的任务调度

4.3　数据分布

4.3.1　数据分布问题

接下来讨论数据分布，数据分布主要包含两方面的问题：① 数据存放在哪里？② 数据以什么样的格式存储最合适？

首先来看第一个问题。对实际应用来说，数据存放在哪里又包含了两个层次的问题。第一层问题是程序运行之前的原始数据存放在哪里，也就是数据的初始分布是什么样的。一个并行计算机系统可能是分布式存储系统，也可能是共享存储系统：在共享存储系统中，数据集中存放在内存里；在分布式存储系统中，数据可能分散存储在不同计算节点上，也可能集中存储在某一个专门的存储节点中。数据在初始状态下的存储位置是和程序的设计模式、任务划分等密切相关的，很多时候任务的初始划分就决定了数据的存储位置，划分后的任务所访问的数据往往和任务部署在同一个计算节点上，这样能够减少数据的迁移。第二层问题是运行过程中数据在系统中的分布和迁移。一个并行计算机系统的存储系统可能会很复杂，比如，常见的多核集群系统，其存储系统属于混合分布式和共享的存储，节点间为分布式存储，节点内的共享存储又包含内存到高速缓存的多个存储层次，运行过程中跨存储层传输数据的成本很高，比如，在以数据为中心的应用中，数据迁移的耗时可能比计算的耗时更长。因此对数据密集型应用，先行设计数据迁移管理往往是一个更好的方式。另外，迁移计算任务（指令）有时比迁移数据更好。

考虑数据存放在哪里是一个从分析到设计、实现全生命周期的问题，要综合考虑任务和数据的划分、调度开销、运行时数据或任务的迁移等，以及可能采取的优化手段，如计算和通信的重叠、复制冗余数据。

确定好数据的存放位置后，再来看第二个问题，就是数据存在这些不同的位置，它应该是以什么样的格式去存储。数据在内存中是按照一维的内存地址空间顺序存储的，但在实际应用中，数据结构本身表示了逻辑上的数据存储格式，可以是二维、三维、多维数组或其他更复杂的情况，不同的数据结构映射到一维的物理内存空间，就会体现不同的空间局部性。因此，对程序员来说，要判断采用什么样的数据结构来存储数据更好。理想的数据存储格式应满足两个方面：① 最适合目标设备的内存访问方式；② 能够提供最佳的访存局部性，包括空间局部性和时间局部性。

不同目标设备的内存访问方式是不一样的，如 GPU 和 CPU，这一点将在 4.3.2 节详细讨论，要适应目标设备的访问方式，就可能要对原始数据进行重新组织，即数据重组。

4.3.2　数据重组

数据重组的主要目的是提高程序的局部性，例如，一幅大小为 480×640 px 的图片，原本是按照图 4－10 上方所示，每个像素点作为一个结构体，保存成 Pixel 结构体的二维数组 image_AoS［480］［640］。如果图像处理程序一次只想调整 R、G、B 中某一个颜色分量的值，则将图片存储成图 4－10 下方的形式会具有更好的数据局部性。上述两种存储格式实际上代表了结构的数组（array of structure，AoS）和数组的结构（structure of array，SoA）两种数据布局方式，这两种存储格式之间需要通过数据重组来实现相互转换。另外，SIMD 通常要求数据按照特定的格式存放在一起，如果数据原始的存放格式不符合 SIMD 的要求，则需要进行数据重组。常见的数据重组包括聚合、散发、打包等，下面将依次介绍。

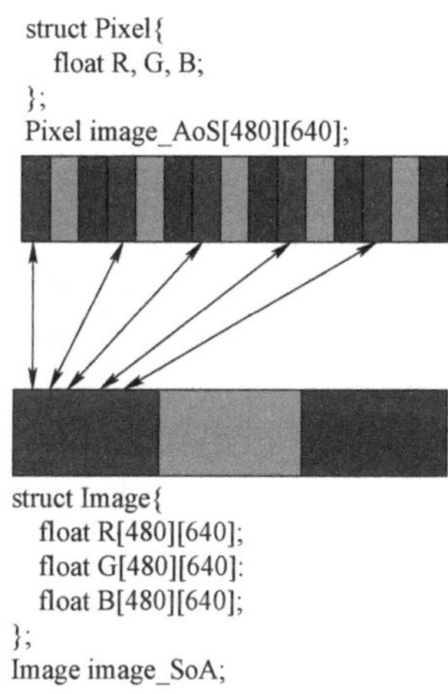
struct Pixel{
float R, G, B;
};
Pixel image_AoS[480][640];
struct Image{
float R[480][640];
float G[480][640]:
float B[480][640];
};
Image image_SoA;

图 4－10　图像数据的 AoS 和 SoA 存储格式

4.3.2.1　聚合

聚合是指给定了一个源数据集合和一个数据位置的集合（地址和数据索引），收集源数据集合中给定位置的数据并存入一个输出集合中。如图 4－11 所示，输入字符串数组，想要把其中的部分字符取出来并按照给定顺序输出，则需要输入图 4－11 中的一个索引数组，索引数组长度和输出数组长度相同，其中每个元素表示输入数组里的元素位置，聚合就是按照索引数组从输入数组里把相应位置的元素逐一取出放入输出数组中。显然，聚合输出数据类型和输入数据类型是一样的。

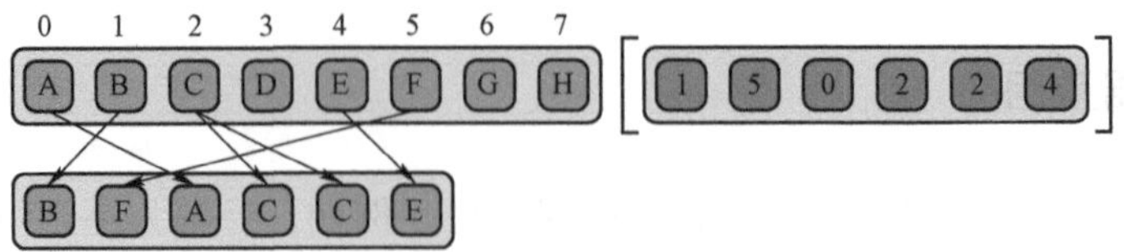

图 4–11 聚合示例

聚合有如下几种特殊情况。

1. 移位

如图 4–12 所示，移位就是数据存储位置的左右平移，移位又包括左移、右移、循环左移和循环右移。移位的时候要考虑边界情况。如图 4–12 所示，上方的左移、右移丢弃移出数据，用新值填补移入位置；中间的移位也是直接丢弃移出数据，但用旧值填补移入位置；下方的移位是循环移位，不会丢弃数据。移位有很好的空间局部性，通常可以用 SIMD 实现，如 Intel AVX-512 VPSLLD/VPSRLD、AMD NEON VSHL/VSHR。

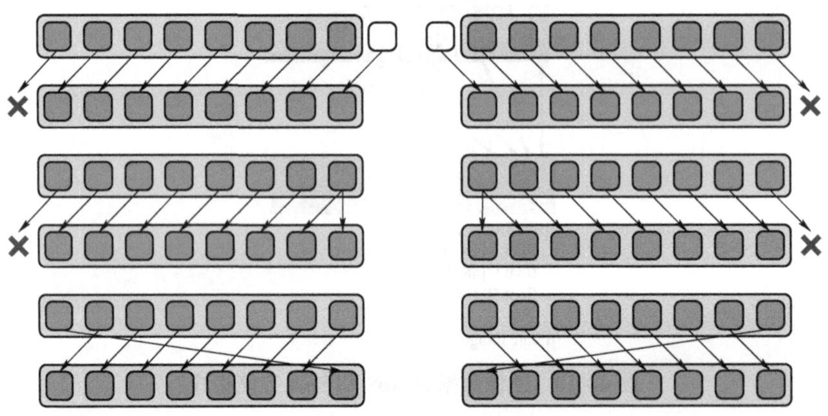

图 4–12 移位示例

2. 拉合

拉合作为聚合的一种特殊情况，是将两组或多组输入数据组合成一组输出数据。拉合最常见的示例就是对复数的处理，如图 4–13 所示，复数由实部和虚部组成，如果一个复数序列的实部和虚部是分开存储的，运算时想要得到一个实部和虚部放在一起的复数数组，就需要进行图 4–13 的拉合，如同拉拉链一样将实部和虚部两个数组拉合在一起。

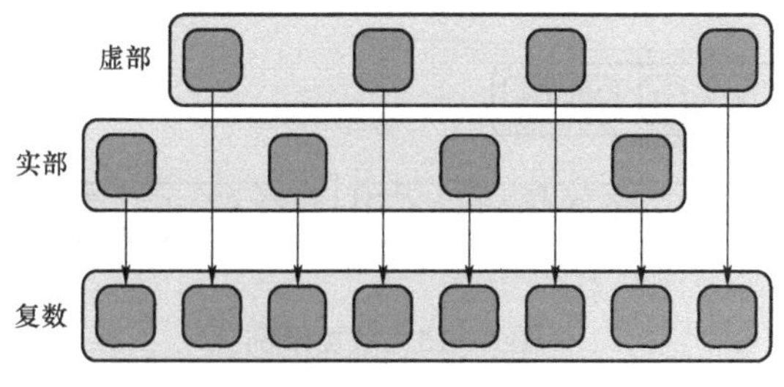

图 4－13　拉合示例

3. 拉拆

拉拆是和拉合相反的操作，同样以复数处理为例，如图 4－14 所示，拉拆是将实部与虚部间隔存储的复数数组拆分成两个独立的数组。

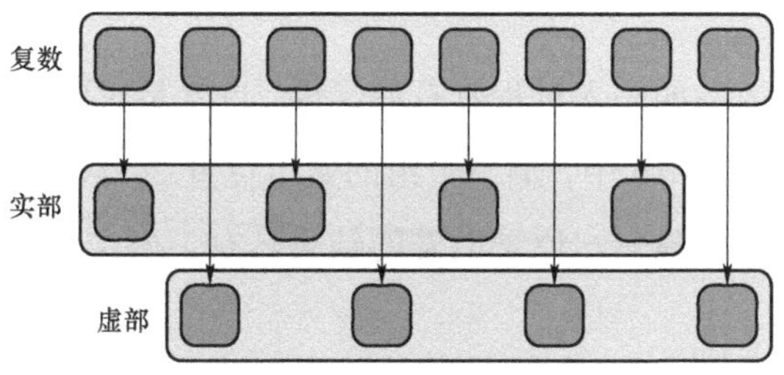

图 4－14　拉拆示例

拉合是对数据进行交错排列，拉拆是从源数据中提取特定步幅和偏移量的子数据。拉合和拉拆可推广到多组数据的情况，并且可以拆合不同类型的数据。拉合和拉拆可用于 AoS 和 SoA 两种数据布局方式之间的转换，拉合是将 SoA 转换为 AoS，拉拆是将 AoS 转换为 SoA。

4.3.2.2　散发

散发和聚合类似，也是给定源数据集合和索引集合，取出源数据集合中想要的数据存储到输出数据集合中。区别在于聚合给定的是源数据集合的索引，也就是数据的读取位置，而散发给定的是输出数据集合的索引，也就是数据的写入位置。聚合侧重于收，散发侧重于发。

如图 4－15 所示，输入字符数组，且给定的索引数组和输入数组长度相同，代表输入数组中的每个元素应该放入输出数组中的哪个位置，如 1 表示字符'A'应该放到输出数组的索引位置 1，按照索引值把输入数组里的元素分别存储到输出数组里的相应位置，这个过程是可以并发执行的。

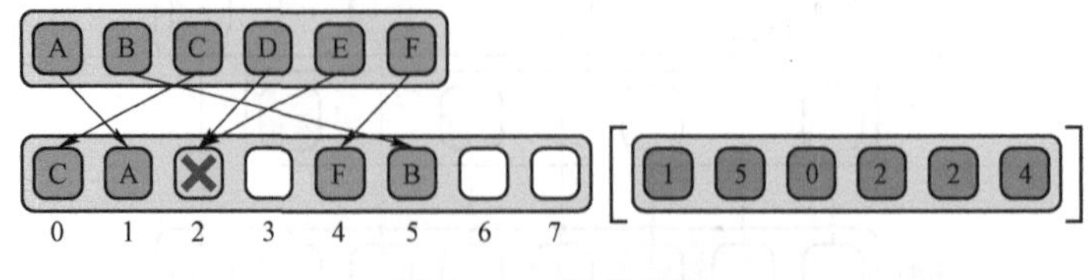

图 4－15 散发示例

散发有可能产生冲突，图 4－15 中，'D'和'E'两个字符都要写入同一个位置，那么最终结果应该是什么？这就需要相应的冲突解决机制。按照冲突解决机制的不同，散发可分为原子散发（atomic scatter）、排列散发（permutation scatter）、归并散发（merge scatter）和优先散发（priority scatter）。

1. 原子散发

原子散发是指散发的写入过程具有原子性，也就是对同一个位置有且仅有一个值被整体写入，图 4－16 中，输出数组的索引位置 2，只可能出现字符'D'或'E'，不会有其他数值出现。显然，原子散发的结果具有不确定性。

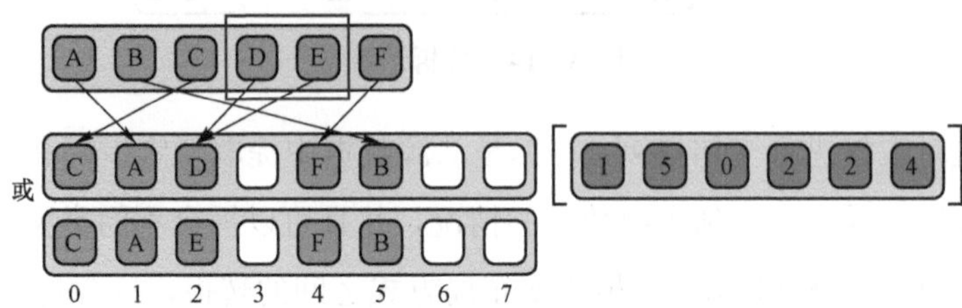

图 4－16 原子散发示例

2. 排列散发

排列散发仅简单规定冲突不合法。图 4－17 给出的是合法的排列散发示例，索引数组中的数字不重复，因此不会产生冲突。

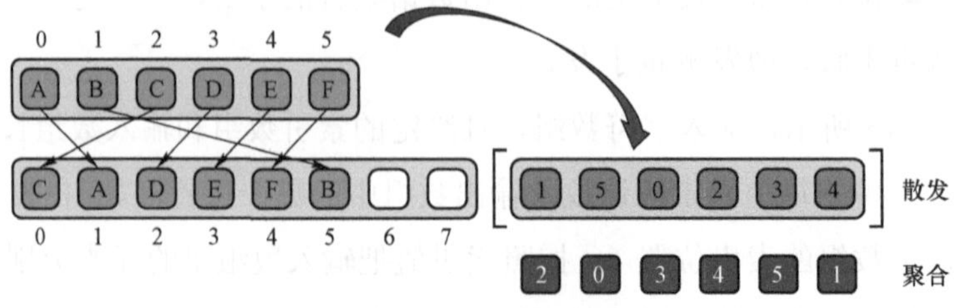

图 4－17 排列散发示例

散发和聚合都是从源数据集合中取出需要的数据放入输出数据集合，具体实现上只是所采用的索引数组含义不同，那么散发过程和聚合过程是否能够相互转换？考虑图 4－17 中的输入和输出数组：如果采用散发，索引数组中的值为 150234，假设该数组为 S；如果采用聚合，索引数组的值应为 203451，假设该数组为 G。聚合的索引数组给出的是输出数组里的每个元素在输入数组中的位置，而散发的索引数组给出的是输入数组里的每个元素在输出数组中的位置，因此对排列散发能得到 G[S[i]] = i，S[G[i]] = i，从而实现散发和聚合的相互转换。

3. 归并散发

如图 4－18 所示，输入数组中 1 和 5 同时要散发到输出数组中的索引位置 2，从而引发冲突，归并散发解决冲突的方式是将这两个值按照既定的规约操作进行归并，图 4－18 中示例的规约操作是加法，因此归并后的值为 6，结果写入输出数组。归并散发需要预先设定进行规约的运算符，应该是加、乘、求最大/最小值、逻辑与/或等满足交换律和结合律的操作。

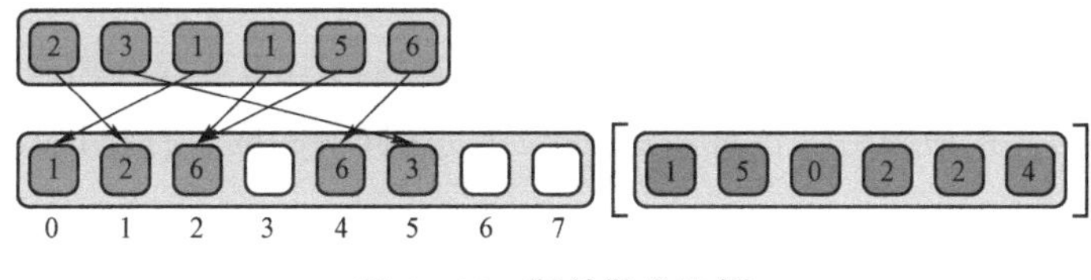

图 4－18　归并散发示例

4. 优先散发

优先散发为输入数组的每个元素根据其位置分配优先级，优先级用于确定发生冲突时优先写入哪个元素。如图 4－19 所示，用输入数组的索引值作为优先级，字符'D'和'E'要散发到输出数组的同一个位置，此时根据索引值大小判断（此处以索引值大的优先）应该写入字符'E'。

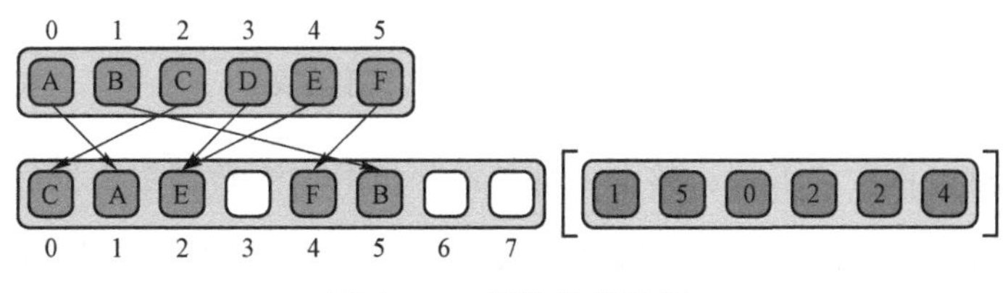

图 4－19　优先散发示例

4.3.2.3 打包

打包主要用来消除源数据集合里面不被使用的元素，并重组剩余的元素，使其在内存中保持连续，从而提升访存局部性和适应向量化计算。如图 4－20 所示，要将字符数组中的字符 'B'、'C'、'F'、'G'、'H' 取出，可以用一个 0/1 的数组标记数据，0 表示不被使用的元素，1 表示要打包出来的元素。

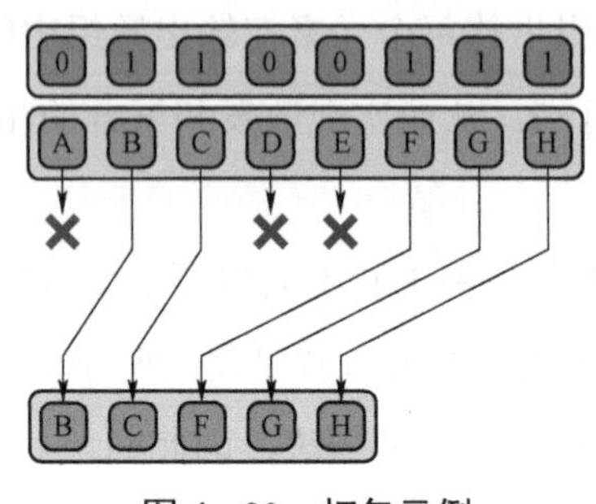

图 4－20　打包示例

打包过程可以这样实现，首先对 0/1 数组进行前缀和运算，结果如图 4－21 中最上方的数组，该数组中的值被看作输入数组里每个元素对应输出数组的位置（偏移量/下标），根据偏移量从左到右顺序将输入数组元素写入输出数组，具有相同偏移量的元素最终会保留最右边的一个，这样就完成了打包过程。

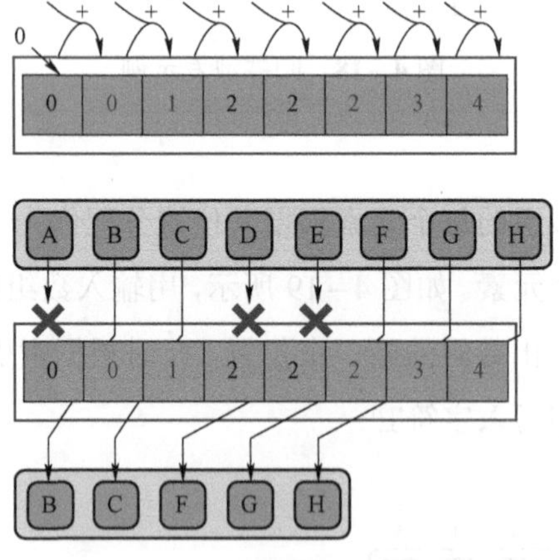

图 4－21　打包过程的实现和结果

打包还可以推广成拆分、整合、分箱等。拆分将源数据集合拆成两个部分，如图 4－22 所示，和打包一样，只是不丢弃标记为 0 的元素，而是将标记为 0 和

1 的元素分别放到两个包（输出数组）里。整合是拆分的逆过程，如图 4－23 所示，将两包数据合并为一包。拆分和整合可以用向量指令实现。

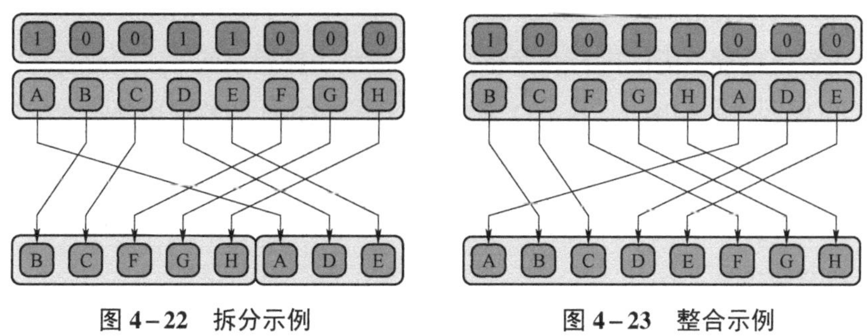

图 4－22　拆分示例　　**图 4－23　整合示例**

打包、拆分都是将源数据集合拆分成两部分，即进行二分类。如果要将源数据集合分成多个包，即进行多分类，采用的就是分箱。如图 4－24 所示，分箱后的结果是 4 个包（输出数组）。

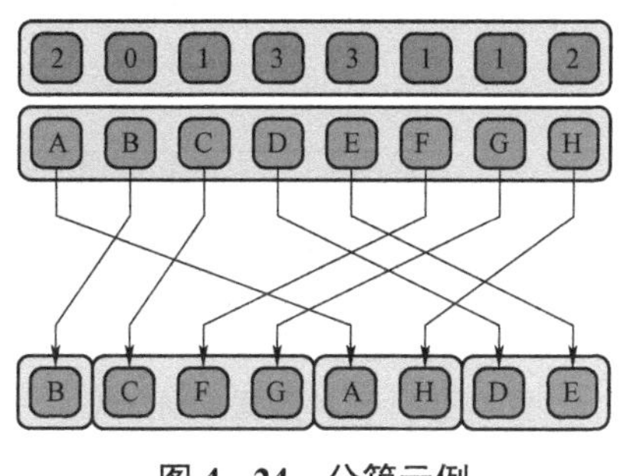

图 4－24　分箱示例

4.3.3　AoS 和 SoA

AoS 和 SoA 是两种常见的数据布局方式，实际应用中所使用的数据通常是一组数据点的集合，每个数据点有各种属性信息，如机器学习中的数据集、关系数据库表、一张图片等。数据的原始状态都是可以用 AoS 表示，每个数据点的属性信息表示为一个结构体，多个数据点形成的数据集合就是一个结构体的数组。例如，一幅图像保存为像素点的集合，每个像素点含有 R、G、B 三个数值；一个粒子系统包含很多个粒子，每个粒子有多个状态属性，如位置、运动方向、能量等，如图 4－25 中的 AoS。AoS 是数据集通常采用的比较自然的组织方式，利于数据点的随机访问，符合 CPU 通常的访问模式。但在用 GPU 进行计算的时候，因为大量 GPU 线程同时访问相邻位置数据时会进行合并访问，如果数据以 AoS 的布局方式保存，多个 GPU 线程同时访问多个数据点的属性值时，这些值在内存里间隔存储，无法进行合并访问，会造成访存效率低下，因此要将其转换成 SoA 布局方式，如图 4-25（a）所示，以满足 GPU 的数据访问模式。调整数据布局是 GPU 性能优化的一个主要策略，有时可能还会结合 AoS 和 SoA 两种布局方式，如图 4-25（c）所示，局部属于 SoA 布局方式，整体属于 AoS 布局方式。

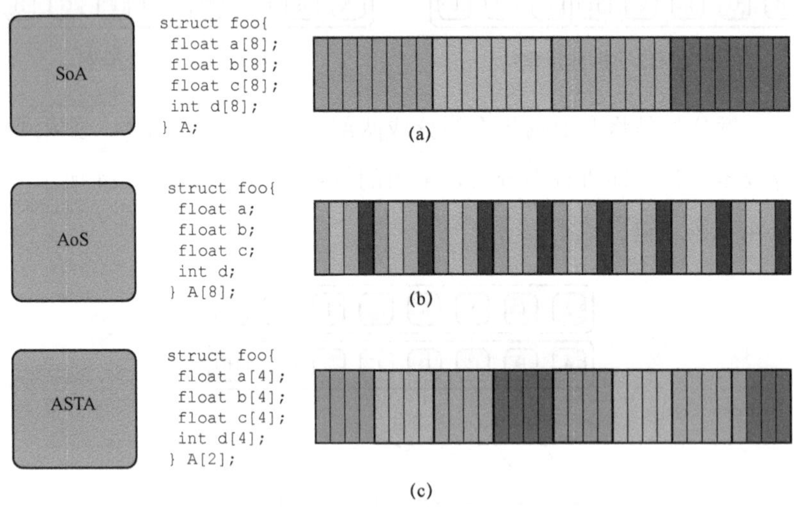

图 4-25　三种数据布局方式

4.3.4　矩阵数据的布局方式

矩阵运算是很多应用的核心，矩阵数据的不同布局方式会对程序性能产生显著影响。在 C/C++语言中矩阵是按行存储的，在 Fortune 语言中矩阵是按列存储的，如图 4-26（f）所示。无论哪种存储形式，矩阵都在内存中占用一大片连续的空间，如果这个矩阵很大的话，那么它所占的这一片内存空间在计算机系统中不可能全部搬入上层高速缓存，只能是在访问某个位置的元素时将其在内存中周围的元素一起向上搬运。为了适应计算机系统的层次化存储，通常对矩阵采用分片存储的方式，如图 4-26（a）中的 Z 形布局，每个小分片能够一次放入一级高速缓存一行，各个小分片又按照 Z 形布局顺序存储。有时候为了适应多层高速缓存，还会对布局方式进行多层嵌套，用布局方式的每一层去匹配高速缓存的每层大小，从而最大化访存的空间局部性。

图 4–26 展示了几种矩阵数据的布局方式，具体采用哪种布局方式是和实际程序的算法、编程语言、硬件结构等相关的，选择布局方式的出发点都是为了提高数据访问的局部性，包括空间局部性和时间局部性。这些布局方式可以统一采用空间填充曲线（space-filling curve，SFC）来描述和研究，SFC 将 n 维数据映射到一维空间。不同的 SFC 体现不同的数据局域性，如图 4–26（e）的 Hilbert 曲线布局，在曲线上相近的点在二维平面中一般也相近。

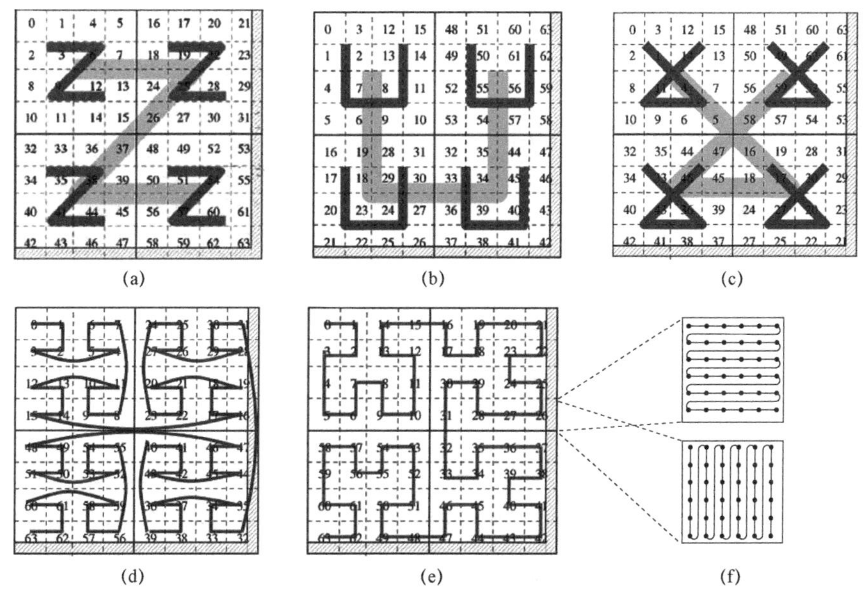

图 4–26　矩阵数据的布局方式

（a）Z 形布局；（b）U 形布局；（c）X 形布局；

（d）G 形布局；（e）Hilbert 曲线布局；（f）按行布局/按列布局

4.4　同步

同步是并行程序中保证进程/线程之间正确的执行顺序和共享资源访问的机制。为什么要进行同步？主要有两方面原因：一是并行执行的任务之间有依赖、顺序关系；二是并行执行的任务对共享资源（如同一个内存地址）的访问需要同步控制。缺少同步或同步不当有可能造成程序的执行顺序和逻辑不正确、数据竞争和死锁。图 4－27 抽象表示了数据竞争和死锁的情况。图 4－27（a）中两个线程并行执行，对共享变量 X 产生数据竞争，线程 2 打印出来的 X 值跟两个线程谁先执行到图示位置有关。图 4－27（b）是死锁的示例，图中的路口就相当于一个共享资源，各个方向的车流相当于运行中的线程，路口没有红绿灯这样的同步机制，就可能像图中那样，各方向车流都想占用路口这个共享资源，结果形成了互相等待的情况，也就是死锁。

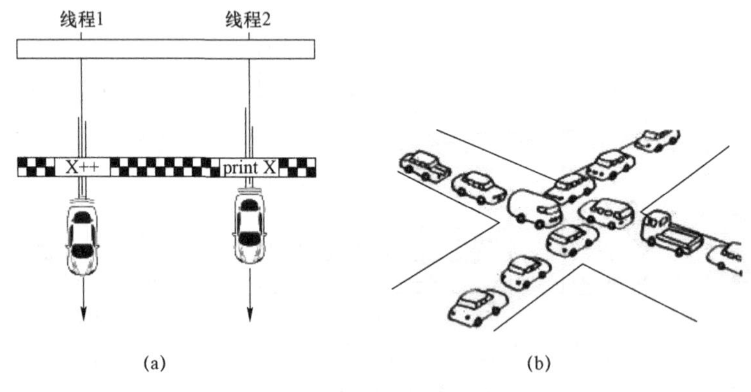

图 4－27　数据竞争和死锁示意

（a）数据竞争；（b）死锁

同步可分为栅栏/障碍/路障（barrier）、锁（lock）、信号量（semaphore）、同步通信，这些同步操作在各种并行编程模型中都有相应的接口，编译和运行时系统负责对高级语言中的同步抽象接口提供正确且高效的实现。

4.4.1　路障同步

路障同步也称栅栏同步或障碍同步，是最简单的一种同步方式。它在参与同步的每个进程/线程中彼此必须等待的位置设置一个障碍点，当某个进程/线程执行到障碍点时暂停，等待所有进程/线程都执行到这个障碍点上，它们才能继续执行。

路障同步常用于实现 BSP 计算模型。如图 4－28 所示，其计算过程是由一系列用全局同步分开的超级步所组成的。在各超级步中，每个处理器均执行局部计算，并通过选路器接收和发送消息；然后进行全局检查，确定所有的处理器是否都已完成该超级步；若是，则进入到下一超级步，否则下一个周期被分配给未完成的超级步。每一个超级步由本地计算、全局通信和路障同步三个阶段组成。

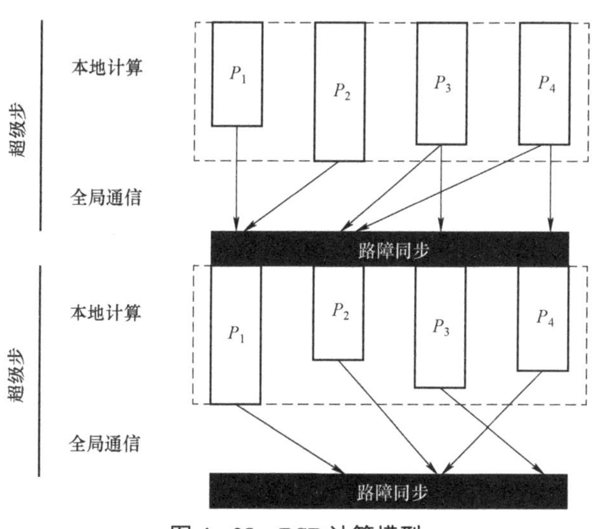

图 4-28　BSP 计算模型

4.4.2　锁同步

锁同步就是通过加锁和解锁两个原子过程实现对共享资源的互斥访问。互斥变量的英文是 mutex，因此最常见的 mutex lock 被称为互斥锁。以银行账户为例，如图 4-29 所示，这里有两个银行账户，账户余额分别是 50 元和 200 元，用户在 A、B、C、D 这几个取款机上分别对这两个账户进行操作，A 和 C 分别向账户 1 存 100 元，B 从账户 2 取 100 元，D 查询账户 1 的余额。由于 A、C 和 D 都访问同一个账户，如果操作是同时进行的话，显然对账户余额这个共享数据应该

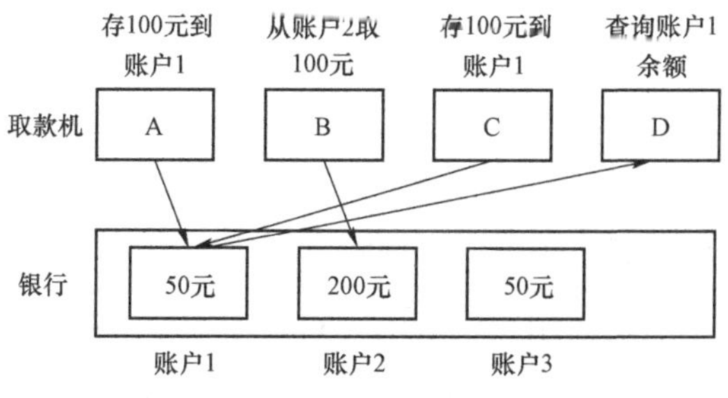

图 4-29　共享资源的访问示例

有保护机制，确保读写都是原子过程，不会产生 A 和 C 同时存入 100 元结果却是 150 元这样的错误。这种保护机制就可以用互斥锁来实现。

如图 4－30 所示，两个线程访问的同一个共享资源的程序片段被称为临界区（critical section），临界区需要被互斥执行。这就需要在程序中设置锁变量，图中线程 1 先请求并占用了锁变量，线程 2 再请求这个锁变量的时候，就会得到一个该锁已经被占用的信号，线程 2 等待线程 1 执行完临界区代码后释放锁变量，此时线程 2 获得锁变量并执行临界区的代码，这样通过锁变量就完成了共享资源的互斥访问。

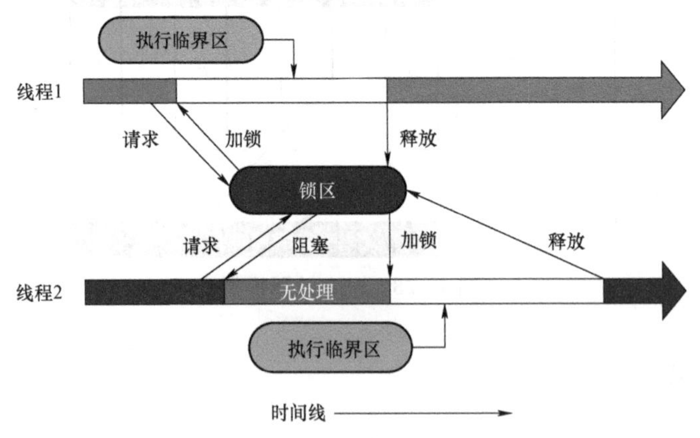

图 4－30　临界区的互斥执行

锁变量本质上是一个能够被多个硬件线程原子访问的内存单元。锁同步的实现通常需要硬件的支持，就是说处理器内部需要有一些原子操作的指令，从而基于这些原子操作指令来实现加解锁。常见原子操作指令如下。

（1）测试并设置锁（test and set lock，TSL）。“TSL RX, LOCK”的作用是将一个内存字 LOCK 读到寄存器 RX，然后将 LOCK 设置为一个非 0 值。

（2）获取并增加（fetch and increment）。该指令将存储在指定内存位置中的值增加 1，并同时返回之前的值。

（3）交换（swap）。不同的交换指令可以将内存中的值和寄存器中的值进行交换，或将寄存器的高位和低位进行交换。

（4）比较并交换（compare and swap，CAS）。该指令将指定内存位置的内容与给定值进行比较，并且仅当它们相同时，才将该内存位置的内容修改为新的给定值。

（5）加载链接/条件存储（load-linked/store-conditional，LL/SC）。LL/SC 是实现多线程同步的一对指令，LL 返回指定内存位置的当前值，仅当自 LL 调用以来该位置没有发生更新时，后续对该位置的 SC 指令才会存储新值，如果发生了更新，则 SC 指令调用会失败。

锁还可以分成不同的种类，比如，根据是否阻塞线程执行，可以分为阻塞锁和自旋锁（非阻塞锁）。阻塞锁，顾名思义，就是加锁时如果锁被占用则线程阻塞等待；非阻塞锁就是加锁时如果锁被占用，则返回锁已占用的信号，而线程不会阻塞等待，编程接口通常是 trylock。

根据是否可重入，锁可以划分为可重入锁（递归锁）和不可重入锁。当同一个线程在对获取的锁没有释放的情况下，再一次调用获取该锁的操作时会产生死锁，这属于不可重入锁。因此便有了可重入锁，即允许同一个线程在获得锁后再次加锁。

根据是否是读写锁可划分为读写锁和互斥锁。读写锁（read-write lock）又称共享独占锁（shared-exclusive lock）、多读单写锁（multiple-read/single-write lock）或者非互斥信号量（non-mutual exclusion semaphore），读写锁允许多个线程同时进行读访问，但是在某一时刻却最多只能由一个线程执行写操作。互斥锁相对简单，不考虑对共享资源的访问特性，也就是不区分读和写操作，无论是读还是写，都只能串行化地去访问共享资源。和读写锁相比，互斥锁不仅读和写不能共存，读和读也不能共存。平时使用的大多数锁都是互斥锁。

根据是否公平可划分为公平锁和非公平锁。公平锁在加锁前检查是否有排队等待的线程，优先排队等待的线程，先来先获得锁。非公平锁在加锁时不考虑排队等待问题，直接尝试获取锁，获取不到则自动到队尾等待再次尝试。公平锁和非公平锁主要考虑多个线程加锁时的优先级问题，不同系统中的具体实现可能不同。

4.4.3　信号量

信号量是除了锁以外的另一种常用的同步操作对象，它主要用于支持有限个进程/线程同时访问共享资源，通常是多于两个进程/线程。信号量就如同一个计数器，当进程/线程完成一次对该信号量对象的等待时，该计数值减 1；当进程/线程完成一次对信号量对象的释放时，计数值加 1。信号量操作即操作系统中的 PV 操作，初始时，信号量设置为一个大于零的整数值，用来表示共享资源可以被多少个进程/线程同时访问。运行 P(wait( )) 操作，信号量的值将被减 1。企图进入临界区的进程/线程，需要先运行 P 操作。当信号量减为 0 时，进程/线程会被挡住，不能继续；当信号量大于 0 时，进程/线程可以获准进入临界区。运行 V(signal( )) 操作，信号量的值会被加 1。结束离开临界区的进程/线程，将会运行 V 操作。当信号量大于 0 时，先前被挡住的其他进程/线程，将可获准进入临界区。

如图 4－31 中的示例，每列火车可以看作一个线程，中间的两条轨道可以看成一个最多能被两个线程同时访问的共享资源，因此，这里的信号值初始化为 2。路口的红绿灯在当信号值大于 0 的时候是绿灯，等于 0 的时候是红灯。当第一列火车开过来时，它占用了其中一条轨道，信号值减 1，再开过来一列火车后信号值减到 0，绿灯变红。此时如果还有火车开过来，将看到红灯，从而在路口等待。当其中一列火车开走后，信号值加 1，红灯变绿，后面等待着的火车进入中间刚刚空出来的一条轨道。

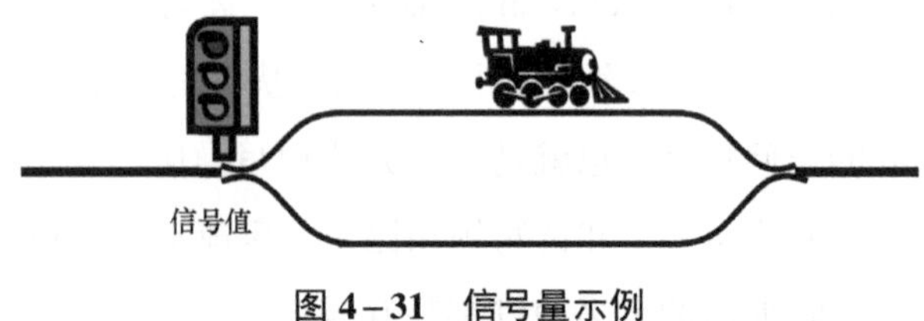

图 4－31　信号量示例

互斥锁可以看作是信号量的特例，即当信号量的初始值为 1 时，共享资源同一时刻只能被一个进程/线程访问。

4.4.4　同步通信操作

同步通信操作主要用于分布式系统并行编程中，仅涉及执行通信操作的那些任务。当任务执行通信操作时，需要和参与通信的各任务进行某种形式的协调。例如，在任务可以执行发送操作之前，它必须首先从接收任务接收到可以发送的确认。表 4－2 列出了同步通信和异步通信的区别。

表 4－2　同步通信和异步通信的区别

项目	同步通信	异步通信
传输格式	面向比特的传输，每个信息帧中包含若干个字符	面向字符的传输，每个字符帧只包含一个字符
时钟	要求接收时钟和发送时钟同频同相，通过特定的时钟线路协调时序	不要求接收时钟和发送时钟完全同步，对时序要求较低
数据流	发送端发送连续的比特流	发送端发送完一字节后，可经过任意长的时间间隔再发送下一字节
控制开销	控制字符开销较小，传输效率高	字符帧中，假设只有起始位、8 个数据位和停止位，整个字符帧中的控制位的开销就达到了 20%，传输效率较低
同步方式	从数据中抽取同步信息	通过字符起止的开始位和停止位抓住再同步的机会
通信节点	点对多点	点对单点

4.5　通信

随着计算机系统规模越来越大、结构越来越复杂，通信在计算机系统中的作用变得越来越重要。以前常说程序等于算法加数据结构，对串行程序，算法映射为指令流，代表了计算过程；数据结构映射为内存片段，代表了存储。因此，“程序＝算法＋数据结构”在计算机系统结构层面就等同于“计算机系统＝计算＋存储”。但目前大多数计算机系统都属于并行计算机系统，并行程序映射在计算机系统中的多个 PE 上执行，进程/线程之间经常要传递数据，这使 PE 间的数据通信成为计算机系统设计中的一个关键问题。计算机系统不再仅仅由计算和存储组成，而是变成了“计算机系统＝计算＋存储＋通信”。

传统的通信模式按照不同方式分为同步通信和异步通信；串行通信和并行通信；单工（单向）和双工（双向）；单播、组播/多播和广播。从并行编程的角度来看，任务间的通信模式可分为点对点（一对一）、一对多和多对一。由于多对多的通信可以转变成多个一对多或多对一的通信，因此在大多数并行编程模型中不单独提供多对多的通信接口。

并行程序对通信的优化可以从以下几个方面进行。

1. 减少通信量

考虑如何减少任务之间的通信量，首先应从程序的算法出发，考虑如何优化算法本身，使各任务之间的通信总量变少；其次考虑负载均衡和局部性，如果任务在 PE 上的分布比较平均，且经常通信的任务分配在同一个 PE 上运行，程序总体的通信量一般就会相对较少；最后就是采用一些常见的优化方法，如数据的冗余复制，分布式系统中将数据复制到多个计算节点，通过空间冗余换取性能提升。

2. 减少通信开销

针对一次通信过程中的数据打包、路由等各种开销，可以从使用高效的网络接口、采用快速的路由算法、优化通信协议和打包数据等方面进行优化。对程序员来说，网络接口和通信协议通常属于底层系统，无法进行更改；路由算法有时可以自行实现，从而减少数据传输的路径长度；数据都是要经过打包再传输的，一般来说，数据包越小，网络传输的效率越高，但是也会带来更多的传输开销，而数据包越大，传输效率可能会下降，但是可以减少传输开销。

3. 通信和计算重叠

如果数据传输的过程中，同时还能进行一些不依赖于当前正在传输中的数据的计算，那么可以让计算和通信过程同时进行，也就是用和当前通信不相关的计算掩盖了通信过程的开销。这也是并行程序优化最常用的方法之一。

4.6 总结

本章中并行编程模型的所有关键问题都是围绕着并行性和局部性这两个方面来讨论的，考虑的都是如何提高并行性，并使程序的局部性，包括空间局部性和时间局部性尽量好。整个计算机系统，无论是底层系统软件设计还是上层应用软件设计，很多时候都要在这两个方面进行权衡（见图 4－32）。

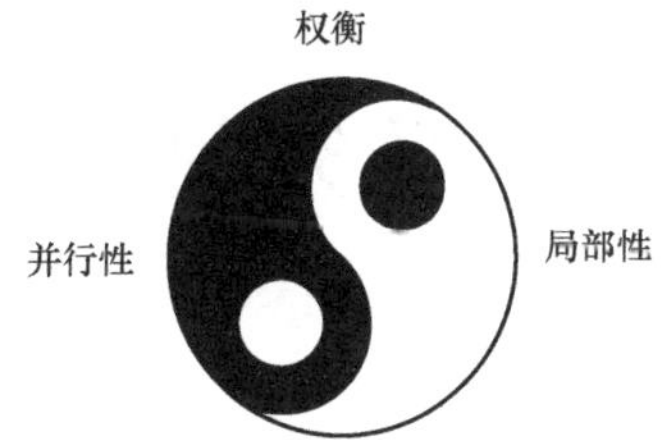

图 4－32　并行性和局部性的权衡

第 5 章

并行编程模型中的任务调度

5.1 任务调度的问题定义

调度，广义上理解，是指将工作单位编排到执行单位上，涉及空间和时间。它通常包括三个步骤：分区、分配和负载均衡。计算应用程序被分割为工作单位，以展示软件并行性。通过将工作单位（如问题子域）分配给处理单位（如进程、线程、任务）来表达这种并行性。随后，将并行处理单位分配给执行单位（如节点、处理器、PE），以利用可用的硬件实现并行。

5.1.1 调度过程

任务调度就是决定划分好的这些任务分别放在哪个 PE 上去执行的过程，也就是任务到 PE 的映射过程。这个映射过程可以看成图 5－1 所示的两个阶段，问题分解成多个任务后，通常不是直接把任务分配给硬件的某个 PE，而是把任务先分配给系统上执行的线程或者进程，然后把线程或者进程映射到这些硬件的 PE 上。

把任务分配给线程或进程的过程可以在程序执行之前就完成或者在程序运行过程中动态进行，即可以分为静态分配和动态分配两种方式。程序员通常要负责任务的划分，然后由底层并行编程模型负责任务调度，也就是说通常情况下程序员不需要手动进行任务调度。任务分配到线程或进程的时候，要考虑负载均衡的同时尽量减少线程或进程之间的数据通信量，还要考虑任务调度所带来的额外开销，因此这是一个和线程间的同步与通信、数据的组织与分布等其他问题都相关的过程，正是这种复杂性决定了没有一个任务调度器是万能的，不可能在任何机器上对任何应用都是最优的。

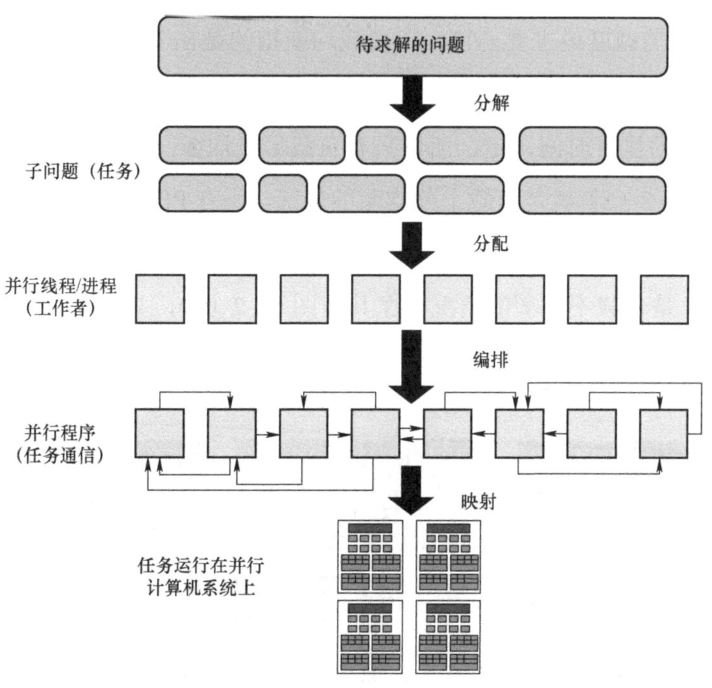

图 5－1　任务调度过程

把线程分配给硬件的 PE，也就是线程到这些 PE 的映射，这个过程可能是由操作系统进行的，也可能是由编译器进行的，或是由程序员直接进行的。程序员进行线程到处理器的映射可通过调用处理器亲和性相关的函数（sched_set_affinity( )）来实现，例如，把某个线程绑定到某个处理器上执行。

线程分配有不同的策略，有时候策略之间是相互冲突的。例如，把相关的线程绑定到同一个处理器上，这样有利于数据的共享，几个相关线程可能要访问同一块数据，它们运行在同一个处理器上，数据的空间局域性会比较好，线程之间的同步通信开销也会比较少。但从另一个角度来看，为了提高处理器的利用率，想让多个 PE 的利用率都比较高，就应该把不相关的线程放在同一个处理器上，这样一个线程如果出现了卡顿，可以立即调用另一个不相关的线程在这个处理器上运行。上面这两个分配策略就是相互冲突的，需要程序员根据实际应用去做选择。

5.1.2 调度目的

负载均衡是调度最主要的目标，负载均衡指的是在 PE 之间分配大致相等的工作，使得所有 PE 始终保持忙碌。因为一个并行程序总的执行时间是由最后完成任务的 PE 的执行时间决定，所以只有负载尽量均衡，程序总的执行时间才会最小化。图 5－2（a）就是负载十分均衡的情况，所有 PE 同时进行计算，同时完成任务，是一种理想情况，这种情况可能需要较大的同步开销。图 5－2（b）和图 5－2（c）是负载不均衡的情况，尤其是图 5－2（c），其中有一个线程是瓶颈线程，造成负载严重不均衡，十分影响系统性能。

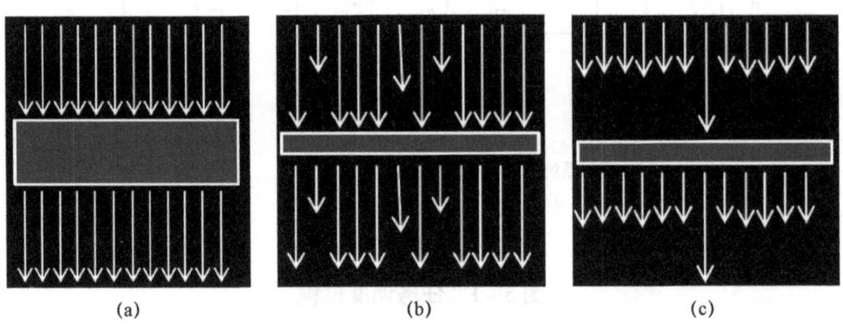

图 5－2 负载均衡示例

（a）负载均衡；（b）负载不均衡；（c）存在瓶颈线程

造成负载不均衡的原因主要有以下几个方面。

（1）任务本身不规则，或者任务量未知/变化。例如，一开始进行任务分配的时候不知道任务到底需要多长时间执行完，或者运行过程中有新的任务产生。

（2）任务之间的同步、通信关系复杂，任务关系在动态变化。

（3）机器的软硬件环境复杂多变。例如，当前程序运行的时候别的用户程序或者系统后台的某个程序启动了，可能会占用大量内存和 CPU 时间，从而造成当前用户程序性能的下降。另外，计算系统为解决存储墙问题采用了多个存储层次，数据从内存到片上各级高速缓存迁移造成的访存延迟很难评估。

5.2　调度策略

如图 5-3 所示，任务调度算法整体上可以分为两类，一类是静态调度，也就是在程序运行之前由编译器或者程序员决定任务的分配，另一类是动态调度，在程序运行过程中自动完成任务的分配。动态调度主要有自调度、工作窃取和工作共享三种算法。

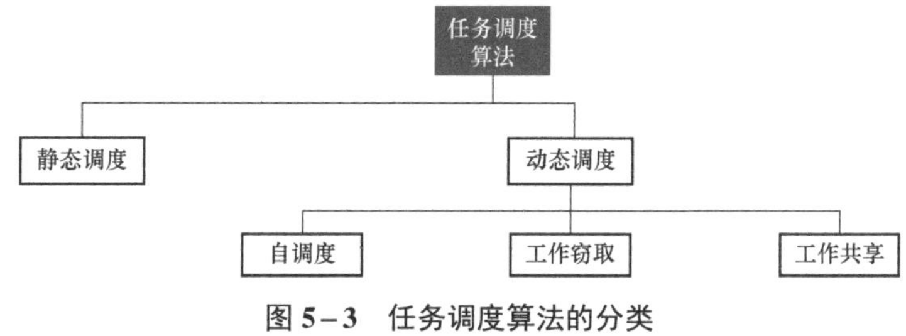

图 5-3　任务调度算法的分类

5.2.1　静态调度

静态调度的优点是简单、运行时没有调度开销，因为是在程序运行之前完成的。静态调度适用于任务量和每个任务的执行时间可预测(已知)的场景。图 5-4 显示了施加在苏必利尔湖（Lake Superior）上的网格。对诸如水污染物在湖中扩散等物理现象的模拟，涉及在不同时间间隔计算此网格的每个顶点处的污染物水平。通常，由于每个点的计算量相同，可以通过简单地为每个过程分配相同数量的网格点来轻松平衡负载。这个例子就属于静态的任务划分调度。

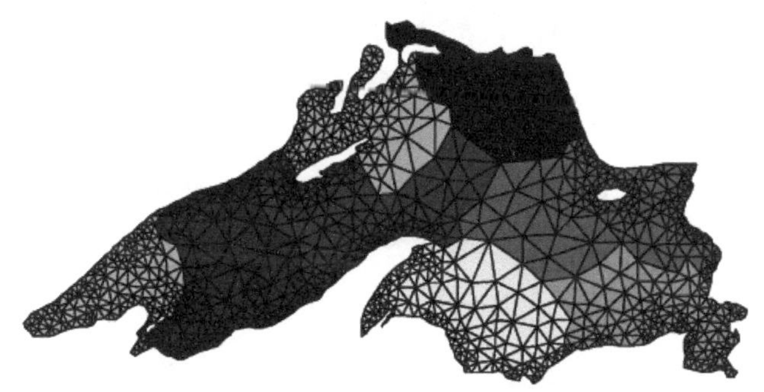

图 5-4　静态调度示例——湖水污染监测

半静态的调度是指任务量虽然未知，但可以预测，根据任务的预测信息在任务运行前进行调度。如循环执行的任务，可利用之前的任务运行情况来预测，或者通过 Profiling 提前得到任务的相关信息，作为任务将来运行情况的预测。

来看图 5－5 这个静态调度的例子。图 5－5（a）是一个循环，假设这个循环有 30 次的循环迭代，现在用两个 PE 并行执行该循环。可以直接把这 30 次循环迭代平均分配给两个 PE，每个 PE 执行 15 次循环迭代，也可以把每 5 次循环迭代作为一组（块），轮流分配给两个 PE，即如图 5－5（b）所示。

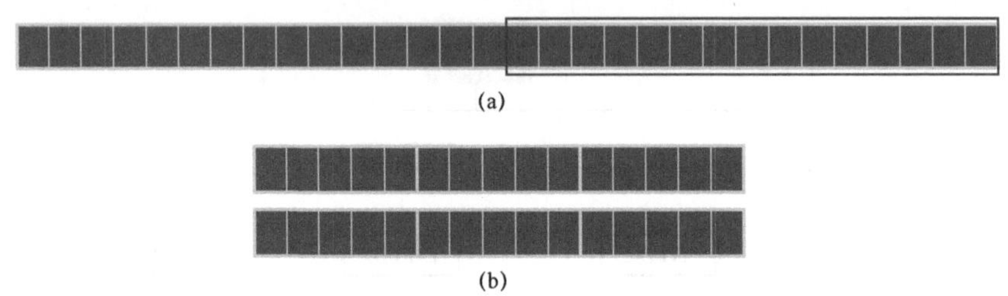

图 5－5　静态调度示例——循环（30 次循环迭代）

（a）循环迭代的负载大小；（b）静态调度

如图 5－5（a）所示循环的各次循环迭代耗时不同，比如，开始的循环迭代花费时间较长，越往后每次循环花费的时间逐渐变小，如图 5－6（a）所示，那么采用静态的调度方式，5 次循环迭代作为一组，调度的结果为两个 PE 的负载不均衡，如图 5－6（b）所示。

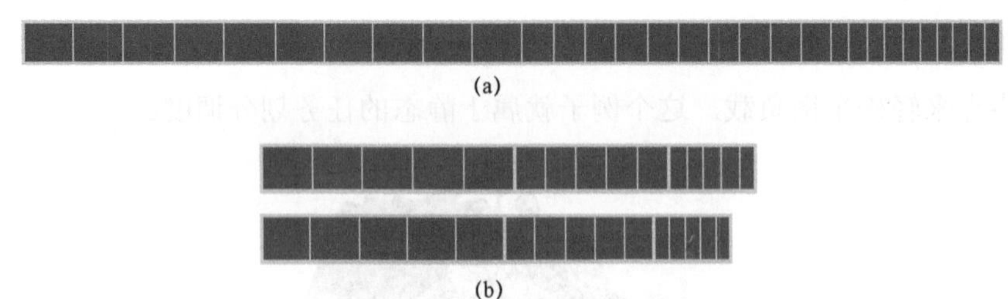

图 5－6　静态调度示例——循环迭代负载不均衡

（a）循环迭代的负载大小；（b）静态调度

5.2.2　动态调度

再看另一种情况，假设这个循环的 30 次循环迭代开销如图 5－7（a）所示，那么应用上述静态调度，分块后轮流将任务分配给两个 PE 的结果如图 5-7（b）所示，产生了显著的负载不均衡，第一个 PE 花费的时间比第二个 PE 长得多。因此静态调度常用于规则应用（regular application），对不规则应用（irregular application）可能产生不好的效果。

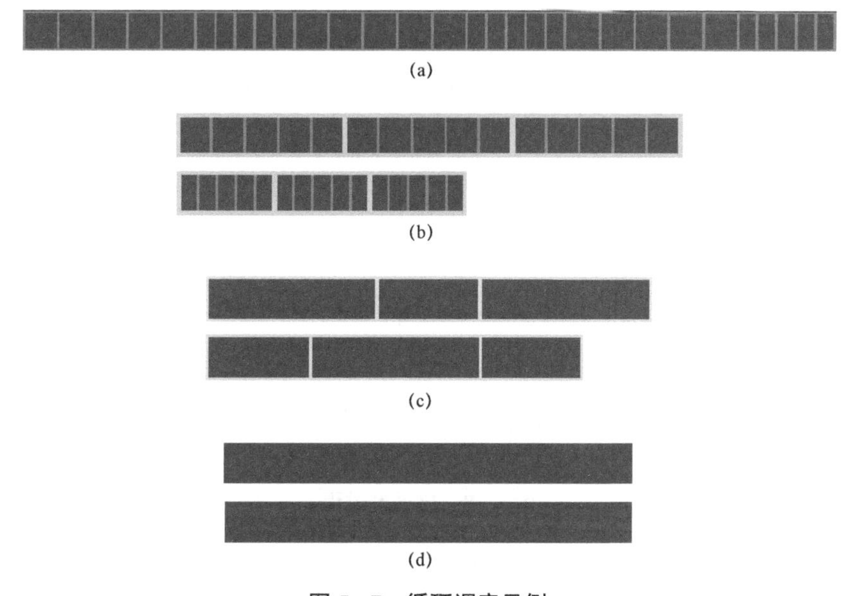

图 5-7　循环调度示例

（a）循环迭代的负载大小；（b）静态调度；（c）按块动态调度；（d）自调度

对图 5-7（a）中的循环进行动态调度，同样把 5 次循环迭代作为一组，然后按块分配，调度结果如图 5-7（c）所示，第一个 PE 先拿到前 5 次循环迭代，第二个 PE 拿到接下来的 5 次长度较短的循环迭代开始执行，由于第二个 PE 先执行完，这个时候它就会调度执行接下来的 5 次长度较长的循环迭代，这种动态调度的结果可以看到比图 5-7（b）静态调度的结果好不少。

5.2.2.1　自调度

如 5.2 节所述，动态调度算法主要有三种，第一种自调度算法是把所有的任务放在一个共享的任务队列里，然后各 PE 从这个共享的任务队列里每次取出一个任务执行，如图 5-8 所示。图 5-7（a）中的 30 次循环迭代按这种自调度的方式进行调度，两个 PE 的执行情况就如图 5-7（d）所示，可以看到达到了最理想的负载均衡。但这种理想的负载均衡会带来一个问题，就是调度开销太大，如图 5-7 所示，自调度算法将每次循环迭代看成一个任务，那么每次循环迭代之后都要进行一次调度，调度过程需要对共享任务队列互斥访问，有一定开销。如果循环体本身的运行时间不长，可能造成程序并行执行还不如串行执行时间短，也就是调度开销超过了并行化的收益。

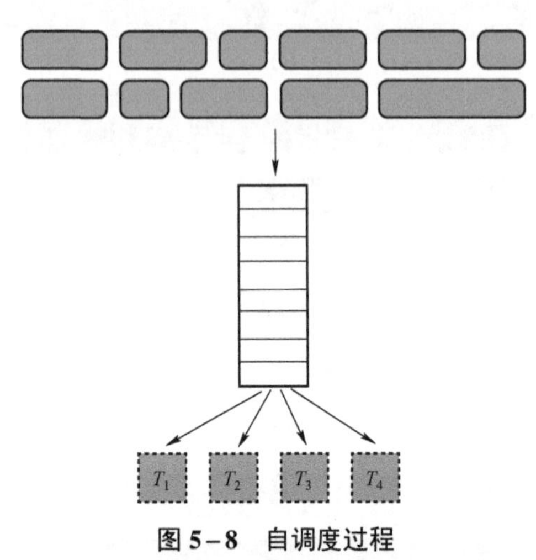

图 5-8　自调度过程

为减少调度开销，可以将任务进行分组或合并，对图 5-7 的循环来说，就是将循环迭代的索引空间按块划分，然后以块为单位进行调度，这被称为基于块的自调度算法。和传统自调度算法相比，基于块的自调度算法调度次数大大减少，因此减少了 PE 对共享队列的访问冲突，从而使程序整体的调度开销变小。

最初的基于块的自调度算法中，块的大小是固定的，以图 5-7 的循环为例，如果设置块大小为 5，则基于块的自调度结果就如图 5-7（c）所示。显然，对循环迭代负载不规则的情况，这种基于固定块大小的自调度算法也可能造成负载不均衡。后来，人们想到了一种更优的方式，就是把循环迭代空间分成从大到小的块，较大的块先调度执行，较小的块后调度执行。这样在刚开始执行时各 PE 拿到的都是比较大的块，其调度开销相对较少，在运行快结束时，各 PE 每次拿到的是较小的块，调度次数增多，调度开销增大，但负载得到了较好的平衡。这种块大小动态变化的自调度算法兼顾了调度开销和负载均衡两个方面，用较大的块降低调度开销，用较小的块平衡负载。在这种思想指导下产生了多个动态调度算法，如引导式自调度（guided self-scheduling，GSS）算法、因式分解自调度（factoring self-scheduling，FSS）算法和梯形自调度（trapezoid self-scheduling，TSS）算法，它们之间的主要区别在于块大小的计算方式上。假设循环迭代的次数为 N，PE 的个数为 p，在第 i 次迭代中，块的大小 C_i 和接下来的迭代次数 R_i 遵循如下公式：

$$R_0 = N, C_i = g(R_i, p), R_{i+1} = R_i - C_i \tag{5-1}$$

对于 GSS 算法而言，一般情况下，$C_i = \left\lceil \frac{R_i}{p} \right\rceil$，因此 GSS 算法初始块的大小较大；对于 FSS 算法而言，$C_i = \left\lceil \frac{R_i}{x_i p} \right\rceil$，$R_{i+1} = R_i - pC_i$，其中参数 x_i 通常设为常数 2；对于 TSS 算法而言，一开始也会分配较大的块，再线性地减小块的大小，即 $C_i = C_{i-1} - d$，其中 d 为常量，可以通过 $d = (f-1)(S-1)$ 计算得到，其中，$S = \left\lceil \frac{2N}{f+l} \right\rceil$，$f = \frac{N}{2p}$。以 1 000 次循环迭代为例，假设 PE 数量为 4，GSS 算法、FSS 算法和 TSS 算法的块划分结果如表 5-1 所示。

表 5-1　不同自调度算法的块划分结果（N=1 000，p=4）

算法	块大小
GSS	250 188 141 106 79 59 45 33 25 19 14 11 8 6 4 3 3 2 1 1 1 1
FSS	125 125 125 125 62 62 62 62 32 32 32 32 16 16 16 16 8 8 8 8 4 4 4 4 2 2 2 2 1 1 1 1
TSS	125 117 109 101 93 85 77 69 61 53 45 37 29 21 13 5

5.2.2.2　工作窃取

动态调度中最常用的是工作窃取调度算法，它是目前很多并行编程语言或框架中的默认调度算法。工作窃取调度算法（见图 5-9）采用分布式任务队列，也就是每一个 PE 都有自己的任务队列。程序运行过程中，每个 PE 从自己的任务队列里获取任务执行，当它自己的任务队列空了以后，再去从其他 PE 的任务队列里窃取任务，也就是 PE 空闲时窃取任务。当运行过程中有新的任务产生时，通常将新任务压入本地任务队列的末尾，如图 5-9 所示，每个任务队列都是双端队列，从队头出队，队尾入队。

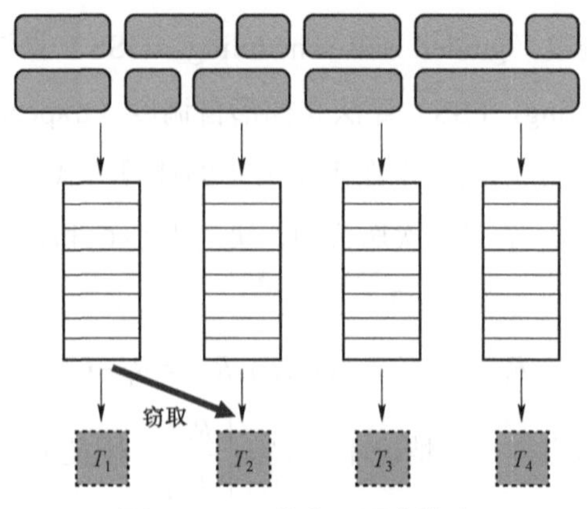

图 5-9 工作窃取调度算法

工作窃取调度算法涉及如下几个关键问题：首先是从哪里窃取任务，当前PE 的本地队列里没有任务了，需要确定从另外哪个 PE 窃取，虽然表面上似乎应该从任务最多的 PE 处窃取，但实际实验表明，随机选取窃取目标的方式是相对较好，因为随机窃取相比其他方式判断窃取目标的开销小，而且新任务的生成是未知的，目前任务多的 PE 也许之后新任务较少，因此从目前任务最多的 PE 窃取并不一定减少未来窃取发生的概率；其次是每次窃取任务数量的多少，每次可以窃取一个任务，也可以窃取多个任务，或者按照给定百分比从目标任务队列里窃取任务；最后是如何判断程序运行结束，如果是集中式任务队列，程序运行是否结束只需要判断队列是否为空即可，但工作窃取调度算法中采用的是分布式任务队列，每个 PE 都有各自的任务队列，只有当所有队列都为空，且所有 worker 线程都完成当前正在执行的任务时才表示程序运行结束，因此需要特定的算法进行程序运行结束的判断。

5.2.2.3 工作共享

第三种动态调度算法是工作共享调度算法，如图 5-10 所示，工作共享调度算法采用一个集中式的任务队列，各 PE 通过该队列实现任务共享。具体实现中，每个 PE 都会维护自己的本地任务队列，从本地任务队列中取任务执行。当本地任务队列为空或者任务数量低于某个阈值时，则从集中式任务队列中获取任务到本地队列，如图 5-10 中的 P_3、P_4；当本地任务队列满了或者任务数量超过某个阈值时，则将本地队列中的任务推送到集中式任务队列，如图 5-10 中的 P_1、P_2。调度时机，也就是何时在本地队列和集中式任务队列之间传递任务，是工作共享调度算法中的一个关键问题，通常是在新任务生成时进行判断和调度。

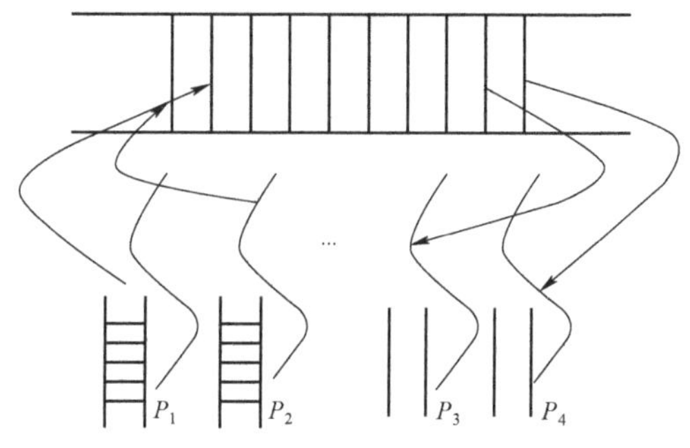

图 5－10　工作共享调度算法

无论采用哪种任务调度算法，都需要弄清楚任务之间的依赖关系。如图 5－11 所示，任务之间的依赖关系可以表示成一个 DAG，任务调度器根据任务关系的 DAG，首先将所有没有前驱节点的任务拿来调度执行，因为这些任务之间没有相互依赖，可以由多个 PE 并行执行。任务执行完后，任务调度器更新任务 DAG，将已执行完的任务从 DAG 中删除，这样就又产生了一批没有前驱节点的任务，也就是已准备好可以被并行执行的任务。任务调度器维护任务 DAG，不断将准备好的任务调度到多个 PE 上执行，最终完成所有任务的执行。

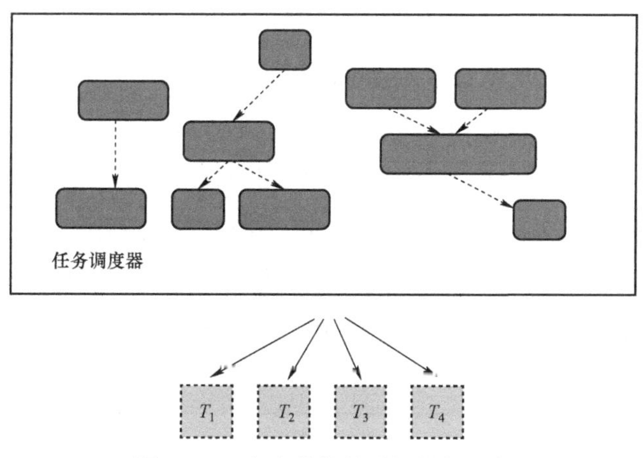

图 5－11　任务依赖关系与任务调度

5.2.3　OpenMP 调度策略

OpenMP 主要包含两种并行编程方式：循环和任务。从标准规范来说，

OpenMP 只定义了循环并行的几种调度策略，以及任务调度的时机和任务类型，并未规定任务调度算法的具体细节，因此不同 OpenMP 实现可能采用不同的任务调度算法。另外，当把每个循环迭代都看作一个执行循环体的 OpenMP 任务时，循环并行也可以归为任务并行进行调度。

5.2.3.1 循环调度

循环级并行性是许多 OpenMP 应用程序所发掘的主要并行性，这些应用程序通常包含计算密集型的数据并行循环。由于并行程序的性能受很多因素的影响，如同步、线程管理、通信、负载、操作系统噪声、功率限制等，在并行计算平台上对 OpenMP 应用程序进行最佳调度是 NP 难的，没有单一的循环调度技术可以适应所有类型计算平台上执行的所有并行程序。实际上，将循环迭代的特性与底层计算系统的特性相结合，通常在执行过程中决定了某种调度方案是否优于另一种。

OpenMP 提供了三种用于工作共享循环的调度策略：静态（static）、动态（dynamic）和引导（guided）。这些选项作为 for 指令的 schedule 子句的参数供程序员选择。另外，循环调度策略也可以通过将 auto 参数传递给 schedule 来由 OpenMP 的运行时系统自动选择，或者可以通过将 runtime 参数传递给 schedule 来推迟到运行时再选择。

OpenMP 静态调度策略表示为 schedule(static,size)，将循环迭代分块，按照轮转方式分配给可用的线程。如图 5－12 所示，假设线程数为 4，循环迭代次数为 40。当省略 size 时，循环迭代空间被划分成相同或近似大小的区域，每个线程分配一个区域，图 5－12（a）中线程 T0、T1、T2、T3 分别执行 10 个循环迭代；当指定 size 时，迭代空间被划分为很多 size 大小的块，然后这些块被轮转地分配给各个线程，如图 5－12（b）所示，其中 size 大小为 4。

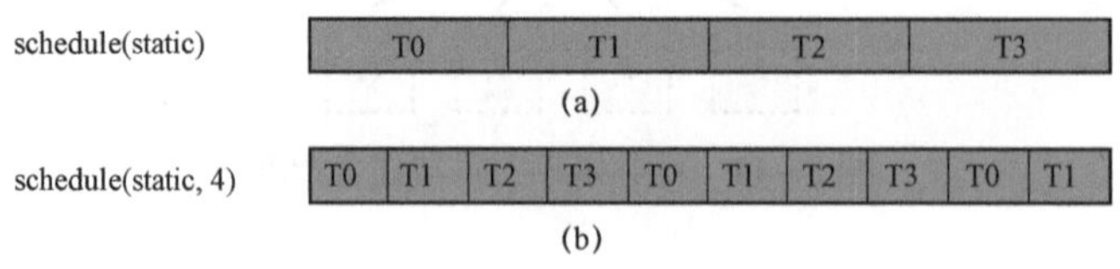

图 5－12 OpenMP 静态调度

使用 schedule(static,1) 可实现静态循环调度，其中单个迭代以循环方式静态地分配给不同的线程，即迭代 i 分配给线程 $i \bmod P$（P 是线程数量）。静态调度几乎没有调度开销，但当循环迭代不规则或系统具有高可变性时，会导致较严重的负载不均衡。

动态调度策略表示为 schedule(dynamic,size)，它和静态调度策略的不同之处在于其在执行过程中进行块到线程的分配。循环迭代空间被分成连续的块，这些块被分配给 OpenMP 线程，每个线程执行一个块，然后请求下一个块，直到没有剩余的块需要分配。动态调度提高了负载均衡，但会增加线程协调的开销。size 参数指定了一个块包含多少个迭代，最后一个块包含的循环迭代有可能少于 size。如果不提供这个可选参数，则 size 默认为 1。

schedule(static, 1) 对应的动态版本是 schedule(dynamic, 1)，它采用纯自调度算法，每当一个线程空闲时，它会从集中式的任务队列中获取一个迭代。自调度实现了良好的负载均衡，但可能导致过大的调度开销。

引导调度策略（schedule(guided, size) ）实现了 GSS 算法，GSS 算法是早期基于自调度的算法之一，开始分配的块比较大，之后越来越小，从而在负载均衡和调度开销之间进行折中。这里的 size 指定最小的块大小，省略 size 时，其默认值为 1。

另外，还有一些动态循环调度算法包括 TSS、分块 2（FAC2）和加权分块 2（WF2）。TSS、FAC2 和 WF2 算法不需要关于循环特性和分配块大小的额外信息，这些算法在执行过程中请求分配的块大小会按照特定规则减少。FAC2 和 WF2 算法是从概率分析中发展而来的，分别源自 FAC 和 WF 算法，而 TSS 算法是一种确定性的自调度算法。此外，WF2 算法可以利用用户指定的负载均衡的信息，如异构系统配置。

TSS、FAC2、WF2 和 RAND（一种基于随机自调度的方法，利用下界和上界之间的均匀分布计算在界限之间的随机块大小）算法已经在基于 GNU OpenMP 库的 LaPeSD LibGOMP 中实现。LLVM OpenMP 运行时库提供了 TSS 算法、FAC2 算法以及静态窃取调度的实现。虽然在各种 OpenMP 运行时库中存在大量针对 OpenMP 循环调度策略和调度器的专门实现，但这些都不属于 OpenMP 标准规范。这些实现可能对某些用户、应用程序和系统的性能提升有帮助，但在其他场景下的实用性可能会受到限制。

循环调度方式为 schedule(runtime) 时，OpenMP 会应用由 omp_set_schedule 或者环境变量 OMP_SCHEDULE 指定的调度策略。如果没有指定上述三种调度策略之一，则采用 OpenMP 默认的调度策略。

自 OpenMP 3.0 起，标准提供了 auto 调度类型参数，用于 schedule 子句。使用 auto 时，调度决策被委托给编译器或运行时系统实现。auto 给予它们采用任何可能的循环调度策略的自由，是一种描述性而不是规定性的调度选项。目前，大多数 OpenMP 应用程序的实现并未充分利用 OpenMP 的 auto 来提高程序性能。GNU OpenMP 运行时库中的 auto 实现映射为静态调度。与 Clang 和 Intel 编译器兼容的 LLVM OpenMP 运行时库中的 auto 实现映射为优化的引导式自调度。

鉴于新兴应用程序和超级计算机架构的复杂性，OpenMP 需要更多新颖的循环调度策略。编译器开发人员为支持额外的调度方案做了不少工作，这些可以在 LLVM 中观察到，如 TSS 策略、Intel 编译器中的静态窃取方案等。

5.2.3.2 任务调度

在 OpenMP 2.5 之前采用的是以线程为中心的执行模型，在这种模型中，程序员可以确定代码段在哪个线程中执行（调用 omp_get_thread_num( )接口）。遵循 SPMD 编程范式，程序员可以在不同的线程上根据线程 ID 显式地执行不同的工作。另外，程序员可以为线程分配私有存储空间（使用 threadprivate 指令），这个存储空间在不同并行区域之间保持有效。

OpenMP 3.0 引入了任务结构，为程序员提供了更高层次的抽象。任务是一个独立的并行工作单元，由可执行代码及其数据环境指定，并由某个可用的 OpenMP 线程执行。这种新模型被称为任务模型，运行时系统负责将任务调度给线程。OpenMP 4.0 进一步引入了高级功能来表示任务之间的依赖关系，类似于 DAG 实时调度模型。至此，OpenMP 标准从最初的以线程为中心的模型发展成了一个以任务为中心的模型，可以实现非常复杂的细粒度和不规则的并行性。

在当前以任务为中心的 OpenMP 执行模型中，OpenMP 应用程序以一个围绕整个程序的隐式任务开始。这个隐式任务由单个线程顺序执行，称为 master 线程或初始 OpenMP 线程。当线程遇到一个并行区域时，它会创建一个包含自己的线程组。当线程遇到一个任务时，会创建一个新的显式任务，并分配给当前线程组中的一个线程立即或延迟执行，执行时机与任务的 depend、if、final、untied 子句相关。depend 子句根据在数据项之间定义的依赖关系，强制任务按照给定顺序执行。当 if 条件为假时，该任务将不再放入任务池中，而是由碰到它的线程立即执行。类似地，final 子句使新任务的所有子任务都被包含在新任务内，意味着它们必须由遇到的线程立即执行。final 与 if 子句用来防止过于细粒度的任务放在任务池中，造成资源浪费。untied 子句使得新生成的任务不与任何线程绑定，因此，如果它被挂起，稍后可以由线程组中的任何线程恢复执行。默认情况下，OpenMP 任务与首次启动它们的线程绑定，如果这些任务被挂起，它们只能由同一个线程恢复执行。

OpenMP 没有规定任务到线程如何调度，因此 OpenMP 的任务调度策略取决于其具体实现。虽然标准不限定任务调度算法，但定义了任务调度的时机，即任务调度点（TSP）和任务调度约束（TSC）。

TSP 动态地将任务分成多个部分，同一任务的不同部分按照顺序调度执行。线程在 TSP 可以被挂起，并被调度去执行另一个任务，从而实现任务切换。

标准指定了 TSP 在如下位置：任务创建和完成时；任务同步点，如 taskwait 指令和 taskgroup 指令；显式和隐式屏障处；taskyield 指令。

当线程遇到 TSP 时，它可以开始执行绑定到当前线程组的任务，或恢复任何先前挂起的绑定到当前线程组的任务，或执行非绑定的任务，前提是满足一组 TSP。

（1）只有当线程绑定的任务池为空时，新生成的绑定任务才会被调度执行。当然也有例外，如果线程绑定的任务池中的任务都因为同步被挂起，或者新任务是任务集合中所有任务的子任务时，新任务也会被调度执行。

（2）有依赖关系的任务在其依赖关系得到满足之前不应被调度。

（3）当与某个任务互斥的任务已被调度执行但尚未完成时，不得调度该任务。

（4）当任务包含 if 子句且其相关条件值为 false 时，如果满足其余 TSC，则立即执行该任务。

尽管 OpenMP 对任务到线程的调度实现保持开放，但现有的实现都基于广度优先和工作优先两种任务调度策略。

广度优先调度策略：当创建一个任务时，它被放置到一个任务池中，创建任务的线程继续执行父任务。放置在任务池中的任务可以由线程组中的任何可用线程执行。根据上述 TSC，当绑定任务在 TSP 挂起时，它被放置到与其执行线程相关联的私有任务池中；相反，未绑定任务则加入到一个线程组内所有线程共享的任务池中。对这些任务池的访问可以是后进先出（last in first out，LIFO）或先进先出（first in first out，FIFO）的。线程始终先尝试从其本地池中调度任务，如果本地池为空，则将尝试从线程组的共享任务池中获取任务。

工作优先调度策略：线程创建新任务后，挂起父任务的执行，立即执行新任务。当任务在 TSP 挂起时，它被放置在每个线程的本地池中，以 LIFO 或 FIFO 方式访问。在寻找要执行的任务时，线程先查看其本地池，如果为空则尝试从其他线程中窃取工作。从另一个线程中窃取工作时，为了符合 OpenMP 的限制，绑定任务不能从其关联的线程中被窃取。

工作优先调度策略理论上比广度优先调度策略性能好，原因有两点：① 工作优先调度策略试图遵循串行执行路径，如果串行算法设计良好，它将有很好的数据局部性；② 工作优先调度策略能最小化空间占用，因为在广度优先调度策略中，大量子任务同时存在，而工作优先调度策略在创建子任务后立即执行，会使同时存在的任务数量相比广度优先调度策略少很多。然而，由于 OpenMP 默认任务都是绑定的任务，如果使用工作优先调度策略，当绑定任务 T_i 创建一个子绑定任务 T_{i+1} 时，T_{i+1} 将由执行 T_i 的线程开始执行，T_i 将被挂起，直到 T_{i+1} 完成或在 TSP 被挂起，这样将导致任务执行完全顺序化。因此，OpenMP 调度的实现通常只能使用广度优先调度策略。

广度优先调度策略的伪代码如算法 5-1 所示。任务 T_i 被 TSP 分割成了 $v_{i,x}$，$v_{i,x+1}$ 等几个部分。当 $v_{i,x}$ 完成其执行时（第 2 行），如果 T_i 绑定到线程 s_k，并且 $v_{i,x}$ 的直接后继 $v_{i,x+1}$ 是可执行的，也就是没有被同步操作等挂起（第 3 行），那么调度器将 $v_{i,x+1}$ 分配给线程 s_k，在这种情况下，线程 s_k 继续执行任务 T_i（第 4 行）。如果任务 T_j 存在可执行的部分 $v_{j,z}$，并且在当前时刻尚未执行，则调度器在以下两种情况下会分配线程 s_k 来执行 $v_{j,z}$。

（1）如果 T_j 是一个新的绑定任务（第 7 行），则 $v_{j,z}$ 是 T_j 的第一个部分。线程 s_k 只能在空闲时执行 $v_{j,z}$，并且 TSC 要被满足（第 8～第 10 行）。

（2）如果 T_j 是非绑定的或已经绑定到线程 s_k 的任务（第 14 行），且 s_k 空闲时（第 13 行），则 s_k 可以执行 $v_{j,z}$。

算法 5-1：广度优先调度策略

```
At the current TSP
while any v_{i,x} of T_i ends execution do
    if v_{i,x+1} is executable and T_i∈Γ_k then
        assign v_{i,x+1} to s_k;
    end
    for any unexecuted v_{j,z} of T_j do
        if T_j is a new tied task then
            assign v_{j,z} to s_k only if
                Γ_k = 0;or for any T_l∈Γ_k:
                T_j is a descendant of T_l;
        else
            assign v_{j,z} to s_k only if
                Γ_k = 0;and
                T_j is untited or T_j∈Γ_k;
        end
    end
end
```

5.2.4 CUDA 调度策略

CUDA 作为 NVIDIA 公司的商业软件，不开源且专门针对 NVIDIA 公司生产的 GPU（NVIDIA GPU），这使人们无法知晓 CUDA 程序在其上进行调度的具体细节。这给许多实时系统（如智能车机系统）的开发带来了不便，因为不了解 GPU 的调度决策，会使程序最坏执行时间（WCET）分析不准确，就无法对实时系统进行安全建模。因此，有些研究人员通过逆向工程等手段探索 CUDA 的调度策略，结合这些研究工作和 NVIDIA 公司的相关公开文档，也能够大致了解 CUDA 的调度策略。

5.2.4.1 调度策略概述

CUDA 程序的基本执行过程包括三个步骤：① 将数据和程序代码从主机（CPU）端的内存移到设备（GPU）端的内存中；② 在 GPU 上执行 CUDA kernel；③ 将数据从设备内存移回主机内存。这些操作被抽象为复制和执行命令，命令被加入 GPU 硬件调度中，在复制引擎和执行引擎中执行。CUDA 编程模型遵循 SIMT 范式，在不同数据项上工作的多个线程具有相同的指令。在逻辑上将 32 个线程组织成一组，称为 warp。warp 是 GPU 中最小的可调度单元。

NVIDIA GPU 包含很多个 SM，这些 SM 又被分组成图形处理集群（GPC）。因此，除了 warp 内的 SIMT 并行性之外，GPU 还会利用其他维度的并行性（在 SM 内多个 warp 并行，在 GPC 和整个设备中多个 SM 并行）。为实现对这些并行性的利用，CUDA kernel 在 GPU 上执行时被映射为一个网格，一个网格包含多个线程块，一个线程块包含多个线程，如图 5－13 所示。线程块是一个用于指定可以并行执行的一组 warp 的抽象。每个 SM 内的 warp 调度器负责将线程分配给可用的硬件资源。线程块可以组织为一维、二维和三维网格。硬件调度器将每个块视为 32 个线程（即一个 warp）的倍数，而不考虑在 CUDA kernel 调用中定义的实际线程数。

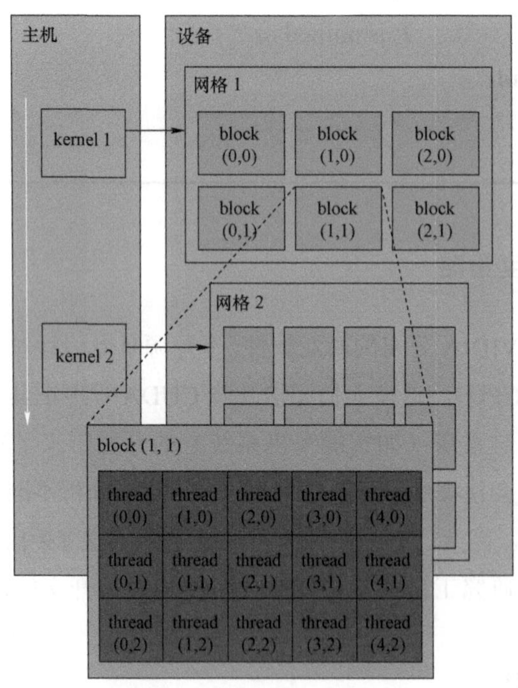

图 5－13　CUDA 的线程组织

上述 CUDA 程序的执行过程对应于 GPU 上的一条命令队列，当有多个 CUDA 程序同时执行时，可采用互斥的方式访问 GPU，也就是非抢占式、FIFO

的访问 GPU 命令队列，但这样 GPU 的利用率可能会很低。

为了让多个 CUDA 程序并行运行在 GPU 上，CUDA 引入了一种称为 CUDA 流的软件机制。CUDA 流是对提交到 GPU 的命令队列的抽象，每个复制和计算命令都必须创建和指定一个 CUDA 流，如果未指定流，则 CUDA 程序运行时使用默认流。同一流中的命令以 FIFO 方式顺序执行，不同流中的命令可以并行执行。流的执行可以是同步的或异步的，如果是同步的，CPU 线程将工作分派给 GPU，并阻塞直到 GPU 执行完成；如果是异步的，则在 GPU 执行期间可以进行 CPU 的计算。在 GPU 完成计算后，复制引擎将数据复制回 CPU 或其他计算设备。

NVIDIA GPU 调度过程如图 5－14 所示。如果把调度过程看成一个层次结构，则在顶层是应用程序调度器，往下分别是流调度器、线程块调度器和 warp 调度器。一个 CUDA 程序可能使用多个流，其调度涉及层次结构的不同级别。在不同流中启动的 CUDA kernel 由线程块组成，流被推送到一个 FIFO 队列中，然后由线程块调度器将线程块分配给 SM。最后，在 SM 内部，当前活动线程块的 warp 组成调度层次结构的最后一级管理。

5.2.4.2　应用程序调度器

应用程序的调度在主机端进行，由 CUDA 运行时系统实现。调度器以时间片轮转（RR）的方式将工作分派给相应的 GPU 引擎，如复制引擎、计算引擎和图形引擎，并且能够异步并行地与 GPU 交互。每个需要 GPU 的应用程序都会打开若干通道，通道是独立的工作流，代表应用程序在 GPU 上的执行。通道对于程序员是透明的，程序员通过 API（CUDA、OpenGL 等）函数调用指定 GPU 的工作负载。工作负载包括一系列 GPU 命令，这些命令被插入到命令推送缓冲区（command push buffer）中，该缓冲区是一个由 CPU 写入并由 GPU 读取的内存区域。通道与应用程序的命令推送缓冲区相关联，应用程序被映射到一个或多个通道。这些通道被插入到运行列表中，运行列表是已建立的通道的列表，这些通道可能有待执行的工作，也可能没有。运行列表中的每个条目都具有时间片长度和优先级值（低、中、高）。

应用程序调度器实现了基于列表的调度策略，通过浏览运行列表来监视每个应用程序的工作。每个应用程序在运行列表中有一定数量的通道，调度器浏览运行列表，对于每个通道，检查相应的命令推送缓冲区是否有要执行的工作负载。

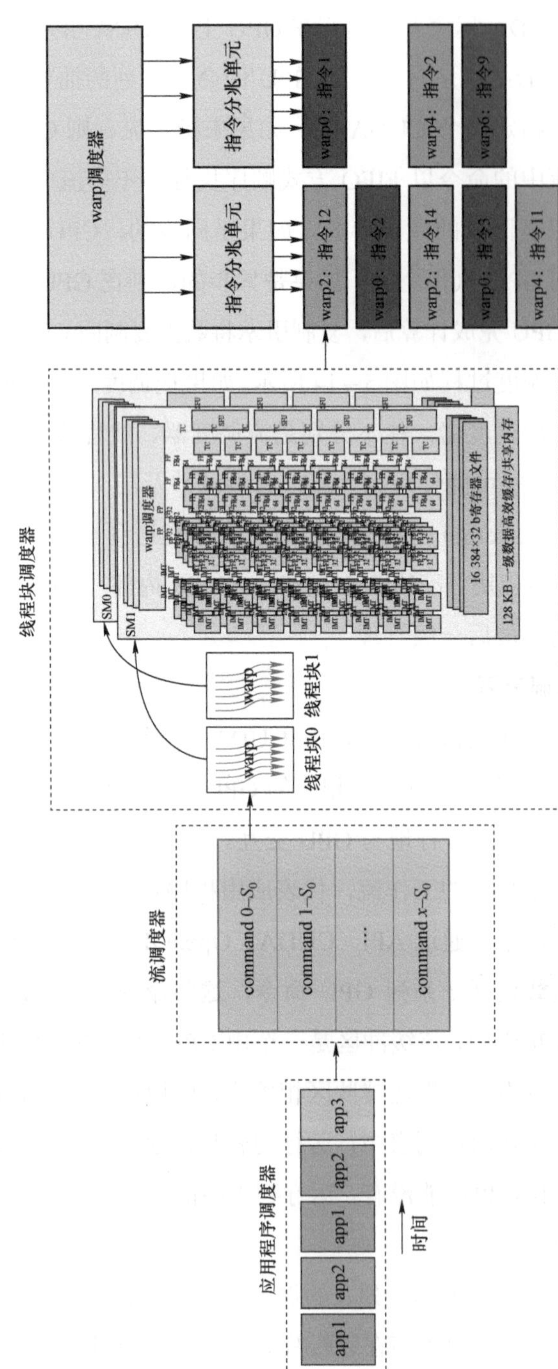

图 5-14 NVIDIA GPU 调度过程（流 S_0～S_i 属于应用程序调度器中的某个应用）

如果有，通道将被调度，直到它完成执行，或者其时间片到期。在后一种情况下，通道将被抢占，并在该通道的下一个时间片中恢复执行。如果应用程序没有要执行的工作负载，则调度器跳过其通道，继续处理与下一个应用程序相关的通道。运行列表算法的开源版本可以在 NVIDIA 内核驱动堆栈中找到。总的来说，应用程序调度器就是按通道进行时分多路访问（TDMA）。

时间片长度、交织级别和允许的抢占策略是程序员可以调整的调度参数。时间片是分配给通道在被抢占之前的执行时间。交织级别是指在运行列表中特定通道的出现次数。允许一个通道在运行列表中多次复制的原因是让高优先级通道比低优先级的通道更频繁地被轮询，从而使关键应用程序在提交命令时能有较低的 CPU 端延迟。抢占策略允许将通道标记为不可抢占，即使其时间片到期也可以继续执行，直到没有更多待处理的工作。通道在应用程序启动时建立，在 NVIDIA 运行列表算法中，调度器一次只允许一个应用程序驻留在 GPU 引擎中，并且仅在时间片到期事件触发时才启动抢占。如果执行的通道被标记为可抢占，时间片到期事件会触发在像素级或线程级边界上的抢占，具体取决于它是图形还是计算负载。

5.2.4.3　流调度器

CUDA 流按照提交时间以 FIFO 的顺序调度执行。流归属于应用程序，不同应用程序由应用程序调度器按时间片轮转调度，是上下文隔离的，因此不同应用程序的 CUDA 流之间不会相互影响，也就是说，不同应用程序的流可以并发执行，不会并行执行。

轮到某个应用程序运行时，流调度器就需要针对该应用程序包含的流做出调度决策，同一流中的操作按照 FIFO 的方式进行排序并依次执行，而不同流中的操作之间是无序的，可以并行执行。从 Maxwell GPU 微架构开始，CUDA 还提供了一个用于为流分配优先级的运行时函数调用接口。目前，CUDA 流只具有两个优先级（高和低），如果低优先级流占用了当前 SM 的所有计算资源，那么稍后在高优先级流上提交的 CUDA 流可以抢占当前运行的 CUDA 核，这种抢占发生在线程块边界，也就是一个线程块的调度执行片段结束时。

5.2.4.4　线程块调度器

线程块调度器将线程块映射到 SM。在 NVIDIA GPU 中，SM 标识符（ID）的范围从 0 到可用 SM 的最大数量减 1。如果只有单个流，线程块将以 RR 方式分发到所有可用的 SM 中，该过程先从偶数 ID 的 SM 开始，对所有偶数 ID 的 SM 分发线程块，其次才从奇数 ID 的 SM 开始，对奇数 ID 的 SM 进行分发。例如，SM 共 8 个，前 3 个（ID=0，1，2）目前已被占用，则从 4 号 SM 开始分配，分配顺序为 4、6、3、5、7。

线程块调度器，在旧架构中称为 CUDA 工作分配器（CWD），在将线程块分配给 SM 之前会执行占用率测试，该测试检查每个 SM 的状态以确定其当前资源利用率。该测试旨在评估当前占用率下是否可以允许新线程块进入目标 SM，也就是判断未使用的计算和内存资源是否满足新线程块的需求。影响 SM 占用率的因素主要包括① 每个线程块的线程/warp 数量；② 每个线程块的共享内存；③ 每个 warp 的寄存器数量。

通常，专业程序员会尽量最大化 GPU 的利用率以提高性能，这可以从上述影响 SM 占用率的三方面因素出发进行优化。首先，可以通过调整 CUDA 网格的结构，也就是调整线程块数量、大小、维度来最大化 SM 利用率。其次，可以调整数据结构等，尽可能地使用共享内存。再次，调整寄存器使用量在一定程度上也是可行的，因为程序员可以在编译期间限制每个 CUDA 可用的寄存器数量。然而，尽管通常低利用率意味着低指令发出效率，从而导致 CUDA 核性能不佳，但最大化利用率并不一定会最小化 CUDA 核执行时间，因为通常上述三种资源（线程、共享内存、寄存器）中的一种会在其他资源之前饱和。一般情况下，如果占用率测试结果表明目标 SM 能满足新线程块资源需求，则线程块将以循环轮询策略进行调度。但当使用多个流时，来自不同流的线程块的特定配置可能会导致线程块调度器出现各种复杂的情况，即使其他 SM 处于空闲状态，有时也会分配多个线程块到同一个 SM 中，而不是循环轮流分配。

首先关注 SM 的线程使用情况，忽略已提交流的 CUDA 核的寄存器和共享内存资源约束。为了更好地理解线程块调度器负载均衡机制的工作原理，研究人员进行了以下实验。在实验中假设共 8 个 SM，其中 6 个 SM 被一个包含 512 个线程（16 个 warp）的线程块占用，然后要调度 16 个包含 64 个线程（2 个 warp）的线程块。结果是所有 16 个线程块都被分配到最初空闲的 2 个 SM，这表明线程块调度器的目标是均衡所有 SM 的负载。但如果目标是调度 16 个包含 128 个线程（4 个 warp）的线程块，则前 8 个线程块被映射到最初空闲的 2 个 SM，剩余的线程块则被轮流分配给所有的 SM，也就是当所有的 SM 达到负载均衡时，线程块的分配变为轮转。

接下来讨论共享内存使用量对线程块调度的影响。进行如下实验，首先启动一个使用可变数量共享内存的流 S_0，其次启动另一个不使用共享内存的流 S_1。为了避免相关 SM 的线程容量饱和，每个 CUDA 核的线程/warp 数量设置的不多。实验结果表明，只有当一个 CUDA 核分配了超过 3 KB 的共享内存时，请求的共享内存量才会影响线程块调度器决策。对于低于此阈值的共享内存分配，线程块调度器仍然遵循前面所述机制。另外，一旦流 S_0 中的 CUDA 核达到 3 KB 共享内存分配阈值，对于每增加 256 B 的共享内存分配请求，线程块到 SM 的映射都会发生变化。这里，256 B 是共享内存分配的最小粒度，该粒度可以在文件 cuda_occupancy.h 中找到。已有研究表明，当多个流同时使用共享内存时，这些流被强制顺序执行。但现在 CUDA 提供了一个高级 API（cudaFuncSetCacheConfig( )）可以解决这个问题，该功能允许开发人员配置 CUDA 核使用的一级高速缓存和共享内存量。

通过实验还可以观察到，当一个 CUDA 核使用超过 32 个寄存器时（假设 SM 的线程和共享内存还未饱和），由寄存器使用造成的调度影响占线程块调度的主导地位。如果一个 CUDA 核使用的寄存器少于 32 个，则调度决策仍然受到共享内存分配和/或每个线程块配置的影响。对 CUDA 核的寄存器使用量进行实验很困难，但可以通过 – maxrregcount 编译标志来限制 CUDA 核的最大寄存器用量。

总之，尽管 CUDA 是非开源的，研究人员通过实验揭示了线程块调度器的基本工作原理。最大化 SM 利用率是最主要的调度目标，其次调度决策会尽量保持所有 SM 中的 warp 数量均衡。

5.2.4.5　warp 调度器

线程块调度器将线程块放入每个 SM 的 warp 调度器中。每个 SM 有两个功能单元：warp 调度器及其对应的指令分派单元。warp 调度器负责组织来自就绪 warp 的指令，指令分派单元将指令发送到 SIMD 核心。例如，Pascal GPU 的 SM 具有两个 warp 调度器和两个指令分派单元，使每个 warp 调度器能够在每个时钟周期发出两条独立的指令。

NVIDIA 公司的 Maxwell、Pascal、Volta 和 Turing 架构使用松散轮询（loose

round robin，LRR）调度器来调度 warp。如图 5－15 所示，R 表示已经准备好的 warp，W 表示未准备好的 warp，就是还未被满足依赖关系（如内存缺失）的 warp。

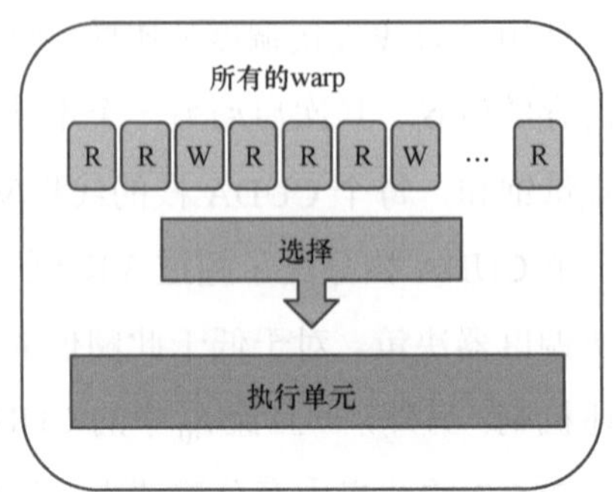

图 5－15 松散轮询调度器

在这种调度方案中，warp 以轮询方式调度，如果一个 warp 未准备好就跳过，调度下一个就绪的 warp。这种方法有助于隐藏内存访问延迟，前提是有足够多的就绪 warp 以确保公平调度。

尽管在所有 NVIDIA GPU 中，warp 调度机制基本保持不变，但从 Volta 架构开始 NVIDIA GPU 引入了一个重要的微架构改进，即包含专用的 FP32 和 INT32 计算单元流水线。这使指令分派单元能够同时执行浮点运算（FP）和整数运算（FP/I）。当评估一个 warp 的最坏执行时间时，这一点至关重要。下面用一个简单的实验解释专用计算单元对执行时间的影响。首先，启动一个 CUDA 核，其中包含一个由 512 个线程组成的单个线程块，以饱和单个 SM 中计算单元的容量。在第一次迭代中，强制线程块中的所有 16 个 warp 只执行浮点运算，并将总执行时间作为基准。其次，将线程块中的 16 个 warp 中的 8 个改为仅执行整数运算。在 NVIDIA Jetson TX2（Pascal 架构）和 Jetson Xavier（Volta 架构）上执行此实验，结果如图 5－16 所示。

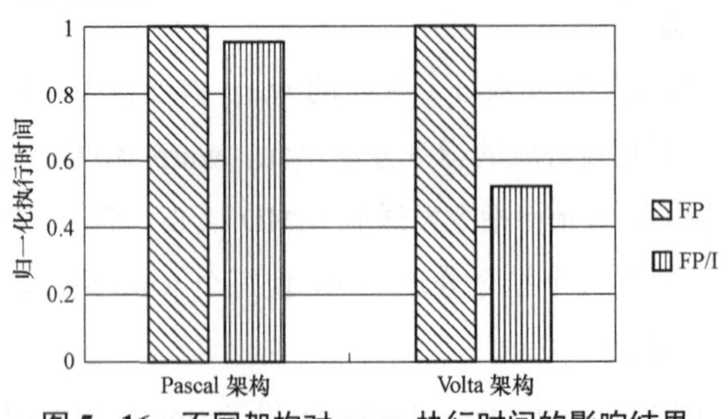

图 5－16 不同架构对 warp 执行时间的影响结果

当所有 warp 执行浮点运算时，以及一半的 warp 执行整数运算时，单个线程块的执行时间发生变化。在提交的线程块中，warp 的数量使得在 Pascal 架构中所有非专用计算单元都饱和，因此混合这两种运算时执行时间没有明显差异。在 Volta 架构中，浮点计算单元饱和，但整数计算单元可以并行处理 8 个仅执行整数运算的 warp，从而将执行时间减半。NVIDIA 的现代 GPU 架构中存在多种类型的计算单元，其中张量核心（tensor core）占据相当大的部分，这些独立的计算单元使得指令分派变得更复杂。

5.3　层次化自适应任务调度算法

本节针对目前最常见的多核集群系统，介绍一种层次化自适应的任务调度算法，为任务调度算法的设计与实现抛砖引玉。

5.3.1　系统架构

多核集群系统是由多个具有多核处理器的计算机节点组成的分布式计算环境。多核集群系统由于其强大的计算能力和扩展性，已经在科学研究、工程计算、大数据分析、金融计算等各个领域得到了广泛应用。多核集群系统架构如图 5－17 所示，由多个计算节点组成，这些节点通过高速网络互联。系统中通常有一个或多个存储节点、一个或多个管理节点。管理节点负责整个系统的监控和管理。

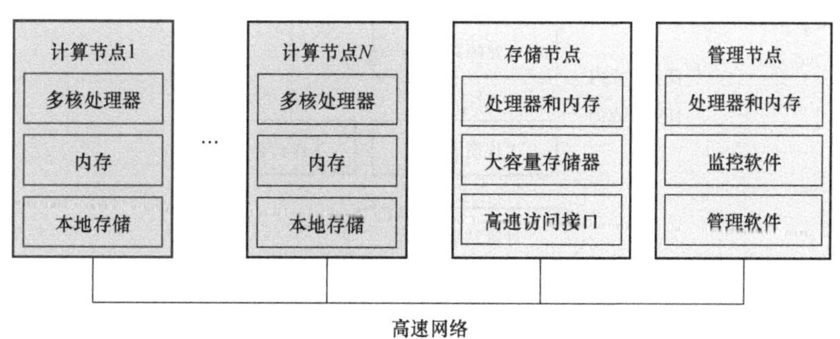

图 5－17　多核集群系统架构

在多核集群系统中，各个计算节点之间是并行的，可以看作是并行的计算单元，每个计算节点中的多核处理器的 PE 之间也是并行工作的，因此可以抽象成两个层次的并行性，即计算节点之间的并行和节点内 PE 之间的并行。

5.3.2 任务调度算法

针对多核集群系统，任务调度层次上分为两层，一层是计算节点内的共享存储层，另一层是计算节点间的分布式存储层。本书提出的层次化任务调度算法框架如图 5－18 所示，任务首先由全局调度器（global scheduler，GS）静态划分成若干组并分配给各计算节点，这一过程被称为初始划分，需考虑系统中可用计算节点数、任务性质等多种因素；其次各计算节点在接到初始任务后，运行时进一步动态划分任务并调度到计算节点内的多个 PE 上并行执行，在计算节点内本书采用传统的工作窃取调度算法取得负载均衡，并通过路障同步检测计算节点上的任务完成状态。如图 5－18 所示，每个 PE 完成自身任务队列里的所有任务后进入路障同步，检测是否所有 PE 都在路障同步中，若不在，则窃取任务并从路障同步跳出，否则判定当前计算节点上无任务，向 GS 发送消息进行计算节点间的工作窃取调度；计算节点间则通过工作窃取调度和工作共享调度获得负载均衡。

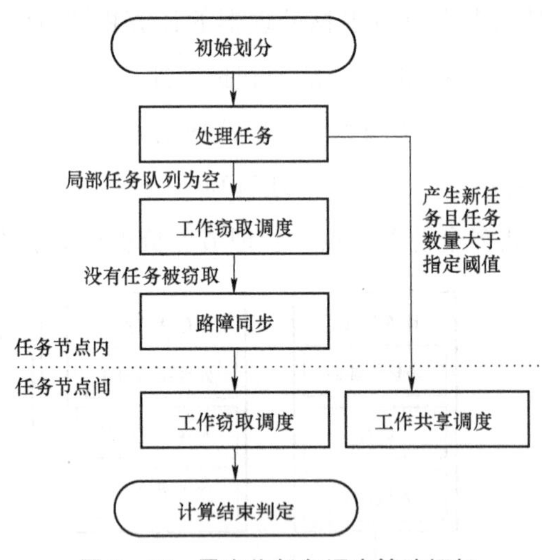

图 5－18 层次化任务调度算法框架

对计算节点间的任务调度，本书提出了一种工作窃取调度算法和工作共享调度算法相结合的自适应调度算法。工作窃取调度算法和工作共享调度算法的介绍见 5.2 节。

在共享存储系统中，任务调度开销基本上只需由调度发起者承担，工作窃取调度的发起者是空闲PE，而工作共享调度的发起者是繁忙PE，因此工作窃取调度理论上优于工作共享调度，这也是大多数共享存储系统上的并行编程模型采用工作窃取的原因。但在分布式存储系统上，任务迁移需由发送和接收双方共同完成，因此工作窃取调度的上述优势不复存在了。另外，在分布式存储系统上，任务迁移的开销相比共享存储系统要高得多，工作窃取调度中只有当某个计算节点没有可执行的任务时才会从别的计算节点窃取任务，这样在任务迁移过程中，空闲计算节点需等待，效率不高。从这一点来看，工作共享调度似乎更优，因为工作共享调度中，繁忙计算节点主动推送任务到其他计算节点，而不是等到某个计算节点任务都没有了才迁移任务，这样可以重叠任务的迁移和执行过程。然而，传统工作共享调度的实现不适宜于分布式存储系统。首先，集中式任务队列的瓶颈效应在分布式存储系统上的影响会远高于共享存储系统，如果不使用集中式任务队列，繁忙计算节点直接推送任务到随机选取的其他计算节点，则可能造成频繁的计算节点间任务迁移。其次，当各计算节点任务数都低于工作共享调度的阈值时，在工作共享调度中将不再进行负载均衡，而工作窃取调度没有这样的限制，能够取得细粒度的动态负载均衡。最后，一个计算节点上的任务是否应该被推送到其他计算节点仅仅由该计算节点的当前任务数决定，这可能导致新的负载不均衡。

综上所述，单独使用工作共享调度或者工作窃取调度进行计算节点间的任务调度都不是一种好的选择，因此，将这两种调度相结合，利用工作共享调度隐藏任务迁移的延迟，利用工作窃取调度获得细粒度的动态负载均衡。

计算节点间这种自适应的任务调度算法还包含以下几点。

1. 任务调度的时机

任务调度的时机即针对两种调度算法，什么时候该采用哪种算法进行调度。计算节点上的局部调度器（local scheduler，LS）是计算节点间工作共享调度或工作窃取调度的发起者，每个LS时刻掌握当前计算节点上的任务总量，当任务总量超过给定阈值时，LS发送工作共享调度请求给GS，期望将本计算节点上的任务迁移到其他负载较轻的计算节点上去。如果本计算节点没有任务了，也就是本计算节点上各个PE的任务队列都为空时，LS发送工作窃取调度请求给GS，试图从其他负载较重的计算节点获取任务执行。

2. 目标节点的选择方法

在常见的工作窃取调度实现中，空闲计算节点并不探测系统中所有其他计算节点去寻找其中最繁忙的，而是随机选择一个 PE 作为窃取目标，已有文献证明了这种随机选择策略在共享存储系统中是高效的。然而，在分布式存储系统中，计算节点探测的开销相对较大，随机的目标节点选择可能会造成大量无效的探测，特别是当任务稀少的时候，可能经过多次随机探测才能选到有任务的计算节点，这使随机选择方式不太适合分布式存储系统。因此，本书采用确定的目标节点选择方式，也就是由 GS 直接决定目标节点，而不是由 LS 随机选取。对工作共享调度请求，GS 应选择任务量最少的计算节点作为目标节点；对工作窃取调度请求，GS 应选择任务量最多的计算节点作为目标节点。为支持这种集中控制的目标节点选择，GS 要了解所有计算节点的实时任务信息，包括任务的大小和迁移开销等。然而，获取和实时维护这些信息需要耗费大量时间和系统资源，在实际应用中不太可行。因此，本书只采用任务个数来表示计算节点的负载量。实现上，GS 为每个计算节点设置一个任务计数器，每个计算节点上的 LS 周期性地向 GS 发送消息来更新该计算节点的任务计数器，这样，GS 掌握各计算节点的任务数量，从而确定工作共享调度或工作窃取调度的目标节点。

3. 阈值的确定

在本书的任务调度算法中，存在以下几个关键阈值：工作共享调度的阈值，当计算节点上的任务量大于该阈值时发送工作共享调度请求；任务计数更新阈值，该阈值用于调节任务计数的更新频率，频率越高 GS 掌握的计算节点任务信息越精确，目标节点的选择越合理，但更新任务计数的开销会越大；判断任务迁移是否值得的阈值，如 GS 在接到工作窃取调度请求时，应判断目标节点上的任务是否值得窃取，如果目标节点上任务数量很少，则工作窃取调度反而可能会降低性能，同样，当 GS 接到工作共享调度请求时，如果目标节点上的任务也很多，则没必要迁移任务。这些阈值目前通过经验方式确定。

4. 计算终止的判定

计算终止的判定始终是并行编程中的一个重要问题，常用的判定方式包括基于共享计数器的方法、基于 Barrier 的方法、基于令牌的方法和基于树的表决方法。在计算节点层采用基于令牌的方法和基于树的表决方法进行全局计算终止的判定，在计算节点内部采用基于共享计数器和基于 Barrier 的方法进行单个计算节点上的计算终止判定。

5. 基于检查点的任务迁移

在分布式存储系统中，基于检查点的进程迁移是任务迁移的常用方式，本书采用应用级检查点保存任务信息，而不是进程的上下文，计算节点间任务迁移通过检查点来实现，也就是在任务迁移时调用 Checkpointing 功能保存迁移任务的检查点信息，然后传输到目标节点，再调用 Restart 功能从检查点中恢复该任务去执行。

从理论分析、模拟实验和真实应用实验三个方面对提出的算法进行了分析。令 T_1 表示任务的数量，T_p 表示采用该调度算法在 p 个 CPU 上调度执行的时间，T_∞ 表示任务 DAG 中的关键路径长度。对二叉树类型的任务 DAG，任务调度执行时间表示为（$\mathbb{E}$ 表示数学期望，$\mathbb{P}$ 表示概率）

$$\begin{aligned}&\mathbb{E}[T_p]\leqslant\frac{T_1}{p}+32T_\infty\\&\mathbb{P}\left[T_p\geqslant\frac{T_1}{p}+64T_\infty+16\log_2\frac{1}{\varepsilon}\right]\leqslant\varepsilon\end{aligned}\tag{5-2}$$

对任意类型 DAG，采用工作窃取和工作共享的任务调度，理论上的任务调度执行时间为

$$\begin{aligned}&\mathbb{E}[T_p]\leqslant\frac{T_1}{p}+3.24\left(T_\infty+\frac{1}{2\ln 2}\right)+1\\&\mathbb{P}\left[T_p\geqslant\frac{T_1}{p}+3.65\left(T_\infty+\log_2\frac{1}{\varepsilon}\right)+1\right]\leqslant\varepsilon\end{aligned}\tag{5-3}$$

5.3.3　实验结果与分析

本书实现了一个任务调度模拟器，采用 TGFF 工具生成任务 DAG，对以下 6 种任务调度算法进行了模拟实验。

（1）WS：基本工作窃取调度算法，每次窃取一个任务。

（2）WShalf：基本工作窃取调度算法，每次窃取目标节点上一半的任务。

（3）AHS：本书提出的层次化自适应调度算法，结合了工作窃取调度算法和

工作共享调度算法，每次迁移一个任务。

（4）AHShalf：本书提出的层次化自适应调度算法，每次迁移目标节点上一半的任务。

（5）WSL：基本工作窃取调度算法，使用精确的目标节点选择策略。

（6）AHSL：本书提出的层次化自适应调度算法，使用精确的目标节点选择策略。

首先生成了 100 个具有（2 000±200）个任务的 DAG，每个任务具备两个属性：计算开销和迁移开销。迁移开销控制在计算开销的 1/10 左右，任务之间的通信开销控制在计算开销的 3/10～1/2，这种情况下通信开销和迁移开销是不可忽略的。性能比较结果如图 5－19 所示。和 WS 相比，WShalf 获得了 4.6%的性能提升，AHS 和 AHShalf 分别获得了 13.1%和 11%的性能提升。另外，当 CPU 数量较多时，AHShalf 并没有比 AHS 取得更好的性能。WSL 的性能和 WShalf 接近，AHSL 甚至比 AHS 性能更差，这说明优化目标节点选择并不能获得更好的性能，因此本书采用的基于任务数量的目标节点选择方式是合适的。

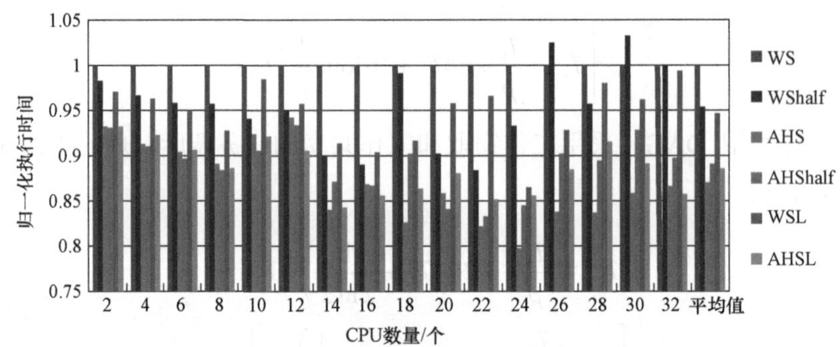

图 5－19 考虑通信开销和迁移开销情况下不同任务调度算法的性能比较结果

上述模拟实验说明了结合工作共享调度与工作窃取调度在分布式存储环境下有助于性能提升，在共享存储环境下，主要采用工作窃取调度，想知道加入工作共享调度是否也能提高系统性能，因此将上述 DAG 中的任务通信开销和迁移开销设置为 0，从而模拟共享存储环境。性能比较结果如图 5－20 所示。可以看出 AHS 相比 WS 性能提升了 7%，相比 WShalf 提升了 3.5%，这说明共享存储环境下加入工作共享调度只能获得很小的性能提升。

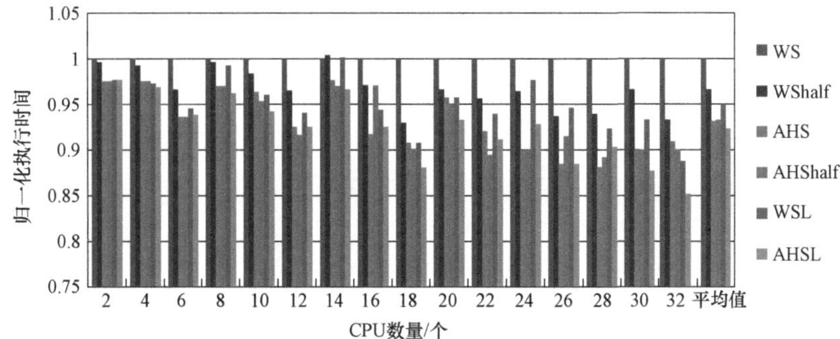

图 5－20　不考虑通信开销和迁移开销情况下不同任务调度算法的性能比较结果

将真实应用在有 16 个计算节点的多核集群系统上进行实验，其中 12 个计算节点配置 4 核的 Intel Xeon E5606 处理器、12 GB 内存，另外 4 个节点配置 4 核 8 线程的 Intel Xeon E5620 处理器、24 GB 内存。实验所采用的应用包括以下几种。

（1）Fib：斐波那契数列的并行计算（$n=46$）。

（2）NQueens：N 皇后问题的并行计算（$n=16$）。

（3）MSort：在 4 GB 大小整数队列上的并行归并排序。

（4）MM：标准稠密矩阵乘法，外层循环并行化（10 000 × 10 000 double）。

（5）Strassen：Strassen 快速矩阵乘法的并行实现（10 000 × 10 000 double）。

为验证本书提出的任务调度算法的性能以及其中几个关键技术的效果，对上述应用实现并比较了以下 5 种任务调度算法。

（1）WS：基本工作窃取调度算法。

（2）HWS：层次化工作窃取调度算法。

（3）AHS：本书提出的层次化自适应调度算法。

（4）AHS－Ⅰ：去掉初始划分的 AHS。

（5）AHS－Ⅱ：去掉工作共享调度的 AHS。

性能比较结果如图 5－21 所示。可以看出 AHS 相比 WS 性能平均提高了 21.4%，相比 HWS 性能平均提高了 11%。和 AHS 相比较，AHS－Ⅰ和 AHS－Ⅱ性能分别下降了 5.8%和 8.4%，这表明初始划分贡献了约 5.8%的性能提升，工作共享调度贡献了约 8.4%的性能提升。

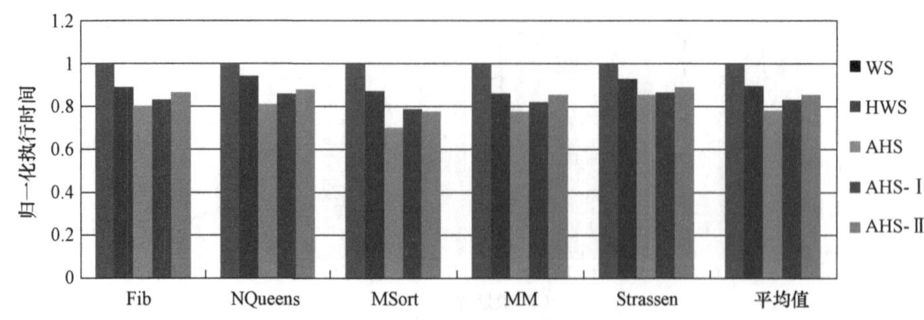

图 5-21　真实应用不同任务调度算法的性能比较结果

统计了不同任务调度算法下计算节点间任务迁移的次数，结果如表 5-2 所示。对 WS 和 HWS，Requested 是指总的工作窃取调度请求次数，Real 是指实际发生的工作窃取调度次数，由于 WS 和 HWS 都采用随机目标节点选择方式，空闲计算节点可能会被选取为目标节点，尤其是任务数量较少的时候，因此实际发生的工作窃取调度次数要比请求次数少很多。对 AHS，Requested 是所有工作窃取和工作共享调度请求的次数之和，Real 是实际发生的任务调度次数。从表中可以看出，相比 WS 和 HWS，AHS 的任务迁移请求和实际任务迁移次数减少了 9.0%～28.4%。主要原因在于 AHS 中目标节点选择由 GS 根据负载情况决定，而不是随机选择。由于缺乏初始划分，AHS-Ⅰ相比 AHS 的任务迁移数量增加了 6.3%。AHS-Ⅱ和 AHS 相比，虽然调度请求数量减少了 8.6%，但实际任务迁移次数增加了 7.7%。

表 5-2　不同任务调度算法下计算节点间任务迁移的次数

计算节点	WS		HWS		AHS		AHS-Ⅰ		AHS-Ⅱ	
	Requested	Real	Requested	Real	Requested	Real	Requested	Real	Requested	Real
Fib	2 614	1 752	2 015	1 428	1 689	1 302	1 771	1 382	1 590	1 383
NQueens	5 122	3 695	4 063	3 004	3 610	3 024	3 906	3 211	3 364	3 212
MSort	1 856	1 233	1 642	1 128	1 406	910	1 505	988	1 328	1 007
MM	432	228	354	221	293	202	321	216	249	221
Strassen	855	520	792	563	678	512	729	531	611	542
	28.4%	16.6%	14.7%	9.0%	[(WS 或 HWS)−AHS]/(WS 或 HWS)的平均值					
	[(AHS-Ⅰ或 AHS-Ⅱ)−AHS]/AHS 的平均值						+7.4%	+6.3%	−8.6%	+7.7%

为评估任务调度算法的可扩展性，这里调整实验中所使用的计算节点数量（从 2 扩展到 16）。图 5-22 显示了 AHS 和 WS 的加速比曲线。可以看出 AHS 的可扩展性和 WS 相当，但在性能上 AHS 优于 WS，尤其是当计算节点数量较多的时候。另外，MSort、MM 和 Strassen 分别在 8、12 和 10 节点时采用 AHS 获得了最佳性能。

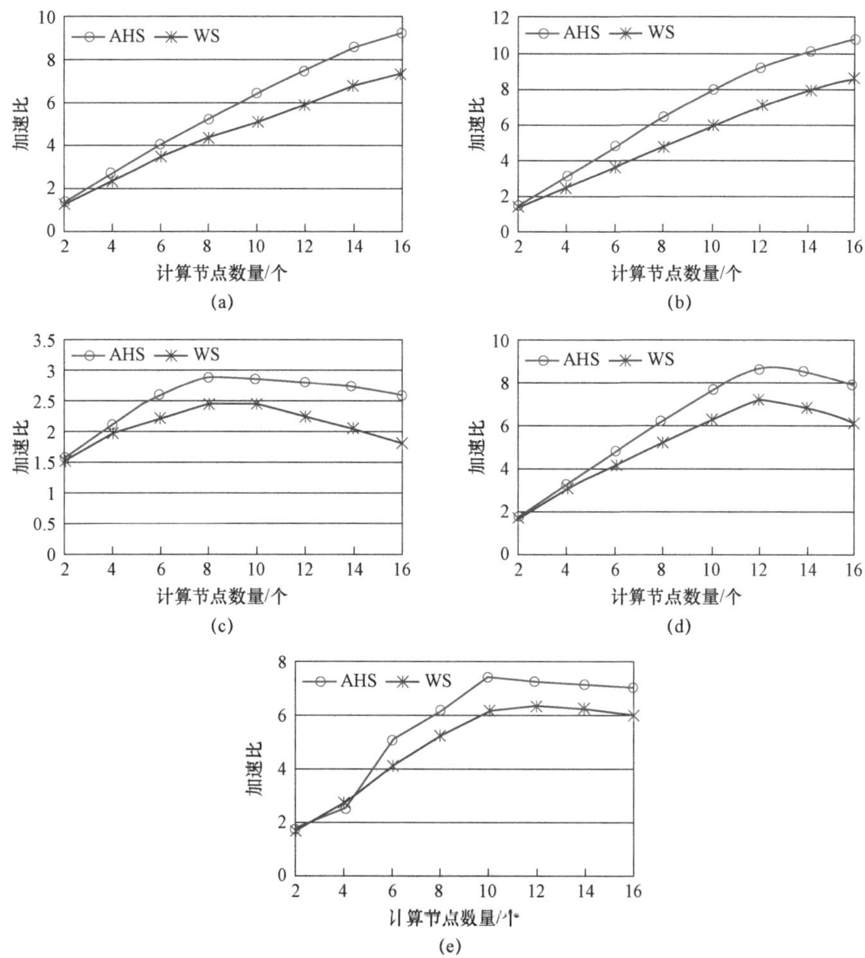

图 5-22　计算节点数量变化时 AHS 和 WS 的性能比较

（a）Fib；（b）NQueens；（c）MSort；（d）MM；（e）Strassen

第6章

并行编程模型中的容错技术

现有并行编程模型主要是通过发掘并行性来提高系统性能，对容错技术的讨论不多，然而，随着计算机系统的可靠性问题越来越突出，容错已成为软硬件系统设计中的一个重要问题，特别是在国防、金融、航空航天等领域，容错支持尤为重要。在计算机体系结构并行化的时代，容错技术面临新的机遇和挑战。首先，硬件单元的并行架构使系统整体规模不断扩大，复杂度越来越高，在同等条件下发生硬件错误的概率不断上升，因此为提高系统可靠性，容错设计越来越重要；其次，并行化的体系结构给容错技术创造了更好的发挥空间，如错误检测时的冗余执行可放在不同 PE 上并行运行等，怎样利用并行技术提高容错能力已成为容错技术研究中的热点。

本章在上述并行化的发展趋势和日益突出的容错需求两方面背景下，研究支持容错的并行编程模型。不是将现有容错技术简单应用于并行编程模型中，而是在模型建立之初同时考虑性能和可靠性，在充分发掘并行性的同时提供容错能力。

计算机系统中的错误可分为软件错误和硬件错误。软件错误是指因软件设计缺陷和用户操作不当等引起的错误，这类错误不在本章的研究范畴。硬件错误是指因环境因素、物理因素等造成的系统中硬件单元的错误或故障，硬件错误可分为三类：瞬时错误（transient fault）、永久错误（permanent fault）和间歇错误（intermittent fault）。宇宙射线、电磁干扰等可能引起集成电路器件逻辑状态的翻转，包括单粒子翻转（SEU）、多位翻转（MBU）等，这类错误称为瞬时错误，在空间环境中最为常见，是影响航天器可靠性的主要因素之一；电路老化、制造误差、物理损伤等可能造成某个硬件单元的彻底失效，此类错误称为永久错误，如数据中心运行时人为失误造成的节点宕机（有统计表明此类错误约占数据中心错误的 70%）；间歇错误是指在一段时间内频繁发生的错误，通常是在本身不太稳定的系统上（如老化的系统）由电压或温度波动等引起。针对上述几种硬件错误，本章研究软件实现的容错技术。相比硬件实现的容错技术，软件实现具有成本低、可移植性好、应用灵活等优点。

本章在基于任务的并行编程模型中融入错误检测和错误恢复，研究的主体是一个并行编程模型，这里应将其与并行计算模型区分开。并行计算模型包括并行的算法设计、并行的计算机系统结构和并行的程序设计方法，是更大范畴的一个概念。并行计算模型可看作是对并行计算机系统的各方面特征进行概括形成的一个抽象模型，如并行随机存取机（PRAM）、BSP 和 LogP 模型等。而并行编程模型是关于并行编程方法的研究，属于并行计算研究中的一个分支。基于任务的并行编程模型以发掘任务并行性为主要目标，研究的关键问题是任务的划分与调度，本章则在其中加入了一个新的关键问题，即容错。

综上所述，本章主要针对硬件错误的瞬时错误和永久错误，研究应用级的容错技术，在并行编程模型中以任务为单位实现错误检测和错误恢复，并通过发掘任务并行性降低容错开销，从性能和可靠性两方面提供保障。

6.1　错误检测和错误恢复

容错总体上可分为错误检测和错误恢复。下面分别介绍它们的研究现状。

6.1.1　错误检测

瞬时错误可能发生在数据的存储过程中或者处理过程中，如果简单地将计算机系统分为处理器和存储器，则瞬时错误的检测可分别针对处理器和存储器进行讨论。

存储器（内存、高速缓存）中的错误可以通过奇偶校验位、循环冗余码（CRC）、海明码等错误校验码（ECC）进行检测，甚至恢复。这些技术都是通过信息冗余来获得容错的功能，需要额外的存储空间来保存校验码。这些技术比较成熟，已在业界得到广泛应用，如 Intel Itanium、IBM Power、Sun SPARC 等系列处理器产品都在高速缓存中采用了 ECC，带有 ECC 校验的内存近年来也从高端服务器市场走向了个人计算机领域。

处理器中瞬时错误的检测主要依赖于重复执行和比较，相关技术通常被称为基于复制（replication based）的错误检测。如图 6-1 所示，处理器逻辑上被看作位于一个复制域（sphere of replication，SoR）之中，基于复制的错误检测采用输入复制、冗余执行和输出比较，三个步骤完成：① 进入 SoR 时，数据和指令被复制成不同的副本；② 在 SoR 中，不同副本的指令和数据独立执行，并产生各自独立的输出，这种多副本的冗余执行根据处理器体系结构的不同可分为时间冗余和空间冗余两种，在单处理器系统结构下，各个副本被串行执行，这属于时间冗余的形式，在多处理器系统结构下，各个副本可被不同 PE 并行执行，这属于空间冗余的形式；③ 在离开 SoR 时，对不同副本的输出数据进行比较，如果存在差异则检测到错误，否则将数据保存到 SoR 之外的存储器中。SoR 是系统中错误检测的容错边界，SoR 之外的存储器需要通过 ECC 等技术保证数据的正确性。另外，输入复制和输出比较模块的实现也需要采用其他技术保证其正确性，如在硬件电路级进行加固。

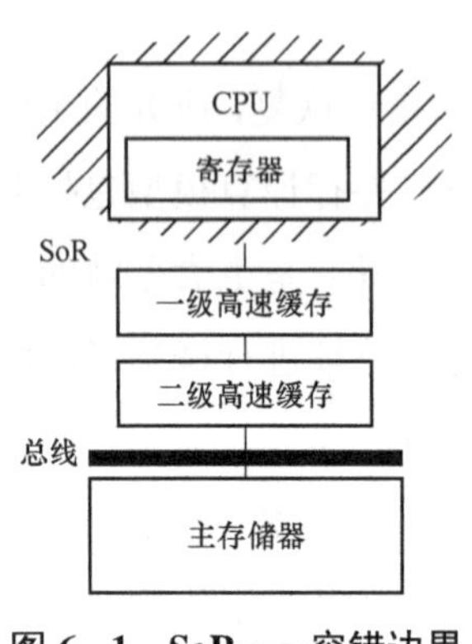

图 6-1　SoR——容错边界

本章所关注的是处理过程中的瞬时错误，因此也假设 SoR 之外的数据存储由 ECC 保证其正确性。处理过程中的瞬时错误检测技术可按照复制对象的粒度大小分为下面几类。

（1）指令级容错：该技术在编译时对源程序中的指令进行复制，并在适当位置，如 Store 指令和 Branch 指令处插入比较指令来检测错误。斯坦福大学 CRC 实验室提出的 EDDI 方法和普林斯顿大学 Liberty 小组提出的 SWIFT 方法是这方面技术的典型代表。

（2）线程级容错：随着同时多线程和片上多核处理器的普及，一类在线程级别进行复制和比较的容错技术被提了出来。主动流冗余流同步多线程（active-stream/redundant-stream simultaneous multithreading，AR-SMT）利用 SMT 微处理器体系结构的特点，在两个线程上执行同一个程序的两个备份，并在处理器中加入特定缓存用于存放两个线程的执行结果，通过比较执行结果来检测错误。同步冗余线程（simultaneously and redundantly threading，SRT）在 AR-SMT 的基础上进行改进，充分利用 SMT 的特点提高性能，SRT 把两个线程分别称为头线程和尾线程，利用头线程的执行提高尾线程的高速缓存命中率和分支预测效果。针对多核处理器，参考文献［66］最早提出了错误检测技术芯片级冗余线程（chip-level redundant threading，CRT）。CRT 的执行机制与 SRT 基本相同，唯一不同的是 CRT 是在不同的核上执行头尾线程。此后还有一些线程级容错技术在 CRT 的基础上进行改进。和指令级容错技术相比较，线程级容错技术中两个副本是在不同 PE 上执行的，比较结果的可靠性较高。另外，经优化后只对部分结果数据进行比较，比较的数据量小于指令级容错技术。线程级容错技术也存在一些缺点，首先，首尾两个线程紧耦合地运行在两个 PE 上，这需要一定的同步开销且不利于动态负载均衡；其次，实现上需要硬件缓冲队列保存两个线程的执行结果，硬件队列的大小是影响性能的一个关键因素。

（3）应用程序级容错：该技术在较高的软件层次上进行复制和比较，例如，将一个进程复制成多个冗余进程并发执行，然后在程序输出相关的系统调用等位置进行比较和同步。进程级冗余（process-level redundancy，PLR）是该技术的代表，其将进程的执行过程变为在监视进程控制下多个冗余进程的并发执行。该技术由于抽象层次较高，通常以纯软件实现，不需要硬件上的改动，因此容错支持的性能和功耗开销相比其他技术较小。另外，各冗余进程之间是松耦合的，可被系统自由调度，这有利于系统的负载均衡。但由于该技术的粒度较粗，错误检测可能和出错时刻相距太远，造成错误不能被及时发现，恢复时需要回滚的计算量也较多。

以上是对瞬时错误检测技术的回顾。永久错误的检测可分为两类：一类是微处理器体系结构层的永久错误检测；另一类是分布式系统，如 cluster/grid 中节点故障的检测。微处理器体系结构层的永久错误检测技术常用于可重构处理器设计中，当某个硬件单元发生错误的频率超过了预设阈值时，则判定该硬件单元为不可用，即发生永久错误。参考文献［57］和［58］等建立在瞬时错误检测的基础上，参考文献［59］和［60］等用类似于 Watchdog 的方式检测和判定硬件单元错误。分布式系统中的节点错误通常采用发送心跳消息的方法进行检测，每个计算节点周期性地向某个监控节点发送心跳消息，若监控节点在一定时间内没有收到某个计算节点的心跳消息，则判定该节点发生故障。本章不是针对可重构处理器体系结构的研究，因此不关注微处理器体系结构层永久错误的检测，只针对节点故障类型的永久错误，主要考虑心跳检测机制的设计。

6.1.2 错误恢复

错误恢复技术可分为两类：向前错误恢复（forward error recovery，FER）和向后错误恢复（backward error recovery，BER）。

FER 技术检测到错误后不需要回滚到出错时刻之前的状态重新执行，而是在当前时刻设法更正错误并继续向前执行。冗余是实现 FER 的基本途径，通过 ECC 进行错误恢复就是一种 FER 技术，三模冗余（triple modular redundancy，TMR）也是一种被广泛应用的 FER 技术。TMR 用三个模块执行相同的操作，然后在输出端通过一个多数表决器对数据进行选择以实现容错的目的。TMR 的概念可被用于软硬件各个层次的容错设计，如 *N*－版本编程（*N*-version programming，NVP）就是纯软件实现的应用级三模或 *N* 模冗余容错技术。TMR 的优点是实现简单，且随着冗余量的增加可进一步提高系统可靠性；缺点是开销太大，需要两个以上的冗余模块。

BER 也称回滚恢复（rollback-recovery），即在检测到错误后回到错误发生之前的状态重新执行，根据实现方式的不同，可分为检查点（checkpointing）技术和消息日志（message-logging）技术两种。

检查点技术周期性地把计算状态保存到稳定存储介质上，每次保存的信息称为一个检查点（checkpoint），当错误发生时恢复到之前保存在某个检查点中的正确状态重新计算。检查点技术根据保存检查点的内容，可分为系统级检查点技术和应用级检查点（ALC）技术。系统级检查点技术周期性地将所有进程的地址空间内容（堆、栈和全局变量）、寄存器信息和通信库状态存储到检查点中，这通常由操作系统或底层库实现。其优点是使用方便、对用户透明；缺点是保存的数据量太大，使 I/O 成为性能瓶颈。应用级检查点则是在程序中添加实现检查点功能的代码，由程序员指定保存检查点的时机和内容。和系统级检查点相比，应用级检查点只保存恢复当前应用的必要数据，显著减小了检查点的大小，从而降低了保存和恢复检查点的开销。

根据维护全局检查点一致性的方式，检查点技术又可分为三类：非协同检查点、协同检查点和通信引导检查点。这一分类主要是针对分布式系统上的应用，如 MPI 实现的分布式并行计算，各计算节点上的 MPI 程序之间可能存在依赖关系，发生错误时如何回退到一个全局一致的正确状态。非协同检查点是指各进程自主决定检查点保存的时机和内容，但在运行时要记录不同进程检查点之间的依赖关系，当错误发生时要根据依赖关系决定回滚到哪一个检查点，这种技术可能产生多米诺效应，即为了恢复到一致的状态，各进程不停回滚，可能一直回滚到程序的初始状态。协同检查点是指各个进程在设置检查点时协同完成一致的全局检查点，因此不会发生多米诺效应，但这种技术设置检查点时进程间需要大量的消息传递，对性能影响较严重。通信引导检查点在每个原始程序的消息上附加协议信息，利用这些信息促使各进程的检查点达到全局一致状态，这种技术在不需要协同的情况下避免了多米诺效应，但实验证明可扩展性不是很好。

根据存储检查点的介质不同，检查点技术又可分为 disk-based 检查点和 diskless 检查点。disk-based 检查点技术将检查点保存到磁盘上；diskless 检查点技术将检查点保存到另一节点的内存中，通常采用镜像配对策略在节点间互相保存检查点。参考文献［78］中提出自适应选择 disk-based 检查点和 diskless 检查点策略。

消息日志是另一种 BER 技术，消息日志技术把进程的执行过程看成一个分段确定性模型：一个进程的执行由许多状态区间组成，每个区间由一个非确定事件启动，非确定事件可以是接收消息或进程内部的事件，进程在每个区间里的执行是完全确定的。因此，一个进程的状态可由它的起始状态和接收非确定事件（消息）的序列完全确定。为实现错误恢复，在执行过程中保存计算状态，并将该计算状态以后的所有非确定事件记入日志，发生错误时就可以从之前保存的计算状态开始，根据日志记录的每个事件及其发生的顺序、时间，重演该计算状态以后的执行过程。消息日志技术可分为三种：悲观日志、乐观日志和因果日志。

以上分别介绍了错误检测和错误恢复的相关技术。当然，这两者不是相互孤立的，很多时候是结合在一起的，如 ECC 同时具有错误检测和错误恢复功能，SRTR 和 CRTR 分别是建立在 SRT 和 CRT 基础上的错误恢复。还有一些基于算法的容错（algorithm based fault tolerance，ABFT）技术，通过专门设计的算法来实现错误检测和错误恢复，本质上也是通过数据冗余实现的。

6.2 容错任务并行编程模型

现有的并行编程模型中，有不少都考虑了对容错的支持，如 Condor、LAM/MPI、Open MPI、FT-MPI、MPICH-V、Cilk、Satin、ATLAS 等，在这些系统中都采用检查点机制以支持错误恢复，如 Condor 实现了自己的用户级检查点库，LAM/MPI 采用成熟的 BLCR（Berkeley Lab checkpoint/restart）模块实现检查点功能。总的来看，现有并行编程模型中对容错的考虑主要是针对 PE 的故障，即永久错误，当某个 PE（或节点）发生错误后由其他 PE 来完成错误 PE 上未完成的任务。这些系统中的容错机制和并行编程模型本身相互比较孤立，相当于是在设计好并行编程模型后考虑容错功能，且没有对瞬时错误的检测和恢复机制。虽然近年来也有研究工作在设计并行编程模型的同时考虑了容错，但都只是一般性的讨论，没有给出详细的容错功能设计和成型系统。

如 6.1 节所述，并行计算对容错技术的研究带来了新的机遇和挑战，错误检测可通过同一任务在不同 PE 上的并行执行和结果比较来完成（如 CRT），错误恢复在并行计算环境下要考虑一致性等问题，面临更复杂的设计。另外，容错所带来的冗余执行、检查点等任务极大影响着系统的性能，如何通过并行化来降低容错所带来的性能开销就成了并行计算机系统设计时要考虑的问题。总之，性能和可靠性这两个方面应在系统设计之初就同时考虑，本章就是将容错和并行编程模型结合考虑，在通过并行化提高系统性能的同时，实现低开销的容错机制以提高系统可靠性。

6.2.1　概述

硬件体系结构上的并行化发展趋势带来两个显著问题：① 如何让软件设计充分发掘硬件的并行处理能力，从而提高系统的性能；② 在系统硬件规模不断扩大，复杂度越来越高的情况下，如何保证系统的可靠性。

问题①催生了并行编程模型的研究。并行编程模型是并行程序从设计到运行的整个软件体系结构的抽象，体现为支持并行程序开发的语言、工具和运行库等。近年来，任务并行编程模型已成为并行编程模型的主流，如 TBB、X10、Cilk、TPL、OpenMP 3.0 等。问题②使容错技术得到越来越多的关注。系统规模的扩大和复杂度的提高使发生硬件错误的概率不断上升，因此在系统设计中需要提供针对硬件错误的容错机制来保证系统的可靠性，这在国防、金融、航空航天等领域尤为重要。

虽然目前已有一些基于软件的容错技术（这里指对硬件错误的容错技术），但由于错误检测和错误恢复等的粒度普遍较大，因此已有技术对硬件资源的并行性发掘不够充分。这里提出了支持容错的任务并行编程模型（fault tolerant task-based parallel programming model，FT-TPP），把对上述各种硬件错误的容忍能力融入基于细粒度任务的并行编程模型中，在应用层以任务为单位进行错误检测与错误恢复，通过支持容错的工作窃取任务调度等技术充分发掘任务并行性，降低容错开销，同时保证系统性能和可靠性。FT-TPP 有以下主要特点。

（1）以任务为调度执行、错误检测和错误恢复的基本单元。

（2）支持硬件错误的检测和恢复，对瞬时错误采用任务粒度的冗余执行和比较进行错误检测，采用线程独立的 Buffer-Commit 机制支持错误恢复；对永久错误采用心跳机制进行检测，采用应用级无盘检查点技术实现错误恢复。

（3）纯软件模型，错误的检测、恢复和任务调度等都由软件实现，不需要额外的硬件模块。

FT-TPP 面向多核集群和类似具有两层（节点间和节点内）并行单元结构的系统，是一个基于任务的并行编程模型。一般来说，基于任务的并行编程模型主要包含以下几个方面的内容：① 并行任务的生成与表示，即任务定义和划分方法；

② 任务的调度执行，主要涉及 worker 线程管理和调度器设计；③ 同步与通信机制，共享存储系统上主要是锁、原子操作等的实现；④ 对上述几点提供支持和便利的相关数据结构与算法等。FT-TPP 主要在前两个方面区别于已有的任务并行编程模型，同步操作等都采用现有技术实现，因此下面分别介绍 FT-TPP 中任务的生成和调度。

6.2.2 任务的生成与表示

将任务并行的基本模式分为以下三类。

（1）水平式并行（flat parallelism）：以往发掘并行性的主要目标——并行循环就属于此类形式，各循环迭代间相互独立，在同一层次上可被调度到任意 PE 上并行执行。

（2）递归式并行（recursive parallelism）：主要指分治类型的应用，TBB、Cilk、MapReduce 等都针对这种并行形式建立起了很好的并行编程模型。

（3）不规则并行（irregular parallelism）：某些应用适合用 DAG 来表示，DAG 中的节点表示任务大小，边表示任务之间的依赖关系，基于 DAG 的任务调度已有广泛研究，这些研究实际上就是在发掘此类并行性。

另外，流水并行是一种特殊的并行形式，有特定的研究方式和方法，在 FT-TPP 中不考虑。

类似于 TBB、OpenMP 等，FT-TPP 对水平式并行采用隐式任务生成方式，即提供简单的接口供程序员使用，具体的任务划分等由编译程序和并行库完成，对不规则并行采用显式任务生成方式，每个任务的定义都由程序员手工完成。

FT-TPP 对水平式并行，先确定集群中各节点的任务分配。设并行循环大小为 N（迭代数），节点数为 p，l_j 和 u_j 分别表示分配给节点 P_j 的部分循环的上下边界索引值，用 λ_i 表示节点 $P_i\,(i=1, 2, \cdots, p)$的处理能力，并将 λ_i 以 λ_1 为标准归一化，例如，$\lambda_1=1$，$\lambda_2=2$ 表示在 P_1 上执行相同工作负载的时间是 P_2 的 2 倍，分配给各节点的循环边界按如下公式计算：

$$l_1 = 1; \quad l_{j+1} = u_j + 1; \quad u_j = \left\lceil \frac{\sum_{i=1}^{j} \lambda_i}{\sum_{i=1}^{p} \lambda_i} N \right\rceil, j = 1, 2, \cdots, p-1; \quad u_p = N \qquad (6-1)$$

在各节点为实现多个处理核之间的动态负载均衡，先将分配给节点的任务均分给各个处理核，并进一步将每个核的任务划分成许多小任务，这些小任务保存在各个核（worker 线程）的任务队列里，由工作窃取的调度算法在核间动态迁移小任务以达到负载均衡。假设 u 和 l 是分配给某个处理核的循环上下边界，按如下公式进行任务划分，即

$$R_0 = u - l, \quad R_{i+1} = R_i - C_i, \quad C_i = \begin{cases} \lceil R_i / 2 \rceil, & R_i \geqslant \theta, \\ R_i \quad, & R_i < \theta \end{cases} \qquad (6-2)$$

式中，C_i 是划分后的各任务大小；R_i 是第 i 次划分时的剩余任务大小；θ 是控制块大小的阈值，与实际应用相关，由用户输入决定。

按照式（6-2）划分形成从大到小的任务块，大块先执行，小块后执行，这样在调度开销和负载均衡之间进行平衡，类似于传统循环调度的 FSS 算法块划分。

FT-TPP 对在节点上用多个 worker 线程执行并行循环目前仅提供如下接口：

```
parallel_for(iter,low,up,minsize)
```

其中，iter 是循环控制变量；low 和 up 是循环边界；minsize 是划分后的最小任务所包含的循环迭代个数。程序员只需将串行程序中能够并行执行的循环改写成上述形式即可，循环的划分、调度等都由 FT-TPP 完成。

对不规则并行，程序员需要将所有任务封装成任务类，生成各个任务对象，并根据应用的 DAG 设置好任务对象之间的关系，然后将这些任务对象放入一个任务队列中，调度器会从中取出入度为 0 的 DAG 节点所对应的任务对象分配执行。

6.2.3　任务的调度与执行

FT-TPP 是以任务为基本调度单元的并行编程模型，任务调度算法的总体目标可概括为最小化程序执行时间和最大化资源利用率。为实现这一目标，调度算

法在设计时应尽量提高负载均衡、减少调度开销、保持数据局域性。

FT-TPP 任务调度系统模型如图 6－2 所示，一定数量的多核计算节点通过高速网络相连，这样，整个系统可视为两个层次，一是由各计算节点组成的分布式存储层；二是每个节点内部由多个处理核组成的共享存储层。为发掘这两个层次的并行性，FT-TPP 采用层次化的调度框架，在完成初始的静态任务分配后，任务首先在节点内动态调度以达到节点内各处理核之间的负载均衡，其次在节点间适时迁移，以均衡各计算节点的任务量。如图 6－2 所示，假设程序和数据文件已经预先部署在各个节点上，用户登录某个节点启动该应用程序，将这个节点作为 master 节点。当然，也可指定系统中的某个节点为 master 节点，用户必须登录该节点启动计算，如许多高性能计算集群的资源管理节点，这样的节点作为 master 节点能为任务调度提供许多有用信息，比如，当前可用的资源和实时负载情况等。由于 master 节点要负责任务的初始划分以及对其他 worker 节点的监测等，在 master 节点上需要运行一个 GS。同时，master 节点也作为 worker 节点之一承担计算任务，每个 worker 节点都运行一个 LS，负责节点内各处理核之间的任务调度以及与 GS 的信息交互。

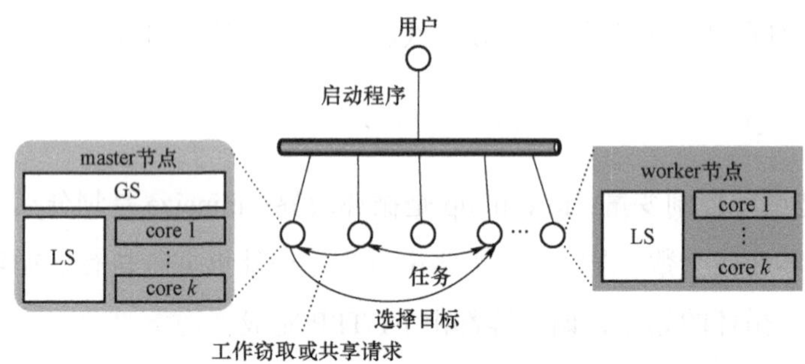

图 6－2　FT-TPP 任务调度系统模型

FT-TPP 在每个处理核上运行一个 worker 线程，LS 采用一种支持容错的工作窃取任务调度策略均衡节点内各 worker 线程的负载。当某个节点上所有 worker 线程的任务队列都为空时，该节点的 LS 向 GS 所在节点发送工作窃取请求消息，GS 收到该消息后选择负载最重的节点作为目标节点，并通知该节点把任务发送给工作窃取的请求节点，从而完成一次节点间的工作窃取。

总的来看，FT-TPP 采用的是层次化工作窃取的任务调度，节点内工作窃取采用随机目标选择策略，已有文献证明了这种随机选择策略在共享存储系统中是高效的。但在分布式存储系统中，节点探测的开销相对较大，随机的目标节点选择可能会造成大量无效的探测，从而导致系统性能降低。因此 FT-TPP 对节点间工作窃取采用确定的目标节点选择方式，也就是由 GS 直接决定目标节点，而不是由 LS 随机选取。为支持这种集中控制的节点选择，GS 需要了解所有节点的实时任务信息，包括任务的大小和迁移的开销等。然而，获取和实时维护这些信息需要耗费大量时间和系统资源，在实际应用中不太可行，因此，只采用任务数量来表示节点的负载量。GS 为每个节点设置一个任务计数器，每个节点上的 LS 周期性地向 GS 发送消息来更新该节点的任务计数器，这样 GS 就能掌握各节点的任务数量，从而确定任务量最多的节点为工作窃取的目标节点。

6.2.4 错误的检测与恢复技术应用

1. 瞬时错误

考虑以往的瞬时错误检测方法，如 SRT、CRT 等，需要修改微处理器体系结构，EDDI 和 PLR 虽然不需要修改硬件，但一个是指令级错误检测，另一个是在进程级错误检测，粒度过大或过小都会带来诸多缺点。因此，提出了任务级的错误检测，任务粒度大小适中，可避免指令级或进程级错误检测的缺点。另外，任务的调度、复制、结果比较等便于软件实现，不需要硬件架构上的改动。

为检测一个任务执行过程中的瞬时错误，需要将该任务在两个不同的 PE 上执行两次，然后对输出数据进行比较，结果如果一致则认为没有错误发生，结果如果不一致则表示执行过程中有错误发生，任务要由其他 PE 再次执行，并再次进行结果比较。这就要求任务具备可重复执行的能力，也就是一些文章中所说的幂等性（idempotent）。另外，与传统幂等执行不同，这里要求任务可同时被两个 PE 重复执行。为满足这一要求，采用类似于 Buffer-Commit 的计算模型，如图 6－3 所示。每个 PE 对应一个 worker 线程，每个 worker 线程维护一个私有数据空间，共享空间保存任务间的共享数据，对同一个任务的两份拷贝来说，共享空间中保存的就是任务的原始数据。任务由某个 worker 线程执行的过程如下：首先，将数据从共享空间缓冲到线程私有空间；其次，线程访问私有空间的数据执行任务，输出数据也都写入私有空间；然后，通过比较任务所对应的两个 worker 线程的私有空间数据来检测错误；最后，在没检测到错误的情况下，把私有空间中的数据提交到共享空间，如果检测到错误不进行提交操作，将任务调度到其他 PE 上直接重新执行。

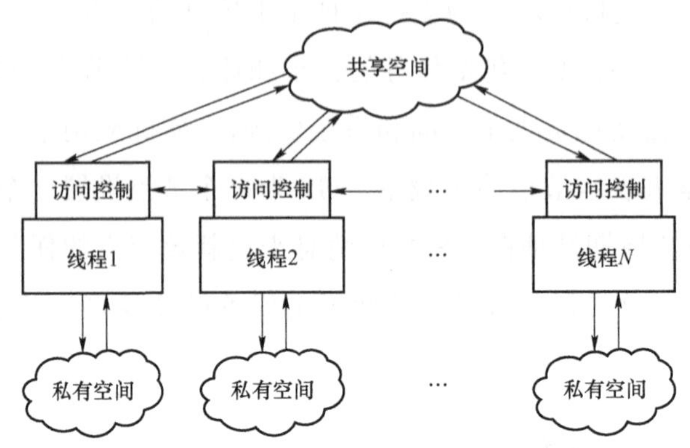

图 6－3 Buffer-Commit 的计算模型

如何确定 Buffer-Commit 的数据是该计算模型的关键问题，任务执行过程中所涉及的数据并不需要都进行缓冲、比较和提交。为尽量减少 Buffer-Commit 的数据量，只对任务中有写入操作的数据（任务对象的成员变量和全局变量）进行缓冲。设该部分数据集合为 A，比较提交的数据集合为 B，则 $B\subseteq A$，因为 A 中不作为后继任务输入或者程序输出的数据不需要比较提交，如任务类的私有成员变量（只在该任务中使用的临时数据）。

FT-TPP 要求同一任务必须在两个不同的 PE 上执行，这样有利于提高错误的检出率。另外，为提高数据缓冲和提交的效率，当数据量较大时利用空闲 PE 并行化缓冲和提交过程。

上述方法只能检测任务执行过程中的错误，而对于任务调度、数据缓冲、比较和提交过程中的错误则检测不到。针对这些过程中的错误，采用两种应对策略：① 不予考虑，因为这些操作的开销和任务执行开销相比较通常可忽略不计，所以不考虑这些操作中的错误时，上述方法的错误覆盖率仍旧相当好，另外，如果这些操作中的错误引起 PE 的崩溃，这时视为发生永久错误，任务会迁移到其他 PE 上执行；② 这些操作在运行时库中实现，采用其他技术（如 EDDI 等）保护起来，相当于逻辑上把实现这些操作的运行时库划分到 SoR 之外。

2. 永久错误

FT-TPP 对永久错误的检测采用心跳检测机制实现。把系统中某个计算节点作为 master 节点，其他作为 worker 节点，每个 worker 节点周期性地向 master 节点发送心跳消息，当 master 节点超过一定时间没能接收到某个 worker 节点的消息时，则认为该 worker 节点发生了故障。

为恢复故障节点上的计算，采用无盘检查点技术，节点之间两两配对，每个节点在保存检查点后，将自己的检查点映射到配对节点的内存中，这样当某个节点发生故障时，配对节点就能根据对方的检查点恢复故障节点上的计算。这种技术主要有以下几个关键点。

（1）确定节点间的映射。总的来说，是将相邻节点配对，这里的相邻节点不一定是物理上相邻，应是通信距离最短的两个节点。对异构系统或层次化集群系统，应根据系统结构确定节点映射，并考虑各节点的存储能力和计算能力等。

FT-TPP 目前实现节点间相互保存检查点的映射，直接按节点 ID 顺序两两组合，master 节点维护一个节点映射表，记录每个 worker 节点的检查点保存的映射 worker 节点。

（2）最小化检查点的大小。在应用层保存检查点，而不是在系统层保存检查点，这需要在程序设计时考虑保存到检查点中的内容，以及何时进行检查点的保存。在基于任务的并行编程模型中，主要是考虑用最小的数据量保存一个任务的相关信息，这是和应用本身密切相关的，比如，分块并行的矩阵乘法中，任务可仅由几个行号或列号来表示。

FT-TPP 的检查点保存各个本地任务队列信息以及队列中的任务信息，检查点的保存由队列类型和任务类型数据结构中定义的检测点保存方法完成。各节点按照执行完成的任务数量周期性地保存检查点，检查点保存周期由用户根据实际应用决定。FT-TPP 目前实现中检查点保存的数据由程序员确定。

（3）发生错误后，重新确定节点映射。当某个节点崩溃后，与之配对的节点需要将其本地检查点映射到另一个相邻节点上。

FT-TPP 目前按节点 ID 顺序将检查点保存到最邻近的活动节点，例如，节点 2 崩溃，如果之前节点 1 的检查点映射在节点 2 上，则重新将节点 1 的检查点映射到节点 3 上。

虽然 FT-TPP 中目前没有针对 master 节点故障的恢复措施，但在分布式并行计算领域，这一问题已有一些成熟的解决方案，如在系统中设置 master 节点的备份节点，则当 master 节点故障时备份节点将充当 master 节点的角色。

6.3 支持容错的任务调度

6.3.1 容错工作窃取

在多核计算节点内，采用工作窃取的任务调度。工作窃取是目前任务并行编程中采用的最流行的动态调度方法，在 TBB、Cilk、X10、TPL、OpenMP 3.0、Java Concurrency Utilities 等并行编程模型中得到广泛应用。基本的工作窃取任务调度中，每个 PE 维护一个任务队列，程序执行过程中产生的任务被从队列底部压入。队列中的任务都是相互独立的，可被并行执行，运行时每个 PE 从自己任务队列的底部每次取出一个任务执行，当某个 PE 的队列为空时，该 PE 就会从其他 PE 的任务队列中窃取一个或一组任务，以此达到动态负载均衡。通常，空闲 PE 会随机选择一个目标 PE 进行工作窃取，为减小同步开销，任务总是在队列顶部进行窃取。

不同于以往的工作窃取任务调度，在 FT-TPP 中，为支持瞬时错误的检测，提出了容错工作窃取调度方式。如图 6－4 所示，在同一计算节点内的每两个 PE 共享一个任务队列和一个出错任务队列。任务队列中的每个任务都将被队列所属的两个 PE 执行，并比较结果，出错的任务将被压入其他 PE 对的出错任务队列中（见图 6－4 中虚线）。为减少错误恢复的时间，出错任务总是被压入该队列的底部，PE 在执行时也总是先检查出错任务队列中是否有任务，其次再检查任务队列。图中 P'和 P''分别表示当前执行此任务的两个 PE，四个处理器分别为 P_0、P_1、P_2、P_3。

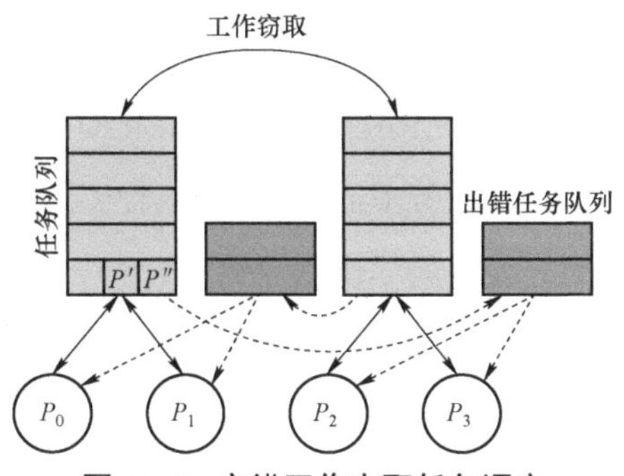

图 6－4　容错工作窃取任务调度

图 6－5 用一示例描述容错工作窃取任务调度过程。图 6－5 中处理器 P_0 和 P_1 共享一个任务队列，其中存在两个任务 C_0 和 C_1。P_0 和 P_1 首先从队列中获取 C_0 执行，执行前 P_0 设置 C_0 的 P'为 0（P_0 的 ID），P_1 设置 C_0 的 P''为 1（P_1 的 ID），也就是说 P_0、P_1 在从任务队列中获取任务执行时分别更新任务的 P'和 P''标志。另外，每个任务设有一个执行次数标志 e（初始为 0），P_0 或 P_1 执行完一个任务后同步地使 e 加 1，当 $e=2$ 时表示任务的两次冗余执行完成。任务只有在两次执行完成并比较结果进行相应处理后才会从任务队列中移除。

如图 6－5（a）所示，假设 P_0 在 P_1 之前完成任务 C_0 的执行，P_0 不会等待 P_1 执行完 C_0，而是获取队列中的下一个任务 C_1 继续执行。当 P_1 执行完 C_0 后负责比较结果，如果没检测到错误则提交数据并将 C_0 从任务队列中移除；如果有新任务生成，这些新任务也由 P_1 负责写入与 P_0 共享的任务队列；如果检测到错误，P_1 将把 C_0 迁移到其他 PE 对（随机选择）的出错任务队列中。这种松耦合的冗余执行最大限度地发掘了任务并行性。

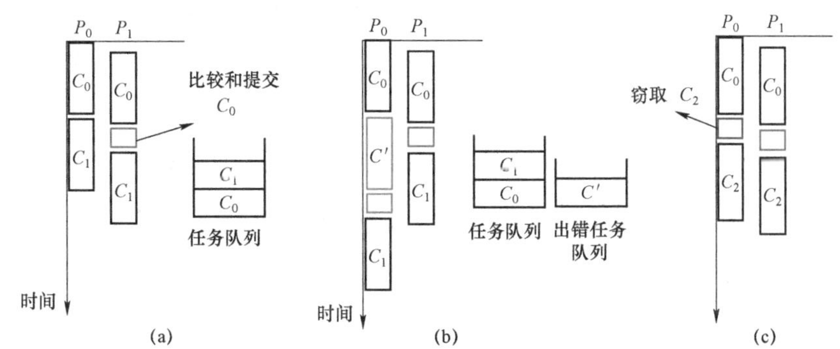

图 6－5　任务队列及调度执行过程示例

（a）本地任务队列不为空，出错任务队列为空；（b）本地任务队列和出错任务队列均不为空；（c）本地任务队列和出错任务队列均为空

图 6－5 中，P_0 完成 C_0 后的任务调度有以下三种可能情况。

（1）P_0 首先查看与 P_1 共享的出错任务队列，如果其中存在任务，如图 6－5（b）所示，出错任务队列里有一个任务 C'，则 P_0 先执行 C' 并进行结果比较和相应处理，优先执行出错任务的好处是能尽快恢复错误。

（2）如果出错任务队列为空，而本地任务队列不为空，如图 6－5（a）所示，P_0 接着执行 C_1。

（3）如图 6－5（c）所示，本地任务队列和出错任务队列都为空，P_0 则负责从其他 PE 对的任务队列窃取一个任务执行，P_0 在工作窃取时判断是否所有任务队列都为空，如果是则有两种可能的情况。

① 所有出错任务队列也都为空，则程序结束。

② 某个出错任务队列里还有任务，P_0 则获取出错任务执行并比较结果，如果结果比较仍旧不相同，P_0 将重新执行一遍该任务并直接提交，不再迁移该出错任务，这样做是为了避免一个出错任务无休止地在出错任务队列中来回迁移。

6.3.2 失败任务的动态划分

针对 FT-TPP 中的错误恢复，提出了错误块的动态划分策略。如图 6－6 所示，设有 4 个处理器，块从大到小调度，如果不发生错误，理想情况下 P_1～P_4 同时在 t 时刻结束计算；如果 P_1 在运行 a_1 时发生故障，则分配给 P_1 的任务需要由其他处理器恢复执行，传统方式如图 6－6（a）所示；P_2～P_4 在结束自身任务后获取 a_2～a_5 执行，错误块 a_1 在 P_3 上完全重新执行；这样，最终程序完成时间为 t'。从图 6－6（a）可见，这种方式造成了显著的负载不均衡。针对这一点，FT-TPP 在错误恢复时对块 a_1 重新分割，如图 6－6（b）所示，将 a_1 分割为 a_{1-1}～a_{1-4}，动态调度到 P_2～P_4 上，这样，程序完成时间变为 t''，早于 t'，在 P_2～P_4 上获得较好的负载均衡。另外，不是所有的错误块都应该重新分割，如块较小时，重新分割带来的额外开销可能比负载均衡上的性能提升还要大，因此还需要确定是否进行重新分割。

针对并行循环，设出错任务块 a_1 大小为 R，PE 总数为 p，故障 PE 个数为 p_{crash}，θ 为用户自定义的阈值，按照以下公式重新划分 a_1，C_i 是划分后的各块大小：

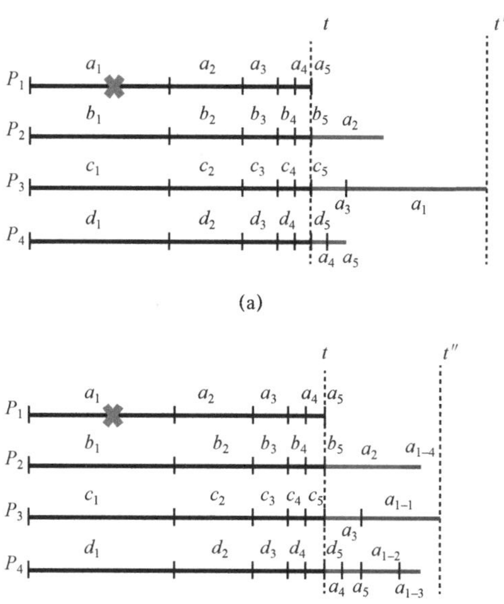

图 6－6　错误块的动态划分策略

（a）传统方式直接重新执行；（b）动态划分后重新执行

$$R_0=R,\quad R_{i+1}=R_i-C_i,\quad C_i=\begin{cases}\lceil R_i/(p-p_{\text{crash}})\rceil, & R_i\geqslant\theta,\\ R_i, & R_i<\theta \text{ 或 } p-p_{\text{crash}}=1\end{cases}\qquad(6-3)$$

6.3.3　实验结果与分析

为测试 FT-TPP 的容错能力和对程序性能的影响，基于 FT-TPP 分别实现了表 6－1 中的应用，这些应用涵盖了 FT-TPP 支持的三种任务并行模式。Fib、Nq 和 Ms 属于递归式并行，MM 属于水平式并行，St 本身可实现为三种模式中的任意一种，这里对 Strassen 算法递归几次后形成的任务 DAG 实现属于不规则并行模式。

表 6－1　测试程序

名称	描述
Fib(n)	递归地计算斐波那契数列的第 n 项值
Nq(n)	求解 N 皇后问题
MM(n)	标准矩阵乘法的并行实现，对最外层循环并行化（n*n double matrix）
Ms(n)	对长度为 n 的整数类型数据进行并行归并排序
St(n)	Strassen 快速矩阵乘法(n*n double matrix)

实验在一个 16 节点的多核集群上进行，各节点基本配置为 2.4 GHz Intel Xeon E5620 处理器（支持 8 个硬件线程），12 GB 内存，Linux 内核 3.4。

为检验 FT-TPP 在瞬时错误检测与恢复方面的效果，用 Pin 工具在测试用例运行过程中注入 SEU 错误，错误注入后的程序行为可分为以下四类：① 检测到该瞬时错误并进行错误恢复；② 发生段错误退出程序；③ 程序运行超时，也就是受错误影响的线程在所有任务都结束后始终不能退出，可能陷入了一个死循环；④ 程序正常结束并输出正确结果。每个测试程序各运行 1 000 次，为控制程序运行时间在本实验中采用较小的输入参数，实验统计上述 4 种程序行为发生的比例，结果如图 6－7 所示，平均来看有 62%的错误被检测和恢复，28%引起段错误，6.8%的超时错误。另外，虽然有 38%的错误未被检测到，但由于 FT-TPP 的动态任务迁移和永久错误检测与恢复机制，所有程序最终都成功完成了计算任务。从这一点来看，FT-TPP 实际提供了 100%的错误覆盖率，但在理论上，FT-TPP 的错误覆盖率不可能是 100%，因为程序可能在下述两种发生概率极低的情况下输出错误结果：① 两次瞬时错误发生在同一任务两次执行过程中的相同位置；② 错误发生在所有任务队列都为空时，出错任务队列里的任务最后一次直接执行并提交的过程中。

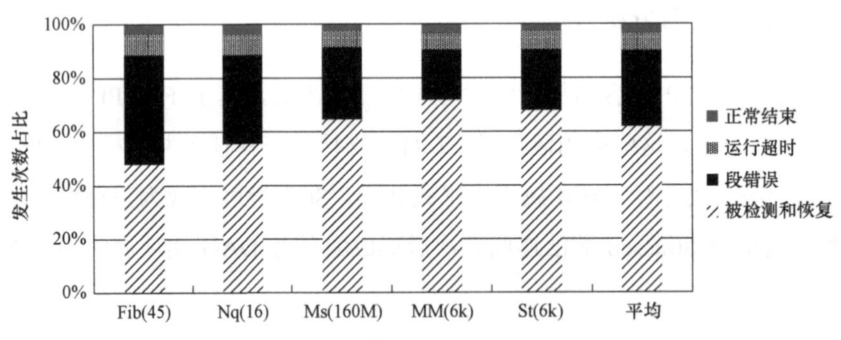

图 6－7　FT-TPP 瞬时错误检测与恢复情况分布

为检验 FT-TPP 在永久错误容忍方面的效果，在程序运行过程中通过 kill 相关计算进程来模拟节点故障，这里进行了两次实验，第一次实验在每个程序运行过程中随机终止一个节点上的计算进程，第二次实验随机终止两个节点上的计算进程。实验中每个应用分别执行 100 次并计算平均执行时间，结果如图 6－8 所示，为便于比较，各执行时间以无错误情况下的执行时间为标准归一化，结果可见单节点故障情况下程序执行时间平均比无故障情况增加了 2.76%，双节点故障情况下程序执行时间平均增加了 5.6%。总的来看，FT-TPP 能很快恢复故障节点上的任务，并成功完成所有计算任务，这归功于 FT-TPP 所采用的无盘检查点机制和动态任务调度，故障节点上未完成的任务从检查点恢复由调度器分配给各 PE 并行执行。

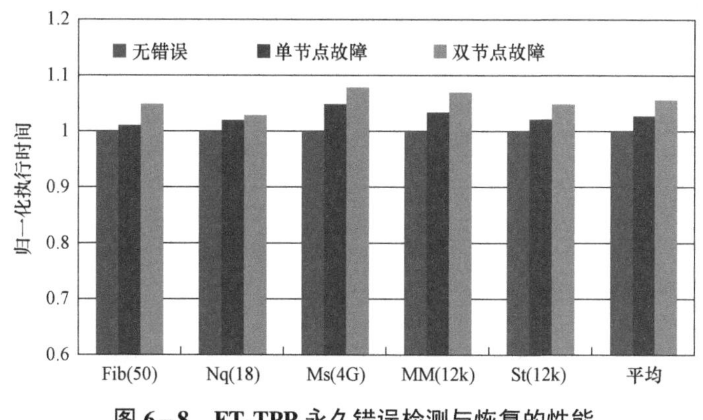

图 6-8　FT-TPP 永久错误检测与恢复的性能

为评估 FT-TPP 的容错开销，将其实现中与容错相关的部分剥离出去，形成一个普通的不支持容错的任务并行编程模型，简记为 NoFT-TPP，比较 FT-TPP 与 NoFT-TPP 就可对 FT-TPP 的容错开销有一个总体了解。NoFT-TPP 实际上是一个层次化工作窃取任务调度框架。将表 6-1 中的应用基于 FT-TPP 和 NoFT-TPP 分别实现，对每个测试程序各执行 40 次并计算平均执行时间，运行过程中不引入任何错误，结果如图 6-9 所示。各执行时间以 NoFT-TPP 为标准归一化，与 NoFT-TPP 相比，FT-TPP 执行时间平均增加了 39%，也就是说 FT-TPP 总体容错开销大约为 39%。这些开销主要来自 Buffer-Commit、检查点相关操作、冗余执行等几个方面，Buffer-Commit 和检查点的开销与任务输出的数据量相关。对 Fib（n）和 Nq（n），每个任务仅输出少量数据，而 MM（n）、Ms（n）和 St（n）每个任务会产生大量数据，因此图 6-9 中 Fib（52）和 Nq（20）的 FT-TPP 容错开销低于 Ms（4G）、MM（12k）和 St（12k）。FT-TPP 对每个任务要执行两次，而 NoFT-TPP 对每个任务只执行一次，因此，理论上 FT-TPP 的容错开销应高于 100%，但在图 6-9 中 FT-TPP 的最大容错开销仅为 57%（见 MM（12k）），这主要归功于 FT-TPP 对任务之间并行性的充分发掘，在 PE 数量充足的情况下，冗余任务也被均衡地调度到各个 PE 上并行执行，细粒度的任务并行和高效的负载均衡策略使得执行时间并不加倍。另外，比较图 6-9 中 MM（12k）与 MM（6k）、St（12k）与 St（6k）的执行时间可知，数据量的减少能显著降低 FT-TPP 的容错开销，St（6k）的容错开销只有 21%，这与 St（12k）（48%）相比降低了一半以上。在实验中观察到，对较小的数据量，MM（n）和 St（n）执行过程中有的 PE 由于得不到任务长时间处于空闲状态，因此 FT-TPP 的冗余任务执行使其资源利用率在这种情况下高于 NoFT-TPP。

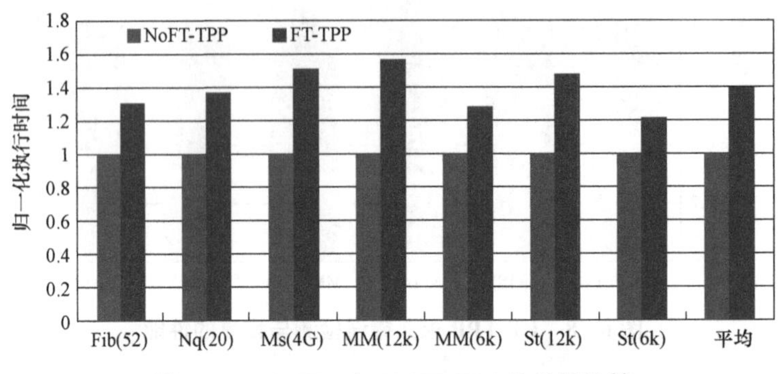

图 6-9 FT-TPP 与 NoFT-TPP 的性能比较

为进一步分析 FT-TPP 瞬时错误检测的性能开销，即 Buffer-Commit 计算模型与容错工作窃取调度策略的效果，将 FT-TPP 和 NoFT-TPP 简化为共享存储模式，即去除其中节点间消息传递相关部分。另外，对 FT-TPP 去除检查点相关操作，然后在实验平台的一个计算节点上运行各测试程序，比较简化后的 FT-TPP 与 NoFT-TPP，分别记为 FT-TPP-S 与 NoFT-TPP-S（S 表示针对共享存储）。结果如图 6-10 所示，平均来看，FT-TPP 以 27.4%的性能开销提供了瞬时错误的检测能力。

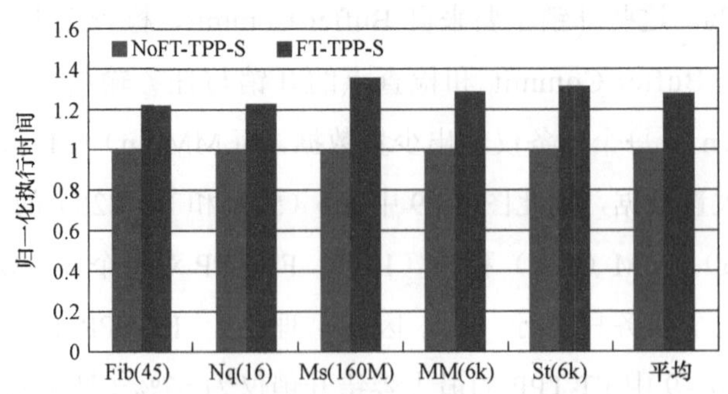

图 6-10 FT-TPP-S 与 NoFT-TPP-S 的性能比较

6.4　并行循环的容错执行

6.4.1　循环迭代的幂等性

幂等性是指一个操作可以被重复执行多次，其结果与执行一次的结果相同。换句话说，无论该操作被执行多少次，其效果都不会发生变化。这一特性在分布式系统、网络通信和并行编程中尤为重要，因为在这些环境中，操作可能因为各种原因（如网络中断、重试机制等）而被多次执行。

并行循环中的每个循环迭代可能由不同的线程或进程同时执行，如果每个循环迭代是幂等的，就可以避免竞争、数据不一致等问题，可以通过简单的重新执行来实现容错。幂等性对并行编程有以下好处。

（1）数据一致性：幂等性确保即使在高并发环境下，每次的操作结果都是一致的，从而避免了数据不一致的问题。

（2）容错性：如果某个操作失败并需要重试，幂等性确保重试操作不会影响最终结果，增强了系统的容错能力。

（3）简化调试：幂等性操作更容易调试和测试，因为它们的行为是可预测的，不会因为多次执行而导致不同的结果。

（4）简化并发控制：如果每个操作都是幂等的，在很多情况下可以减少对复杂并发控制机制（如锁、条件变量等）的依赖，从而简化程序设计。

幂等性操作必须满足以下条件。

（1）确定性：操作的输出仅依赖于输入，而不依赖于执行次数。

（2）无副作用：操作不应产生不可预测或不可控的副作用。

（3）状态独立：操作的结果不应依赖于外部状态或上下文，或者这种依赖是可控且幂等的。

本节所要介绍的容错循环调度要求循环迭代是幂等的，也就是要根据以上几点判断循环迭代是否能多次重复执行且结果不变。

6.4.2 容错循环调度算法

循环是最常见也是最主要的程序并行部分，这里针对循环专门研究了支持容错的并行设计方法。首先，通过初始划分将循环迭代空间分成 n 个部分，为获得动态负载均衡，每部分要进一步划分成许多小块。在以往循环调度算法的研究中，提出了许多块划分方法，有固定块大小划分和几种变块大小划分方法，不同的块划分方法对应着不同的动态循环调度算法。采用固定块大小划分的主要问题是如何确定块大小，这通常需要对循环进行性能分析，根据循环特性以及运行环境决定块大小，可移植性不好，且性能分析需要较高的额外开销。变块大小划分不需要循环和运行环境的信息，通过动态调度能达到理想的负载均衡，此类方法将循环划分成从大到小的许多块，先调度大块执行，这样有较小的调度开销，最后调度末尾的小块，用这些小块获得负载均衡。设有 N 个循环迭代，p 个处理器，在第 i 步动态划分和调度时，当前块大小 C_i 和剩余循环迭代数 R_i 按照式（6－4）计算：

$$R_0=N, C_i=g(R_i, p), R_{i+1}=R_i-C_i \tag{6-4}$$

不同的 $g(\,)$ 函数产生不同的动态划分和调度方法：如 GSS 算法对应 C_i 的计算函数为 $C_i=\lceil R_i/p\rceil$；FSS 算法对应的计算函数为 $C_i=\lceil R_i/x_ip\rceil$，$R_{i+1}=R_i-pC_i$，其中参数 x_i 通常设为常数 2；TSS 算法对应的计算函数为 $C_i=C_{i-1}-d$，块大小线性递减，d 为固定的递减量。这三种典型算法划分的块大小如表 6－2 所示。

表 6－2　不同算法划分的块大小（N=1 000，p=4）

算法	块大小
GSS	250 188 141 106 79 59 45 33 25 19 14 11 8 6 4 3 3 2 1 1 1 1
FSS	125 125 125 125 62 62 62 62 32 32 32 32 16 16 16 16 8 8 8 8 4 4 4 4 2 2 2 2 1 1 1 1
TSS	125 117 109 101 93 85 77 69 61 53 45 37 28

对循环的动态块划分，这里为用户提供多种选择，可选择固定块大小方法，也可选择某种变块大小方法。在运行时库中实现了对这些块划分策略的支持。

同时，采用 Buffer-Commit 的方式使得循环体可以被多次重复执行而不影响结果的正确性，主要是通过改写来消除循环输入数据集合中的反依赖，这里证明了这种方式的正确性和可行性。

6.4.3　实验结果与分析

从 SPEC 等标准测试程序集抽取了表 6－3 中的 8 个并行循环，用来评估这里提出的方法。

表 6－3　测试程序集

循环	来源与描述	循环迭代次数
JI	Jacobi Iteration、loop nests	2 000（inner）
TC	Transitive Closure、loop nests	2 000（inner）
milc	433.milc、SPEC 2006、quark_stuff.c、1523	160 000
mgrid	172.mgrid、SPEC 2000、mgrid.f、189	128
MM	Matrix Multiplication	3 200
MT	Matrix Transposition	3 200
equake	183.equake、SPEC 2000、quake.c、462	7 280
ammp	188.ammp、SPEC 2000、rectmm.c、405	16 000

GSS 算法表示 OpenMP 使用的循环动态调度策略，WSS 算法表示工作窃取调度策略，FT-WSS 算法表示本书提出的支持容错的循环调度策略，GSS 算法和 WSS 算法代表了当前应用最广泛的调度策略。实验结果如图 6－11 所示，平均来看，引入容错支持的性能开销为 6.7%，这些开销主要来自两个方面：一是对出错块的动态重新划分带来的工作窃取次数的增加，二是由此带来的额外同步操作和任务队列操作。另外，WSS 算法性能优于 GSS 算法，因为 GSS 算法的块划分将大量循环迭代放到了前几个块中，这样容易造成负载不均衡。

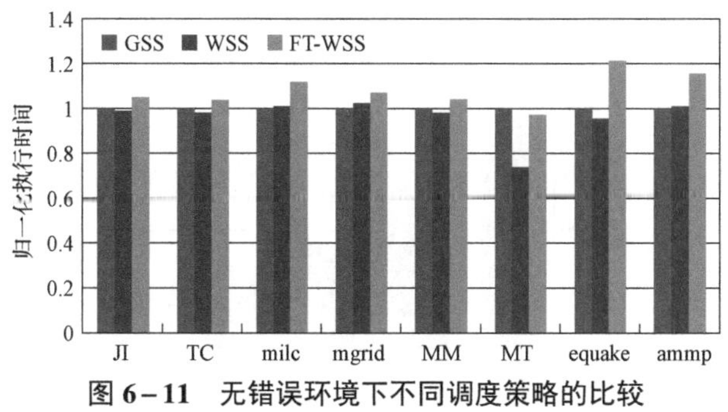

图 6－11　无错误环境下不同调度策略的比较

用 CP Overhead 表示执行循环前的数据复制开销，B-C Overhead 表示 Buffer-Commit 开销，将 FT-WSS 算法的执行时间分成了三个部分：CP Overhead、

B-C Overhead 和剩余执行时间，对三个测试用例的统计结果如图 6－12 所示。对 MT 来说，由于所有的反依赖在数据复制之后被消除了，因此图 6－12（c）中没有 B-C Overhead。从图 6－12 可以看出 B-C Overhead 所占比例很小，在图 6－12（a）中为 0.3%，图 6－12(b)中为 0.01%，也就是说 Buffer-commit 开销非常低，FT-WSS 算法已经将容错支持的性能开销降到了很低。

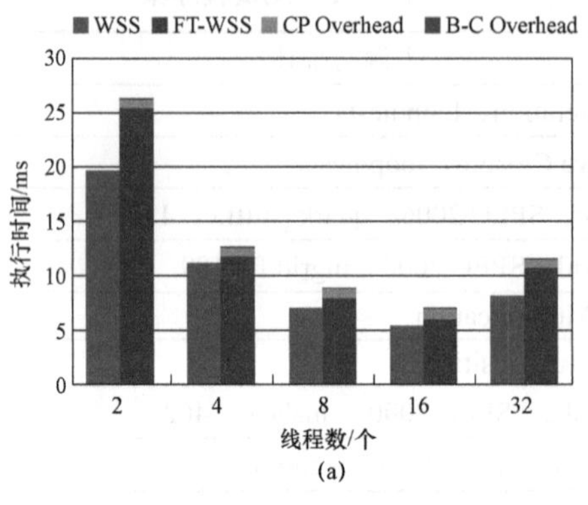

(a)

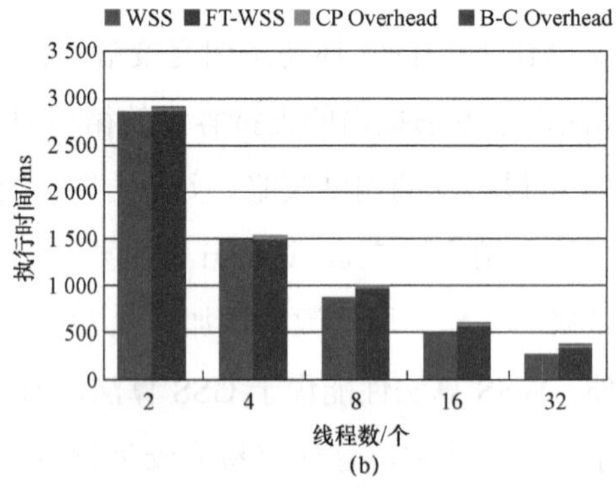

(b)

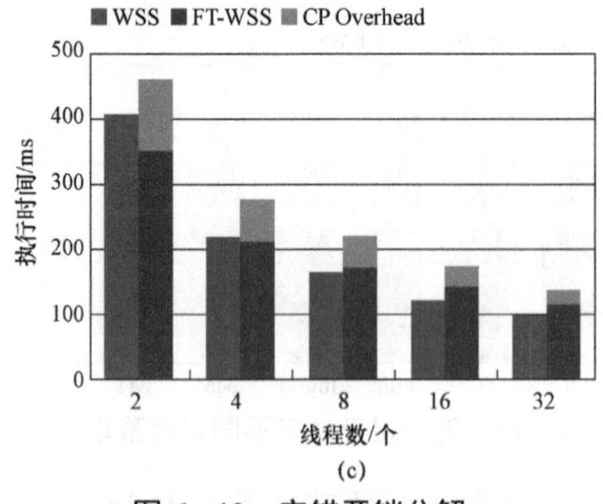

(c)

图 6－12　容错开销分解

（a）equake；（b）ammp；（c）MT

上述实验都是在无错误发生的情况下进行的，目的是评估支持容错所带来的性能开销。为测试实际容错效果，在实验中模拟了不同比例的错误，对三种调度算法的性能进行分析，结果如图 6－13 所示。由于 GSS 算法和 WSS 算法本身不支持容错，需要采用传统检查点的方法改写 GSS 算法和 WSS 算法，改写后的版本表示为 CR-GSS 和 CR-WSS。结果显示 FT-WSS 算法相比 CR-GSS 算法的和 CR-WSS 算法的平均性能提升了 17%和 8%，分析表明，运行时动态划分策略使 FT-WSS 算法具有更好的负载均衡能力，这是性能提升的主要原因。

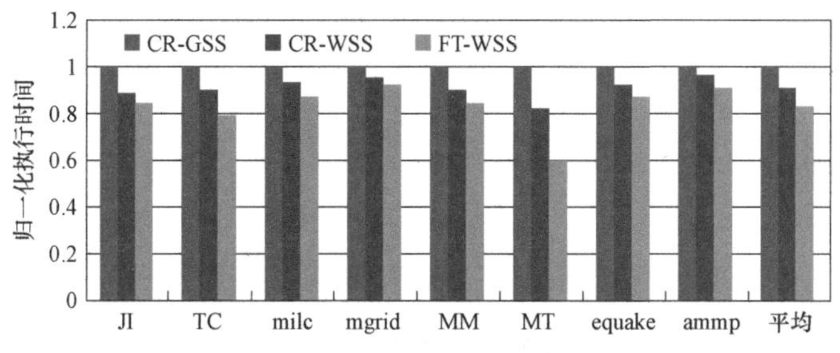

图 6－13　出错环境下不同调度策略的比较

第 7 章
面向异构系统的任务并行编程模型

7.1 引言

计算机系统结构从单核发展到多核，从同构发展到异构，可以预见，在量子计算机时代来临之前，计算机系统结构将长期处于一个缤纷的并行时代，异构多核系统正成为这一时代的主流。目前，异构多核系统已经遍布于服务器、个人计算机和嵌入式终端中，在 2017 年 11 月发布的超级计算机 Top500 排名中，前 10 名中有 7 个采用了异构架构，其中，排名第 2 的天河 2 号是由 Intel 通用处理器与 MIC（many-integrated core）架构协处理器构成的异构集群，排名第 5 的 Titan 使用 AMD Opteron 通用处理器和 NVIDIA K20x GPU 构成异构集群系统。目前，许多个人计算机和智能手机中也都装有中、低端的 GPU，构成 CPU+GPU 异构系统。

在异构多核的硬件体系结构逐渐普遍化的同时，上层应用需求也发生了巨大改变：大数据的出现带来了大量高并发、低计算密度的应用；云计算的兴起带来了数量繁多的非传统服务；深度学习的发展带来众多复杂的可并行算法。在上层应用与底层异构多核的硬件体系结构之间，需要一个并行编程模型作为桥梁，为程序员提供一个合理的硬件平台抽象，使其在编程时既可以充分利用丰富的异构资源，又不必考虑复杂的硬件细节。

OpenCL 是目前主要的异构并行编程标准/框架，已得到众多公司和组织的支持。然而，OpenCL 提供的是较低层次的编程接口，程序员要对底层硬件平台有所了解，要显式指定任务执行的设备，并且要自行管理设备间数据的传输、缓冲等细节，这就造成编程效率的低下和推广难度的提高。OpenMP 作为单节点上并行编程的事实工业标准，也在不断为支持异构多核系统努力。从 2017 年 11 月公开的 OpenMP Technical Report 6 来看，OpenMP 4.5 以上标准已经定义了比较完善的异构设备内存管理、数据映射（即传递）和并行调度执行等指令，但由于 OpenMP 本身编程接口抽象层次较高的特点，想大而全地适应各种异构环境，但造成指令的繁多和规则复杂，降低了易用性。

优秀的并行编程模型是提高异构多核系统上软件生产效率的关键。显而易见，普通程序员没有太多异构多核微处理器体系结构的专业知识，理想的编程模型应让程序员只需要关注业务逻辑，一切底层硬件平台相关的操作都由并行编程模型来完成，从实现上来看，也就是程序员只需要了解任务创建等编程接口，任务的映射调度、任务相关的数据传递都由并行编程模型的运行时系统等自动进行。

学术界为构造理想的异构并行编程模型在不断努力，除 OpenCL 和 OpenMP 外，已经涌现出了 StarPU、OmpSs、Qilin、XKaapi 等较高层次的异构并行编程模型。StarPU 运行时系统负责异构系统设备间对用户透明的数据迁移，并对异构系统提供了一个统一的执行模型；OmpSs 结合 OpenMP 和 StarSs，对 OpenMP 进行扩展，提供了一个面向同构和异构系统的统一的任务并行编程模型，目前支持通用处理器与 FPGA、GPU 或 Intel Xeon Phi 协处理器构成的异构集群系统；Qilin 利用 TBB 生成 CPU 上的并行程序，利用 CUDA 生成 GPU 上的并行程序。这些并行编程模型目前基本上还都处于实验阶段，在性能、可靠性等方面还存在诸多缺陷，还没有被广泛接受和使用，这正是本章并行编程模型研究的契机。

本章吸取 StarPU、OmpSs、XKaapi 和 FRPA 等已有并行编程模型的特点，面向异构多核系统构建一个基于任务的并行编程模型，使程序员能够方便快捷开发并行程序，同时充分发挥异构多核系统硬件的并行性。由于异构多核系统结构复杂多样，可以是多核 CPU 与独立 GPU/MIC 通过 PCIe 总线连接的系统，也可以是 CPU 与 GPU 或其他加速设备融合在同一个芯片内的系统，即 HSA 架构的异构多核系统，另外，主存储器也可能是传统 DRAM 与 NVM 的异构。因此目前想要构建一个支持各种异构多核系统的通用并行编程模型是不合适的，大而全很可能造成性能和效率的低下。本章并行编程模型的设计与实现主要针对

CPU + GPU 异构系统展开，但研究的各项关键技术对其他异构多核系统是通用的。另外，在设计层面也将充分考虑扩展性，即对其他加速设备的支持。

7.2 整体框架

异构并行编程模型从上到下可分为三个层次：首先是应用编程接口，程序员通过学习和使用应用编程接口完成并行程序的编写；其次是编译器，它将采用该编程接口实现的并行程序编译成目标平台上不同设备所支持的执行代码；最后是运行时系统，它负责将任务（相应的目标代码）调度到平台中的各个设备上执行。

基于任务的并行编程模型主要涉及以下五个问题：任务划分（也是任务的创建，涉及任务粒度的确定、任务间依赖关系的建立等）、任务调度（静态调度、动态调度，涉及任务队列的设计等）、数据分布、通信和同步。这些问题分别在上述三个层次中解决。

除了上述这些核心问题以外，一个完善的并行编程模型还可以包括常用的并行算法和并行数据结构，如并行排序算法、Map 和 Set 等并行容器类；可视化的 IDE，包括编辑和调试环境，如基于任务并行 DAG 的调试器。目前，本章的目标是建立一个轻量级的、可扩展的核心模型，因此只针对上述核心问题展开研究，其他问题研究可在之后继续进行。

本章异构并行编程模型的总体研究方案如下：首先，参考 SHOC、Rodinia、PBBS、Parboil、PARSEC、SPEC、NPB、MiBench 等测试程序集，搜集、整理和改写得到一组异构系统的典型应用，按照应用领域和应用的并行模式等归类典型应用；其次，对这些应用进行分析，提取应用特征，对于异构多核系统方面，初步先对 CPU + GPU 异构系统进行特征分析，在应用和平台抽象的基础上确定应用和平台相关的编程接口；然后，研究编译和运行时支持机制，包括任务划分、任务调度、数据分布、通信、同步，实现编译器与运行时系统；最后，对各典型应用，采用异构并行编程模型进行实现、分析和优化。异构并行编程模型研究的总体技术路线如图 7-1 所示。

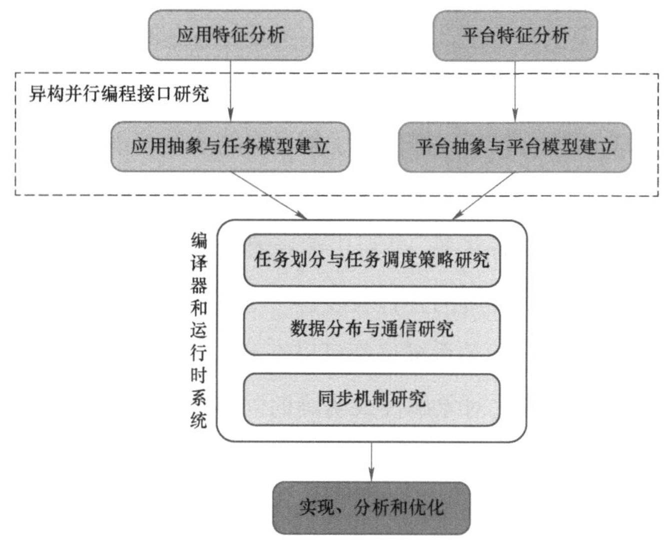

图 7－1　异构并行编程模型研究的总体技术路线

以下是对各部分具体研究设计方案的介绍。

7.3　编程接口的设计

基于任务的并行编程模型有两种编程接口的实现方式：一种是以一组库函数接口的形式提供任务的创建、同步等功能；另一种是类似于 OpenMP 采用编译制导指令（代码注解）的方式支持并行编程。这两种方式各有其优缺点，库函数接口方式不需要或者需要较少编译器的支持，使用起来比较灵活和直观，可扩展性较好，但复杂的库函数接口可能会使代码不够简洁；代码注解的方式程序相对简洁，但需要较多编译器的支持，当然，较多编译器支持也为优化提供了更多机会。在异构多核系统下，无论采用上述哪种方式都需要编译过程的诸多支持。本章主要采用库函数接口的方式实现任务并行编程，辅助采用代码注解描述任务之间依赖关系等，在两种方式之间进行权衡，设计一套适合于异构多核系统的任务并行编程接口。

如 7.1 节所述，理想的异构并行编程模型应让程序员只关注业务逻辑，且只需要借助编程接口描述出应用所包含的各个任务及任务之间的关系，不用考虑程序如何在目标平台上并行执行。因此，本章并行编程模型在对任务并行模式和并行编程模式分析抽象的基础上，主要提供任务及任务之间依赖关系描述相关的编程接口。具体的任务划分、任务调度与数据传输等由编译器和运行时系统自动完成，但也可作为高级编程接口，提供给了解底层体系结构细节的程序员使用。由于对同一个应用，任务可能以不同粒度进行划分，程序员始终应该以最小化的粒度或者是可变粒度提供并行任务，然后由编译器和运行时系统根据目标平台的特性进行合并，决定任务执行时的并行粒度。

任务创建和任务之间的关系描述都可以有显式和隐式两种方式。显式方式，如直接创建任务对象，通过对象属性或明确的同步语句标明任务之间的关系，或直接创建任务 DAG 来表示任务和任务之间的关系。隐式方式，如并行循环接口，隐式说明该循环会被划分成多个任务，任务之间完全并行。

另外，软件系统在逻辑上常常呈现层次化的结构，因此在基于任务的并行编程模型中引入层次化任务 DAG（hierarchical task DAG）的概念。其中节点可能是一个任务，也可能是一组任务，层次化的任务组织与层次化的任务调度相结合能够很好地适应异构多核系统结构。一般异构多核系统硬件上至少都存在两个层次的并行性：设备间的并行和设备内多个 PE 的并行，复杂的异构多核系统可能会存在更多并行层次。

异构并行编程接口研究首先要分析和借鉴 StarPU、OmpSs、FRPA 等现有模型的编程接口，对不同类型应用总结出任务创建、描述以及任务之间依赖关系描述等不同需求。例如，StarPU 和 OmpSs 都对 OpenMP 的并行循环、并行归约等接口面向异构多核系统进行了扩展，FRPA 专门针对分治类型应用提供了一组接口（如 split，merge 等）。总的来说，就是要根据典型应用抽象出几种基本的任务并行模式和编程模式。然后，针对这些模式设计相关编程接口，要使任务的表示能够灵活、高效地表达出各种并行模式和设计模式。

数据并行和任务并行（分别对应数据流和控制流/指令流）是两种最基本的并行模式，但对基于任务的并行编程模型来说，数据并行最终也是通过对数据进行处理的任务并行执行来实现，因此这里主要从实现角度考虑任务并行模式。对任务并行模式，目前已有普遍认识，将其总结为以下四种基本并行模式。

（1）水平式并行：以往发掘数据并行性的主要目标——并行循环就属于此类形式，各循环迭代间相互独立，在同一层次上可被调度到任意 PE 上并行执行。

异构多核系统上的并行循环接口设计要考虑让程序员指定循环在设备间进行划分的方式，也就是要在传统并行循环接口的基础上引入设备间任务划分的描述，如以下接口。

```
parallel_for(range,kernel,scheduler,partitioner)
```

参数 range 表示迭代空间，kernel 表示循环体，scheduler 表示调度算法，partitioner 表示设备间任务划分算法。scheduler 和 partitioner 在未指定的情况下应有默认设计。

（2）递归式并行：主要指分治类型的应用，近年来对这类应用的并行性研究较多，如 Cilk、TBB、MapReduce、FRPA 等都针对这种并行形式建立起了很好的并行编程模型。

递归式并行的编程接口要指定递归深度或递归深度的计算方法，以及采用深度优先或广度优先策略，对异构多核系统，还要给出设备间任务的初始划分等信息。

（3）流水并行：流水是把一个整体工作划分成几个小的流水段，这些流水段对不同的原料能够同时工作，并且这些流水段首尾相接，前一流水段的输出成为后一流水段的输入，形成一条流水线，这样，同一时刻不同流水段就可以并行处理不同的数据。

流水并行的研究涉及流水段的划分、映射、调度、各流水段之间的同步等，在异构多核系统上，更要考虑不同设备上流水并行的描述和实现，以及设备之间流水并行的形式。例如，有研究对开源应用 ViVid 分析后得到，在 CPU+GPU 异构系统上可采用图 7-2 中各种不同流水形式。流水并行的编程接口要明确流水形式，给出各个流水段对应的 kernel，以及流水段到异构设备 PE 的映射。

（4）不规则并行：某些应用适合用 DAG 来表示，其中节点表示任务大小，边表示任务之间的依赖关系，某时刻某些任务可并行执行。基于 DAG 的任务调度已有广泛研究，这些研究实际上就是在发掘此类并行性。

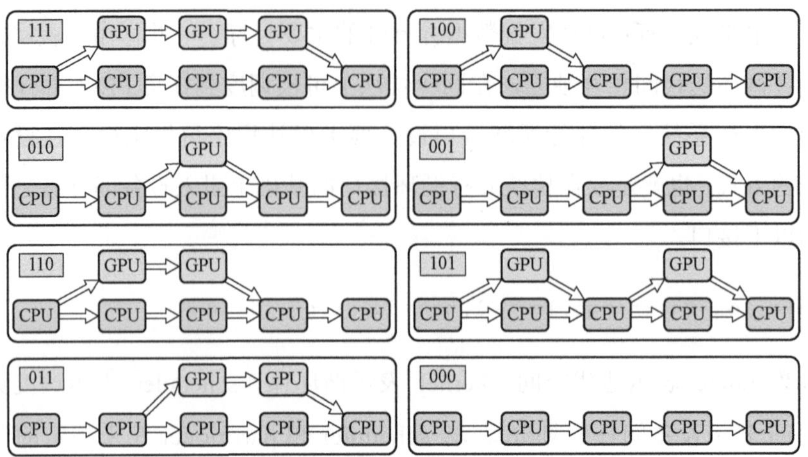

图 7-2 CPU+GPU 异构系统上 ViVid 可能的流水形式

与不规则并行相关的编程接口主要是 Task 和 TaskGroup。Task 表示任务，Task 之间的关系可采用多种实现方式，如根据任务处理的数据之间的相关性隐式表示，或由任务的属性显式表示。与同构系统上的并行编程模型不同，异构系统上的 Task 需要有任务特征的描述，如只在 CPU 上，只在 GPU 上或既能在 CPU 也能在 GPU 上执行的任务。TaskGroup 表示一组任务的集合，用于细粒度任务的聚合以及形成层次化的 DAG。除 Task 和 TaskGroup 外，也可以定义 Graph 接口显式表示任务的 DAG。

编程模式是对应用的业务逻辑从编程角度进行的抽象。与软件工程的 23 种经典设计模式不同，这里的设计模式主要考虑能够并行实现的业务逻辑抽象，每一种并行编程模式都通过上述一种或几种任务并行模式来具体实现。以下是几种常见的并行编程模式，但这些远远不能涵盖所有并行应用，对并行编程模式，也还没有形成较统一的描述。

（1）Task Farm：farmer 节点把输入分发给 N 个 worker 节点并行处理，之后再由 farmer 节点收集合并输出。

（2）Divide & Conquer：递归的进行分治处理，形成树状的调用结构。

（3）Reduction：对数据集进行给定的归约操作。

（4）Agglomeration：就是对太细粒度的并行任务聚合处理。例如，并行循环如果循环体很短，每个循环迭代作为一个并行任务会造成较大的调度开销，因此对迭代空间分块，每个块作为一个并行任务，其中包含多个循环迭代。

（5）Wavefront：对数据集中某一项的计算需要用到前一项的计算结果，这些依赖关系使得计算在 Wavefront 上并行。

平台抽象与平台模型建立只需要在系统安装时进行一次，之后系统发生变化的时候进行重构。平台模型的表示和数据分布与通信在 OpenCL 里是显式进行的，这里尽量做到隐式进行，但也会留下相应的高级编程接口。

7.4　编译器的设计

编译器把采用本章异构并行编程接口创建的任务转换成宿主机代码和 OpenCL 代码，这样就可以借助各硬件厂商对 OpenCL 的支持来映射和执行程序。编译器处在编程接口和运行时系统之间，其设计与上下两者都是紧密关联的，不能独立看待。本章的编译器研究涉及以下关键技术问题。

1. 自适应粒度的任务生成

由于这里建议程序员采用的编程接口提供的是最小粒度或可变粒度的并行任务，编译器就需要负责最终调度到目标平台不同设备上执行的并行任务的划分。例如，程序员定义了一个并行循环任务，该任务是一个可变粒度的任务，因为并行循环的每个循环迭代都可以作为一个子任务，多个循环迭代放在一起的块也可以作为一个子任务，编译器需要根据目标平台和任务特征决定：① 是否需要将该循环分配给不同的硬件设备并行执行，如一部分在 CPU 上执行，另一部分在 GPU 上执行；② 该循环要按照哪种规则拆分成多大粒度的子任务并行执行。

另外，任务划分的改变通常会引起数据分布的变化，编译器在完成静态任务创建的同时需要考虑相应的数据分布和通信实现。

2. 编译优化

异构多核系统通常具有复杂且多变的硬件结构，因此程序员仅负责编写正确实现程序功能的代码，由编译器/运行时系统完成面向加速设备结构特点的优化是比较合理的方式。可采取的平台相关的优化技术有自动向量化、访存合并、线程/线程块合并、预取、数据布局调整等。另外，还需要针对实际程序特征，结合应用领域的专门知识实施优化，如对 BLAS 库，可结合 GPU 的结构特征进行并行任务重组、循环剥离及填充等优化。

在编译优化过程中，还可以考虑基于任务复制的优化问题，通过任务复制优化任务之间的依赖关系，简化任务调度、提高性能或满足实时性要求。这要求首先能够判断哪些任务可复制，在同一设备中可复制还是在不同设备上也可复制，复制的开销会有多大，任务相关数据是否同时需要复制，其次再考虑如何进行任务复制。

异构多核系统全局资源优化是编译过程中的一个关键问题，上述设备间的任务划分和任务复制实质上都是全局优化的一种方式，除此之外，还需要更深入研究打破设备界限以及软件层次界限的各种全局优化方式。

3. 同步的错误检测和保障

并行程序相比串行程序会因同步问题产生竞争、死锁等错误，编译器应负责同步错误的检测并保证同步的正确性。目前，数据竞争检测技术已在异构多核系统中得到广泛研究，把任务都编译成两份，一份宿主机代码，另一份目标设备代码，利用宿主机上已有的数据竞争检测技术检测同步错误。

同步有显式与隐式两种形式。如 CUDA，其中的隐式同步由 GPU 硬件实现机制来保证，在这种情形下，如果将 CUDA 程序移植到其他平台执行，程序就可能会因为缺乏硬件保证的隐式同步机制而产生错误。因此，编译器还需要检测出隐式同步，并保证在任务迁移过程中同步的正确性。

目前来看，如果只针对 CPU+GPU 异构系统，运行时系统可以在 CUDA 的基础上实现。但如果考虑对其他设备的可扩展性，又不想对每一种加速设备单独开发来实现和验证本章中提出的各项关键技术，OpenCL 应该是目前本章并行编程模型运行时系统实现的最佳选择。这里利用 LLVM 实现编译过程，在 OpenCL 运行时的基础上实现了本章异构并行编程模型的运行时系统。具体编译流程如图 7–3 所示，采用本章编程接口实现的应用程序，首先通过一个源到源的代码转换器转换成宿主机源代码和异构设备 OpenCL 源代码，这一过程借助 LLVM 的 Clang 前端实现，将各种编程接口定义的隐式任务都转变成显式任务，便于之后对任务的统一处理。本地化编译过程根据目标设备的不同，使用不同的本地编译器编译链接转化后的代码，生成宿主机和目标设备上的可执行代码。

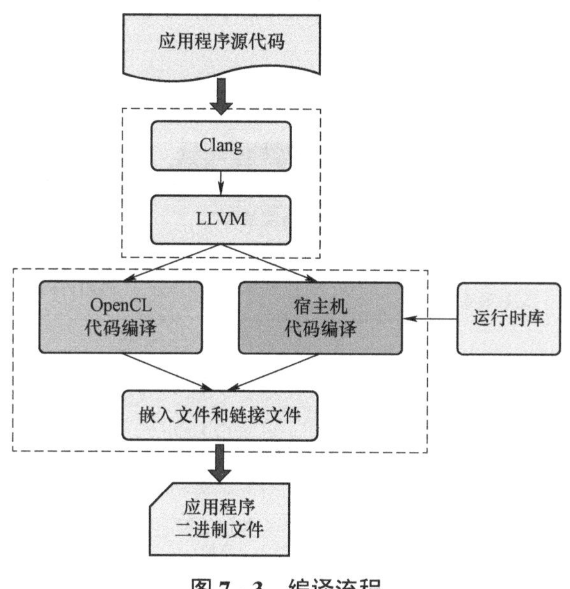

图 7-3　编译流程

7.5　运行时系统的设计

运行时系统是整个异构并行编程模型中最重要的部分，任务调度、数据传输和缓冲等关键问题都要在运行时系统中解决。

本章并行编程模型的运行时系统在 OpenCL 的基础上实现，这样能够保证对异构设备的可扩展性，并简化运行时系统实现的难度，但同时也使性能等方面依赖于现有的 OpenCL 运行时。图 7-4 是运行时系统构成及应用程序执行过程，图中的异构系统包含通用多核 CPU、GPGPU 和 Intel Xeon Phi 协处理器，不同设备上的线程（CPU 线程、CUDA 线程、MIC 线程）一起构成运行应用程序的 worker 线程池。另外，每个 GPU 或 MIC 设备在宿主机上都对应存在一个辅助线程，该线程负责管理 GPU 或 MIC 上的任务调度执行和数据传输。应用开始启动时，运行时系统根据应用所包含的初始任务之间的依赖关系形成任务 DAG，并将当前可执行的任务（已就绪任务）交由调度器调度执行，调度器决定任务在哪个设备上执行，或将任务划分到不同设备上并行执行。另外，调度器在任务执行过程中还要进行动态调度以获得负载均衡。数据管理模块提供设备间的数据一致性支持，并负责设备间的数据传输，这里期望做到最大化数据利用率（时间和空间局域性）和最小化数据传输。

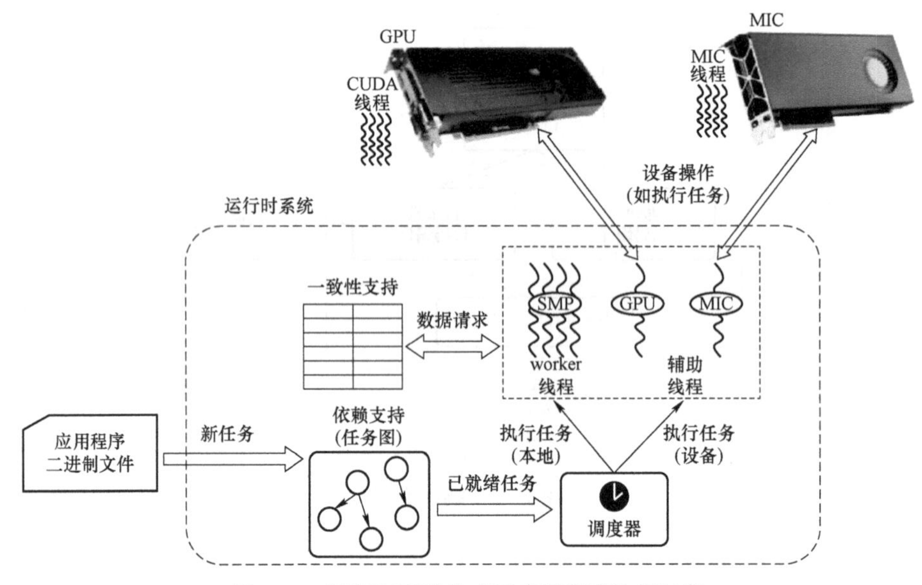

图 7-4 运行时系统构成及应用程序执行过程

7.5.1 任务调度

异构多核系统中，不同设备的微处理器体系结构具有本质差异，其并行计算模式与并行计算能力明显不同，这种差异使任务划分与调度要充分考虑目标平台和实际应用的特点。本章异构并行编程模型的调度器具备以下特征。

1. *层次化的调度框架*

异构多核系统体系结构可能比较复杂，例如，最普通的 CPU+GPU 异构系统，任务首先要分配到异构系统中的不同设备上（如多核 CPU 和 GPU），其次调度到设备中的各个 PE 上（如 CPU 中的多个核和 GPU 中的多个 SM）运行，这样至少涉及两个层次的任务调度。更复杂的硬件体系结构会对应一棵树状的层次化调度框架，按层逐级进行任务的静态划分和动态调度能较好地保证局域性。

2. *静态调度与动态调度相结合*

首先应根据任务的特征和异构系统的特征进行静态调度，也就是应用映射，把任务静态分配到异构系统的各个计算设备上。针对 CPU+GPU 异构系统，这方面已有大量研究，其技术主要分为两个方面：一是基于计算单元的相对性能进行任务划分与调度，如建立性能模型，评估各个计算单元对不同任务各自的贡献，再根据问题规模估计出执行时间，通过这些估计的执行时间来寻找实现负载均衡的最佳任务分配方案；二是基于任务性质的划分与调度，如将原有的串行算法分为规整和不规整的部分，规整部分映射到 GPU 执行，不规整部分映射到 CPU 执行。这里结合上述两个方面进行静态调度任务。

静态调度确定了任务的初始划分和映射，但在运行过程中，实际运行环境受到诸多因素影响，通常是多变的，如任务的动态生成或系统中其他应用的执行等造成负载的动态变化。因此需要动态调度策略来适应不断变化的实际运行环境，达到最佳的负载均衡。按照层次化调度框架：先从上向下逐层进行静态调度任务，再进行层次化的动态调度任务；任务在运行时首先允许在本层进行动态迁移，其次允许在层间进行动态迁移，并逐层向上进行动态调度任务。

3. 自适应的动态调度策略

动态调度策略可分为两类：工作窃取和工作共享。工作共享将调度开销加在繁忙的 PE 一端，是在新任务生成时由繁忙 PE 主动地将任务推送给空闲 PE，从而达到负载均衡。工作窃取将调度开销加在空闲的 PE 一端，每个 PE 维护一个任务队列，当某个 PE 的队列为空时，该 PE 就会从其他 PE 的任务队列中窃取一个或一组任务，以此达到动态负载均衡。这里提出工作窃取和工作共享相结合的自适应的动态调度策略，并将根据异构多核系统的特点进行调度策略设计。

从动态调度算法的实现上来看，又可分为工作优先（work-first）和求助优先（help-first）两种任务调度实现策略。另外，任务队列的设计存在集中式任务队列和分布式任务队列两种方式。结合层次化的调度框架，这里考虑采用上述这些方面的层次化混合设计方案，而不是采用单一的某一种设计方案，从而形成一个高度自适应的调度器。

4. 基于反馈信息的动态调度策略

异构并行编程模型如同虚拟机一样运行在一个异构多核系统上，负责按照本编程模型编写的所有并行程序的调度运行，不是只执行一次就退出了，因此，并行编程模型应时刻收集应用的反馈信息，利用这些信息不断自动调优。例如，交替地将一个任务调度在 CPU 和 GPU 执行，得到历史性能数据，就能在之后判断出该任务适合运行于 CPU 或 GPU。

针对递归类型应用，基于动态调度的反馈信息，可以指导子任务的调度由动态调度变成一种静态的任务划分，这样不断优化任务分配策略可以使保证负载均衡的情况下，任务迁移的次数不断减少。

5. 调度策略的公平性问题

设想采用本章并行编程模型的两个应用同时运行在一个异构多核系统上，例如，智能手机上的 Web 浏览器网页渲染和实时图片处理两个应用，可能同时用到手机上的 GPU，此时调度策略就需要考虑公平性，不能让一个应用长时间占用 GPU。随着异构多核系统的普及，这类应用场景会越来越多的出现，实际上，有共享资源的存在，就会有对同一共享资源的竞争访问，就会产生公平性问题。

7.5.2 数据管理

异构系统和传统同构系统相比较，数据分布与通信面临新的问题：① 异构系统中不同设备有不同的存储结构，不像传统同构系统，访问统一的共享内存空间，异构系统中的加速设备，如 GPU，有全局内存、线程块共享内存、局部内存、常量内存和纹理内存，数据在这些内存空间上的分布通常需要显式配置；② 设备间通常需要显式的数据通信，且通信方式多样，许多加速设备，如 NVIDIA GPU 和 Intel Xeon Phi 协处理器，通过 I/O 总线与 CPU 通信，许多 FPGA 实现的加速设备通过网络接口与宿主机通信，由于这些设备有独立的地址空间，使得设备间的数据通信成为异构系统软硬件设计的一个关键问题。

这里研究异构多核系统的数据分布和通信，在并行编程模型内部实现了自动的数据优化分布、设备间自动的数据传输。数据传输尽量与任务计算重叠，形成相应的流水线，借鉴已有缓冲优化技术尽量减少设备间的数据传输。

1. 数据分布的研究

异构多核系统上理想的数据分布应满足以下两个方面。

（1）最适合目标设备的内存访问方式。

CPU 通过片内多级高速缓存和深度流水线极大优化了访存延迟，并获得了很高的内存带宽利用率，因此，CPU 上的数据分布主要考虑与高速缓存大小的匹配。如果数据集正好装入高速缓存，则采用哪种数据访问模式（顺序或随机）对性能影响不大，也正因此，CPU 数据集通常采用自然的组织方式。例如，一幅 RGB 图像保存为像素点的集合，每个像素点含有 *R*、*G*、*B* 三个数值，这与图像文件通常的存储方式相一致，这种布局被称为 AoS 布局，数据集中的每个数据项包含多个数值。

GPU 通过大量轻量级线程的并发执行提供很高的数据吞吐率，GPU 没有 CPU 那样复杂的高速缓存体系和深度流水线等设计，每个线程拥有的高速缓存非常有限，其末级高速缓存（last level cache，LLC）主要是为了节约显存带宽，而不是减小访存延迟，因此 GPU 对数据访问模式比较敏感，调整数据布局是 GPU 优化的一个主要策略。如上述 RGB 图像，因为大量 CUDA 线程同时访问相邻位置数据时会进行合并访问，所以将所有像素的 *R*、*G*、*B* 值分别存储在一起更适合 GPU 处理，这种布局被称为 SoA 布局。

这里考虑 AoS 到 SoA 的布局转换，或在这两者之间找到其他折中的布局方式。这方面工作也可能不在运行时系统中进行，因为数据布局与编译器和编程接口都有关系，编程接口要提供描述数据布局的能力，编译器可能会根据目标设备直接决定数据布局。

（2）能够提供最佳的访存局域性，包括空间局域性和时间局域性。

同构系统上已有不少为提高访存局域性而进行的数据布局研究，这方面研究通常要与实际应用相结合，根据应用的特点优化数据布局方式。如稠密矩阵乘法，通过分片和分块矩阵数据来适应一级和二级高速缓存的大小，分块矩阵采用图 4－26 中某种存储顺序，每个小块可能采用行序或列序存储。之所以产生这些布局方式，根本上的原因是目前内存地址空间是一维的，因此其他高维数据都要通过某种方式映射成一维，映射过程中要考虑局域性问题。这些布局方式可以统一采用 SFC 来描述和研究，SFC 将 *n* 维数据映射到一维空间，不同的 SFC 体现不同的数据局域性。这里在异构多核系统上，针对不同设备研究分片和分块，以及 SFC 的数据布局方式，并衡量布局转换的开销。

2. 数据通信的研究

异构多核系统上的数据通信有以下两种场景：一是任务的分派和迁移要求将任务相关的数据传输到执行任务的设备上，CUDA、OpenCL 等编程模型中这一过程需要显式进行，本章并行编程模型在运行时系统中隐式进行，任务执行前（可能不随任务调度进行数据迁移，而是在调度和执行之间的某个时刻进行）自动将需要的数据传输到执行设备上，数据传输争取做到对用户完全透明；二是共享数据的一致性保持引起的数据传输，类似于 StarPU 和 XKaapi，这里采用软件实现的 MSI 缓存一致性协议来保证数据一致性，基于最近最少使用（least recently used，LRU）替换策略管理 GPU 等加速设备内存，这样能够减少数据传输，让有用的数据尽量长时间待在加速设备内存中。

数据通信考虑提供点对点、一主多从的通信模式，同步和异步的通信方式。在实现中还要考虑自动的数据预取，通过重叠数据传输与计算来提高系统性能，也可能将数据传输和计算封装成不同任务，构建适当的流水线来并行处理这些任务。另外，还应考虑不同的数据通信渠道，如 GPU 与 GPU 间的直接数据通信（NVIDIA GPUDirect）。

从实现角度来看，数据管理模块负责对异构多核系统中不同设备的数据存储空间分配、释放和数据传输，实现中要考虑设备的存储结构和内存大小等多方面因素。

7.5.3 任务同步

基于任务的异构并行编程模型中，同步可能来源于以下几个方面：① 任务执行体中显式的同步操作，如对共享数据的互斥访问；② 保证任务间依赖关系所需要的同步操作，如前所述，任务间依赖关系可能被显式或隐式的定义，这里在编译器和运行时系统中自动完成任务依赖关系的分析和相应的同步操作；③ 数据通信过程中的同步操作，如前所述，本章并行编程模型中的数据通信主要由运行时系统隐式进行，因此这里的同步操作也是隐式进行的；④ 计算终止的判定，程序结束状态的判定始终是并行编程模型中的一个重要问题，这一问题通过计算单元间的某种同步方式来解决。

异构系统和传统同构系统相比较，同步操作面临新的问题：① 不同设备所支持的同步操作有所不同，即使相同功能的同步操作在不同设备上也可能表现出不同的效果，如有示例表明同一锁在 CPU 上没问题，但在 GPU 上可能会造成死锁，另外，GPU 等加速设备通常还具有某些局部硬件同步机制，因此，要针对不同设备考虑差异化的同步操作，但对顶层用户要提供统一的编程接口；② 异构系统中的同步操作范围更加多样，可能在宿主机的 CPU 与 GPU 等加速设备间进行同步，也可能在某个设备内的各计算单元间进行同步，这样形成了从全局到局部的多个不同的同步层次，这里在 OpenCL 的基础上研究和实现异构多核系统架构不同层次上的同步机制。

第 8 章

面向异构系统的递归应用并行编程模型

递归作为一种常见的编程模式，被广泛应用于各类应用中，如 Strassen、CARMA、SYRK、Winograd、TRSM、归并排序、快速排序和 Cholesky 分解等。递归也是人们日常生活中处理问题的一种思维方式。递归算法本身定义是十分简洁的，但是想要高效并行化这些算法却不容易。异构多核系统的出现，使得许多算法或应用得以优化，获得了更好的性能，但递归这种结构简单的算法，却难以发挥出异构系统的计算能力。为了并行化递归应用，算法设计者不仅可能需要深入了解异构体系架构，还可能需要分析并重构递归算法本身。除此之外，还需设计高效的并行化策略，考虑任务在异构的 PE 之间的任务划分、任务调度等。这些因素不仅加重了程序员的负担，还使并行化以后的程序结构复杂、难以维护。

本章提出了一种面向 CPU+GPU 异构系统的递归应用并行编程框架（heterogeneous recursive parallel programming framework，HRPF）。HRPF 提供了描述递归算法的编程接口，为用户屏蔽了异构多核系统上任务分配、调度和数据移动等细节，使得在 CPU+GPU 异构系统上实现并行的递归应用变得简单和高效。HRPF 结合深度优先和广度优先策略在 CPU 和 GPU worker 节点之间分派任务，并采用混合工作优先与求助优先的工作窃取任务调度算法来获得负载均衡。HRPF 的运行时系统自动维护 CPU 和 GPU 的数据一致性，并实现了计算与数据传输的重叠。此外，HRPF 还提供了一组并行循环的编程接口。为评估 HRPF 的性能，这里基于 HRPF 实现了归并排序和 Strassen-Winograd 算法，以及 8 个常用算法中的并行循环。在 CPU+GPU 异构系统上，HRPF 与 OpenMP、StarPU 等相比较取得了较好的性能。

8.1 递归算法与任务并行

递归算法是一种直接或者间接调用自己的算法，也是一种不断将大规模问题一步一步分解为规模更小的问题进行求解的算法。如图 8-1 所示，递归算法通常可以分成两个过程：递去与归来。第一个过程主要的任务是将大规模的原问题通过某种方式分解为子问题集，这些子问题集同原问题一样也是递归问题；第二个过程的主要任务则是将子问题集的求解结果合并为原问题的解。递归算法的特征使它常用于解决分治类型的问题，分治就是分而治之，递归算法的递去过程就是分治问题的分解过程，归来过程就是分治问题的合并过程。

虽然递归算法本身结构的定义可能非常简洁，但是递归算法的并行化却相当困难。开发者必须做好算法并行化方式、负载均衡及算法调优等决策。为了实现较高的计算性能，通常还需要对递归算法进行重构，这样往往会使算法原有的递归结构遭到破坏，形成复杂的、难以维护的代码。随着多核系统及异构系统的出现，使许多算法或应用得以优化，以实现更好的性能。在这样的并行计算环境下，为了优化递归算法，需要寻找一种高效通用的方法。

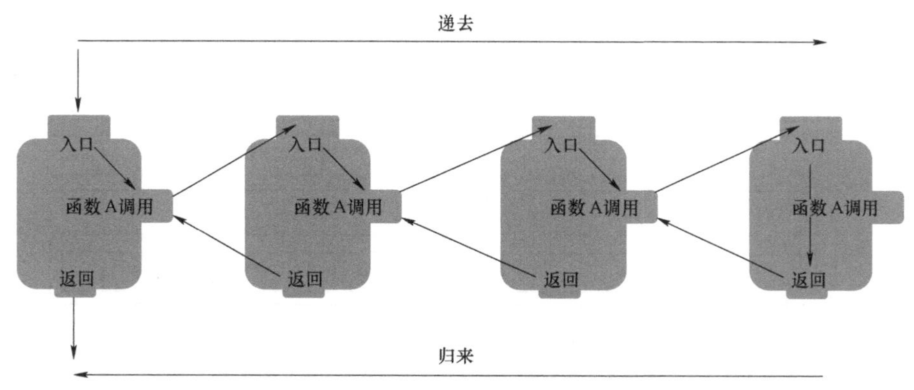

图 8-1　递归算法示意图

根据递归算法结构的特点，可以将递归问题看成一个任务，那么在递归的过程中将会产生很多相互独立的子任务。因而递归算法并行化问题可以等价为任务并行问题。这使递归算法在不进行重构的情况下进行并行化成为可能。

无论在多核系统还是异构系统下，基于任务并行的方式都为优化递归算法提供了可能，通过将递归算法抽象成恰当的任务模型，并设计好有效的任务划分与任务调度算法，便可在不破坏原有递归算法结构前提下实现较高的性能。

8.2 整体框架

编程模型是应用和目标系统体系结构之间的桥梁，其提供给用户 API，对目标系统进行抽象，并通过编译器和运行时系统将应用运行在目标平台上。本书提出的 HRPF 是一种并行编程库，不涉及编译器的扩展，其架构如图 8－2 所示。

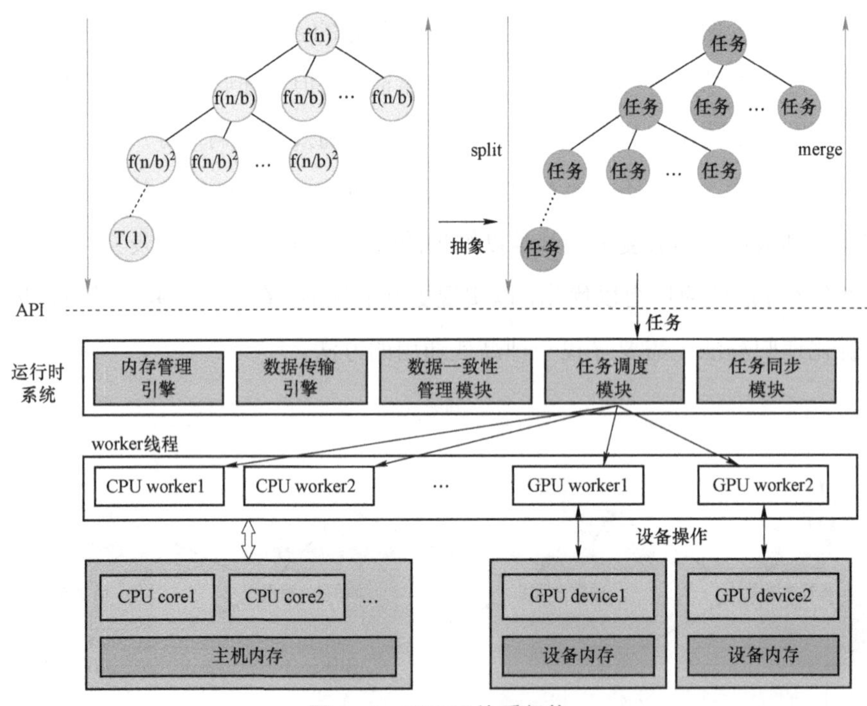

图 8－2 HRPF 体系架构

递归算法被抽象成任务，递归算法的递去与归来过程就对应于执行任务接口中的 split 与 merge 操作。在递归过程中任务不断被划分成子任务，直到递归终止。这些动态生成的任务会被提交至任务调度模块，由运行时系统进行调度执行。运行时系统主要包含内存管理引擎、数据传输引擎、数据一致性管理模块、任务调度模块及任务同步模块。其中内存管理引擎负责递归算法执行过程中任务所需内存的分配与回收；数据传输引擎负责 CPU 与 GPU 间同步或异步的数据传输，以便完成任务运行前的数据准备工作；数据一致性管理模块负责维护异构环境下任务数据的一致性，保证任务运行时的数据是有效的；任务调度模块负责将动态生成的任务调度至指定的计算设备上执行；任务同步模块保证算法执行的有序性与正确性。

HRPF 把每个 CPU 核和每个 GPU 设备都看成一个 worker 线程，并为每个 worker 线程创建对应的主机线程。这些 worker 线程对应的主机线程负责从调度器获取任务，并调用任务的 CPU 或 GPU 实现函数来执行该任务。

如图 8－2 所示，双数 f(n) 抽象成的初始任务被分配到初始线程，随着递归层次的变深，越来越多的任务被 split 出来，分配给各个 worker 初始线程。任务生成和分派的具体细节见 8.3 节。各个 worker 初始线程维护自己的本地任务队列，在运行过程中采用 8.5 节的工作窃取调度算法实现动态负载均衡。由于工作窃取可能发生在 CPU 和 GPU 之间，因此和任务相对应的数据需要在 CPU 和 GPU 有两个副本。为维护 CPU 和 GPU 的数据一致性，并尽可能地减少数据移动的开销，这里采用了 MSI 缓存一致性协议，并设计了树形的数据状态管理结构，具体细节见 8.6 节。

8.3　递归并行策略

在介绍 HRPF 编程接口前，首先讨论一下基于任务的递归并行可采用的两种策略：深度优先和广度优先。深度优先并行策略与广度优先并行策略是两种可互相替换的处理器处理递归算法子问题的方式。如图 8－3 所示，展示了一个 Strassen 算法的示例，该示例中一个矩阵乘法任务递归生成 7 个子矩阵乘法任务。在广度优先并行策略中，这些子任务可以被并行处理，实现任务级并行；而在深度优先并行策略中，所有的子任务只能被一个接一个串行处理，在共享内存多线程并行模式下，每一个任务可以被所有线程同时执行，实现任务内多线程并行。通常来说广度优先并行策略相对深度优先并行策略通信量更少，同时具有更高的并行度，但是额外的内存开销更大。深度优先并行策略由于每一个任务被所有的线程并行处理，因此通信开销更大。

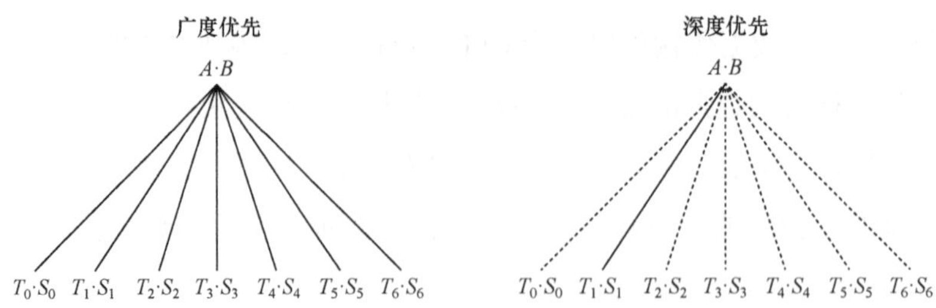

图 8－3 广度优先并行策略和深度优先并行策略示意

基于递归算法的结构特征，广度优先并行策略与深度优先并行策略是缓存无关、处理器无关及网络无关的。参考文献［87］指出一种最佳的广度优先与深度优先混合并行策略对于经典矩阵乘算法和 Winograd 算法可以在有限的内存空间情形下给出通信最佳的求解算法。在共享内存架构下，广度优先与深度优先混合并行策略会影响算法内存空间开销、缓存访问模式、同时执行任务的线程数量、求解任务最小粒度、算法性能等。

在 HRPF 的运行时系统设计中，也采用了广度优先与深度优先两种并行策略。递归算法在递归过程中不断 split 生成任务，新生成的任务被分配给各个 worker 线程，也就是将任务放入各 worker 线程的任务队列中。如图 8－4 所示，广度优先并行策略将子任务分发给各个 worker 线程；深度优先并行策略将子任务全都加入当前任务所在线程的任务队列中。广度优先并行策略相比深度优先并行策略能带来更高的并行度，但通常需要更多额外的内存空间；而深度优先并行策略，子任务串行执行可以减少额外内存空间的使用。

HRPF 允许用户指定每一层递归时采用的并行策略，即通过并行策略字符串来指导每一次递归并行决策，该字符串由字符'B'和'D'组成，字符'B'表示决策为广度优先，字符'D'表示决策为深度优先。默认情况下，每层递归都采用广度优先并行策略方式，相当于并行策略字符串等于"BBB…"。HRPF 采用的广度优先并行策略与深度优先并行策略混合的递归任务生成与分派算法如算法 8－1 所示。

对当前任务_task 调用 split 接口方法生成子任务，再根据当前层的并行策略 parallelStrategy[depth]进行任务分配。对于广度优先并行策略，在所有 worker 线程上轮转分派任务。但考虑到 GPU 运算能力高于 CPU，只要 CPU worker 线程的任务队列里有待处理的任务，就优先分配给 GPU worker 线程（第 5～第 9 行），

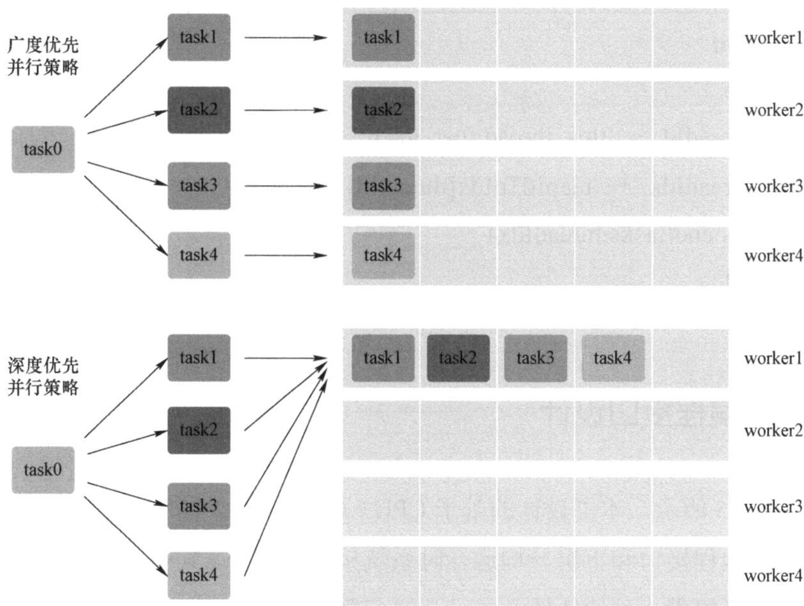

图 8－4　广度优先并行策略和深度优先并行策略的任务生成与分派

因此 GPU worker 线程相对承担更多的任务。对于深度优先并行策略，将所有子任务添加到当前 worker 线程的任务队列中（第 14 行）。注意，算法 8－1 中只考虑了一个 GPU 的情况，如果有多个 GPU，则第 7 行应改成 GPU worker 线程的轮转分派。

算法 8－1： HRPF 任务生成与分派算法

Input: 当前递归深度 depth，并行策略 parallelStrategy，当前任务_task

Output: 无

```
1   tasks ← _task.split( )
2   taskSize ← tasks.size( )
3   if parallelStrategy[depth] = 'B' then
4     for i = 0 to taskSize do
5         workerIdx ← i mod workerNum
6         if workerIdx is CPU worker and task_queue[workerIdx] ≠ NULL then
7             assign(tasks[i],GPUwoker)
8         else
9             assign(tasks[i],workerIdx)
10        end
```

```
    end
else
    threadId ← this_thread::get_id( )
    threadIdx ← mapIdToIdx[threadId]
    append(tasks,threadIdx)
end
```

8.4 编程接口设计

如图 8-5 所示，本书设计的基于 CPU+GPU 异构系统的 HRPF 主要包含上层应用任务编程接口和下层异构运行时系统接口两部分，其中应用任务并行接口主要为使用者提供一种便捷的方式设计递归算法，而异构运行时系统接口主要为上层算法提供隐式数据传输、计算设备抽象、异构数据一致性管理、任务并行、异构任务调度、任务同步及内存分配与回收等功能，让使用者只需专注于上层算法设计，不需要考虑具体的任务并行、数据传输等问题，减轻开发人员的负担，提高开发效率。值得一提的是，本书设计的 HRPF 不是对现有编程语言的扩展，而是基于 C++11 实现的编程库，使用时只需调用相关库函数接口便可轻松实现异构递归算法并行化。

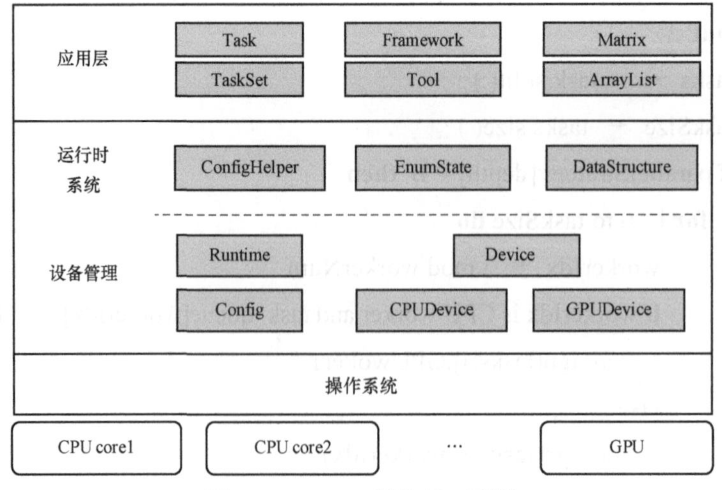

图 8-5 HRPF 整体接口建模

8.4.1 应用任务编程接口

在 8.1 节中提到，可以将递归算法并行化问题转换成任务并行问题，而且为了保证较好的抽象和广泛适用性，需要设计通用的任务模型来抽象和表达递归算法。如图 8-2 所示，在整体架构图中，HRPF 将递归算法递去与归来两个过程与编程接口中的 split 与 merge 操作联系起来，因此，在抽象的任务模型中需融入这两个操作，以便在运行时系统进行调度任务执行时，知道如何进行递归以及如何将子问题的求解结果进行归并。此外，HRPF 中一个任务在运行时才知道会在哪个计算设备上运行，因此，还需在任务模型中声明相关实现接口，确保被调度到某计算设备上运行后可以得到正确的结果。

8.4.1.1 任务抽象模型

HRPF 设计了两种专用类供使用者定义递归算法，分别是递归算法抽象基类（Problem 类）与 Task 类。在 HRPF 中，所有的递归算法实现都是 Problem 类的子类。而 Task 类则可以看作是一些彼此之间有数据依赖关系而必须串行执行的 Problem 集合。在本书中，所描述的任务均指的是 Problem 类的子类，并非 Task 类。Problem 类的定义如下所示：

```
class Problem {
private:
    std::vector<Problem*> childs;
    Basedata_t* data;
    Device* device;
    Function cpu_func;
    Function gpu_func;
    Problem* parent;
    std::atomic<bool> done;
    std::atomic<int> rc;
    int depth;
    bool flag;
    …
};
```

其中，成员 childs 是当前任务进行一次递归时所生成的子任务集；data 表示递归任务运行时所需要的数据；device 记录了该递归任务将在哪个计算设备上运行；cpu_func 与 gpu_func 分别是该任务在 CPU 和 GPU 上的具体实现；parent 代表当前任务的父任务；原子布尔类型成员 done 记录任务是否完成；原子整数类型变量 rc 表示子任务的数量，每当一个子任务完成，该值将会执行原子性减一操作；depth 记录当前所处递归深度；flag 标志决定当前任务是否可以直接运行。

Problem 类的相关接口及描述如表 8-1 所示。其中最重要的接口是 split 和 merge，它们描述递归算法递去与归来两个过程，通常由用户实现这两个接口。为了指明递归过程什么时候终止，用户还需实现 mustRunBaseCase 接口。当递归过程结束时，运行时系统将会调用 runBaseCase 接口，该接口又会调用 IO 接口来完成数据准备，紧接着调用 exec 接口，其根据 record_device 接口记录的计算设备，调用相应实现。由于 C++ 是一种静态的强类型语言，而且不同任务所需 I/O 数据的个数也有一定差别，因而用户需要重写 IO 接口告知运行时系统任务的 I/O 数据，这样运行时系统便可根据数据访问模式（读或写）来管理数据。另外，某些算法在递归过程中还会产生一些非递归的任务，run 与 runAsc 接口可以被用来同步或异步地执行这些任务。

表 8-1　Problem 类的相关接口及描述

接口名称	接口描述
split	将当前任务根据递归定义划分出子任务（需用户重写）
merge	将子任务求解结果归并（需用户重写）
record_device	记录任务计算设备
mustRunBaseCase	描述递归终止条件（需用户重写）
IO	告知运行时系统 I/O 数据，即设置数据状态（需用户重写）
runBaseCase	递归终止时执行基本任务
exec	根据当前所处设备调用相关任务实现
run	指定计算设备并同步执行任务

续表

接口名称	接口描述
runAsc	指定计算设备并异步执行任务
addParent	绑定当前任务的父任务
set_depth	记录当前任务的递归深度

Task 类代码如下所示：

```
class Task {
private:
    std::vector<Problem*> m_problems;
    bool flag;
    size_t m_size;
    …
};
```

在 Task 类定义中，成员 m_problems 表示具有数据依赖关系，需要串行执行的任务集合；m_size 表示任务集合中的任务数量；flag 指示该任务集合是否需要直接执行。

Task 类的相关接口及其描述如表 8－2 所示。

表 8－2　Task 类的相关接口及其描述

接口名称	接口描述
get_problems	获得任务集
run	指定计算设备并同步/异步执行任务集
set_flag	设置是否直接执行标志

8.4.1.2　框架建模

上述提到的 Problem 类及 Task 类为使用者提供了设计递归算法的方法，为了更方便地实现递归算法，本书将整体框架进行抽象，作为一个工具类供算法设计者与运行时系统调用。Framework 类定义如下：

```
class Framework {
private:
    static std:: string m_interleaving;
    static ConfigHelper& m_helper;
    …
};
```

在上述 Framework 类中，主要的成员包括 m_interleaving 与 m_helper。其中，成员 m_interleaving 以字符串的形式指示递归并行策略；m_helper 包含了运行时系统相关配置信息，主要有任务队列定义、Framework 线程池、共享资源锁、CPU 与 GPU worker 线程数量及运行时系统状态等信息。Framework 类的相关接口及其描述如表 8-3 所示。

表 8-3 Framework 类的相关接口及其描述

接口名称	接口描述
init	初始化框架环境配置信息
solve(task*,string)	初始化任务生成和分派策略并提交用户定义的递归任务
solve(task*,int)	根据递归深度及任务生成和分派策略执行递归过程
do_work	每一个 worker 线程的入口
spawn	根据当前任务生成和分派策略分发子任务
wait	非阻塞等待子任务集完成
append	将递归生成的子任务集添加到对应 worker 线程的任务队列
destroy	清理框架环境

init 与 destroy 接口主要用于框架环境的初始化与清理工作。Framework 类中有两个重载的 solve 接口：一个暴露给算法设计者，将算法设计者传入的任务生成和分派策略字符串与递归任务提交给运行时系统；另一个被 worker 线程调用，根据每一步的子任务生成和分派策略以及递归任务中的 split 与 merge 接口来模拟递归过程。在框架配置中，worker 线程池包含有 CPU worker 与 GPU worker 系统，

每个 worker 线程运行 do_work 接口，不断从调度器获取任务，然后调用 solve（task*，int）接口执行任务。spawn 与 wait 接口在 solve（task*，int）接口中被调用，用于分发动态生成的任务给 worker 线程以及同步等待子任务完成。wait 接口会依据 worker 线程的类型调用 cpu_wait 接口或者 gpu_wait 接口。

8.4.2　运行时系统接口

算法设计者通过应用任务编程接口设计好相应的递归算法后，通过框架工具类接口可以提交递归任务至运行时系统，运行时系统具体负责递归算法的并行执行过程。为了实现高效的递归算法并行化，运行时系统接口需要考虑 CPU 与 GPU 设备的抽象、CPU 与 GPU 之间数据传输、设备内存管理、任务并行与同步等。

异构系统中所涉及的异构计算设备多种多样，包括 GPU、CPU、FPGA、DSP 以及其他加速设备。本书所研究的异构系统主要由 CPU 与 GPU 组成，组成架构如图 8－6 所示。在由 CPU 与 GPU 构成的异构系统中，CPU 与 GPU 具有不同的特征，计算能力也有很大的区别。从图 8－6 中可以看出，GPU 较 CPU 有更多的 ALU，因此比较适合大规模数据并行计算，而 CPU 具有复杂的控制电路，因此适合于逻辑运算。不同的计算设备其特征及所擅长的领域具有较大差异，如何将这些计算设备抽象化表示，是本书运行时系统所考虑的因素之一。

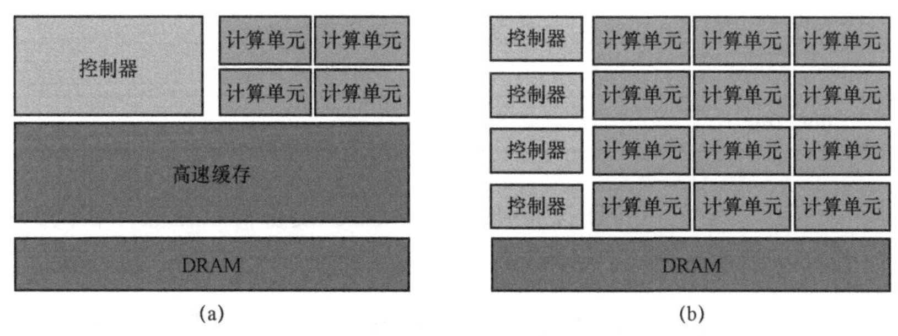

图 8－6　CPU＋GPU 异构系统架构

（a）CPU；（b）GPU

对于计算设备的抽象化表示，本书针对每一个计算设备创建相对应的类。同时考虑到扩展性，本书又进一步对各个计算设备进行抽象，即创建 Device 类，使每一个具体的计算设备类都继承于该类。当异构系统扩展为多个计算设备时，只需让新的计算设备类继承该 Device 类即可。Device 类定义如下所示：

```
class Device {
protected:
    DeviceType device_type;
    DeviceState device_state;
    …
};
```

在 Device 类的定义当中，成员 device_type 代表计算设备的类型；device_state 表示每一个计算设备的状态，计算设备的状态可以分为运行与停止两种类型。由于不同的计算设备具有不同的内存分配与回收方式，而且不同计算设备间数据传输方式也有同步、异步之分，因此本书设计的 Device 类也考虑了这类因素。Device 类的相关接口及描述信息如表 8－4 所示。

表 8－4　Device 类的相关接口及描述信息

接口名称	接口描述
Device	初始化计算设备
get_type	获得计算设备类型
dev_mem_put_asc	异步数据传输
dev_mem_put	同步数据传输
dev_malloc	内存分配
dev_free	内存回收

在同步传输模式下，GPU 设备初始化与 CPU 设备初始化操作相同，都会设置相应设备类型与初始化状态。然而在异步传输模式下，GPU 设备还会初始化一组 CUDA 流池。每一个 GPU worker 线程在执行任务及数据准备时可以从该组 CUDA 流池中申请空闲的流，以便完成异步传输及异步任务执行。运行时系统通过管理 CPU 与 GPU 设备来完成内存分配与回收以及数据传输服务。为了达到对计算设备统一管理的目的，本书建立了一个 Runtime 类，每当新添加一个计算设备，只需要注册到 Runtime 类，便可以由运行时系统管理，其定义如下所示：

```
class Runtime final{
private:
    CpuDevice* cpu_;
    GpuDevice* gpu_;
    …
};
```

Runtime 类的相关接口及描述信息如表 8－5 所示。

表 8－5　Runtime 类的相关接口及描述信息

接口名称	接口描述
get_instance	获取 Runtime 实例
get_cpu	获取 CPU 设备
get_gpu	获取 GPU 设备

此外，HRPF 还内置了矩阵、向量等数据存储类型，供使用者和运行时系统使用。运行时系统通过这些数据存储类型的相关接口来进行数据划分及数据一致性管理。为了实现可扩展性，HRPF 内置的这些数据存储类型都继承自 DataStructure 类，本书不再逐一介绍这些内置数据存储类型，以 DataStructure 类为例阐述数据管理的相关接口。DataStructure 类的相关接口及描述信息如表 8－6 所示。

表 8－6　DataStructure 类的相关接口及描述信息

接口名称	接口描述
build_childs	数据划分接口
accessAsc	异步传输模式下数据一致性管理接口
access	同步传输模式下数据一致性管理接口
get_cdata	获取主机端内存操作数据
get_gdata	获取设备端内存操作数据
get_cpu_pair	获取主机端内存操作数据状态信息

续表

接口名称	接口描述
get_gpu_pair	获取设备端内存操作数据状态信息
copy_from	根据传入的设备类型调用同步传输接口
copy_from_asc	根据传入的设备类型调用异步传输接口

8.5 任务调度与任务同步

8.5.1 任务调度

任务调度是将用户提交的可运行的任务集在某些约束条件及指标限制下按照特定的方案确定执行顺序，以实现负载均衡和最小化总的运行时间等目标。调度算法负责决定哪个任务先运行、任务运行时机以及任务分配等，由于这些决策往往会影响应用程序的性能，因而调度算法的效率对于整个异构系统都是至关重要的。在异构系统下常见的任务调度算法有异构最早完成时间算法、DualHP 算法、处理器上的关键路径算法、HeteroPrio 调度算法、MG 贪婪调度算法、HLP 调度算法、多优先权队列的遗传任务调度算法等。

通常任务调度可以分为静态调度与动态调度两种。静态调度根据对处理器可用性和待执行任务集的分析，在编译或启动时确定调度执行计划，其目标通常是最小化任务的调度长度或完成时间。静态调度算法常见有以下几种：遗传算法、MCP 关键路径算法、MH 启发式映射方法等。当事先不知道任务的到达时间时，通常采用动态调度，即运行时系统需要在任务到达时分配并执行任务。动态调度的策略可能会随着负载的变化而变化，以便实现更好的负载均衡与更高的计算性能。动态调度算法常见的有工作窃取调度算法、最早时限优先调度算法、Post 贪婪调度算法、负载贪婪调度算法、最小松弛度优先调度算法等。由于在 HRPF 中，递归任务是动态生成的，因此 HRPF 调度算法采用的是动态调度方式中的工作窃取调度算法。

8.5.1.1　工作窃取调度算法

工作窃取调度算法是一种常见的动态调度算法，可以有效实现基于任务并行的负载均衡。工作窃取调度算法已被证明是解决一大类问题的最优方法，并且具有严格的内存和通信限制。在该调度算法中，所有任务由一组固定数量的 worker 线程执行。工作窃取调度算法也是一种基于队列模型的调度算法，图 8－7（a）展示了其队列模型的一个示例。工作窃取调度算法通常包含三个核心操作：push、pop、steal。push 表示向任务队列中添加任务，pop 表示从任务队列中获取任务执行，steal 表示从别的 worker 线程任务队列窃取任务执行。图 8－7（b）给出了工作窃取调度算法三个核心操作示意。

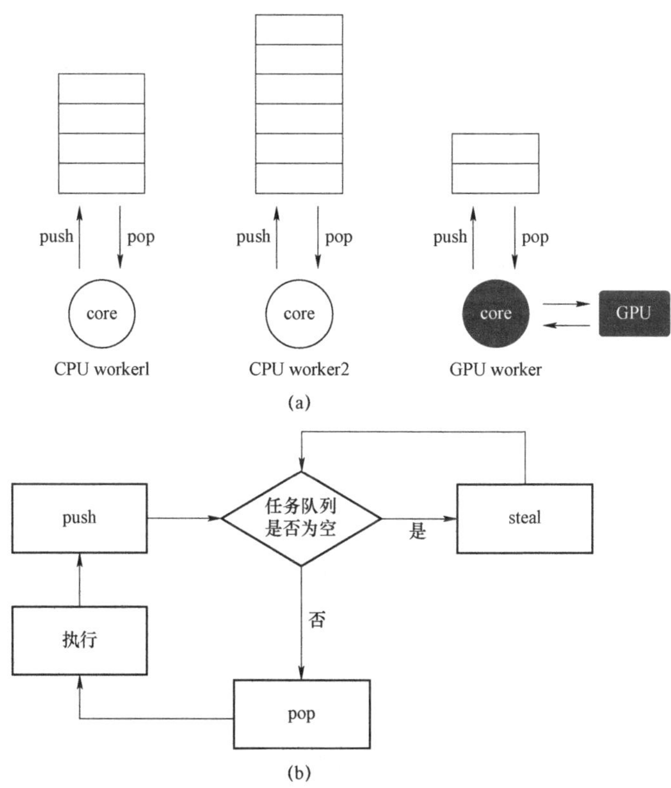

图 8－7　工作窃取调度算法示意

（a）工作窃取调度算法队列模型示例；（b）工作窃取调度算法三个核心操作示意

算法 8－2 展示了一个通用的工作窃取调度算法，每个 worker 线程都会执行这样的循环。该循环中每个 worker 线程都拥有一个任务队列，并不断从中获取任务执行；任务完成后还会激活与该任务有依赖关系的后续任务，并将新生成的任务添加到任务队列当中；任务队列为空时，处于空闲状态的 worker 线程将从随机选择的 worker 线程那里窃取任务执行。

算法 8－2： 工作窃取调度算法

```
while execution not terminated do
    if worker own queue is empty then
        T ← steal from a random selected worker
        if T ≠ NULL then
            push T into worker own queue
        end
    else
        T ← pop from queue
        execute T
        activate the task successors of T
    end
end
```

8.5.1.2 异构工作窃取调度算法

在同构系统下，工作窃取调度算法中任务队列的实现通常是采用双端队列，且 worker 线程（队列所有者）在队列一端进行 push 与 pop 操作，其他 worker 线程（窃取者）从另一端获取任务。与同构系统下的实现类似，本书设计的队列模型也采用双端队列。不同的是，由于在 CPU＋GPU 异构系统下，CPU 与 GPU 的计算能力等方面有较大差异，因而在本书设计当中，任务队列中的任务粒度是由小到大排列的，且基于 CPU 与 GPU 的计算能力，本书的工作窃取调度算法采用两种不同的窃取原则，分别是工作优先原则与求助优先原则。

push、pop、steal 操作访问队列位置的不同产生了工作优先与求助优先两种不同的调度策略。对于工作优先，worker 线程会优先执行新生成的任务，将剩余的待处理任务留给其他处于空闲状态的 worker 线程去窃取，这样做有较好的局部性。工作优先具体可实现为在队列头部 push 和 pop 任务。对于求助优先，worker 线程优先处理任务队列中剩余的任务，将新生成的任务留给其他空闲的 worker 线程去窃取，适用于工作窃取较多的情况。求助优先可实现为从队列的一端 pop 任务，从另一端 push 和 steal 任务。

本书结合工作优先与求助优先提出了一种异构系统的工作窃取调度算法模型，如图 8-8 所示。对于 CPU worker 线程，采用工作优先的工作窃取调度算法，从其他 worker 线程队列头部窃取任务并放入自己的队列头部(见算法 8-3 第 4～第 6 行)，这样便于快速 split 产生基任务，如算法 8-3 所示；对于 GPU worker 线程，采用求助优先的工作窃取调度算法，从 CPU worker 的队列尾部窃取任务，如算法 8-4 所示。注意，CPU worker 和 GPU worker 都是运行在 CPU 上的线程，只有当 GPU worker 执行基任务时才会调用任务的 CUDA kernel。由于各个 worker 线程都是向队列头 push 新任务，因此递归过程中生成的任务在队列中是由小至大排列的，排在队列尾部的任务粒度较大。

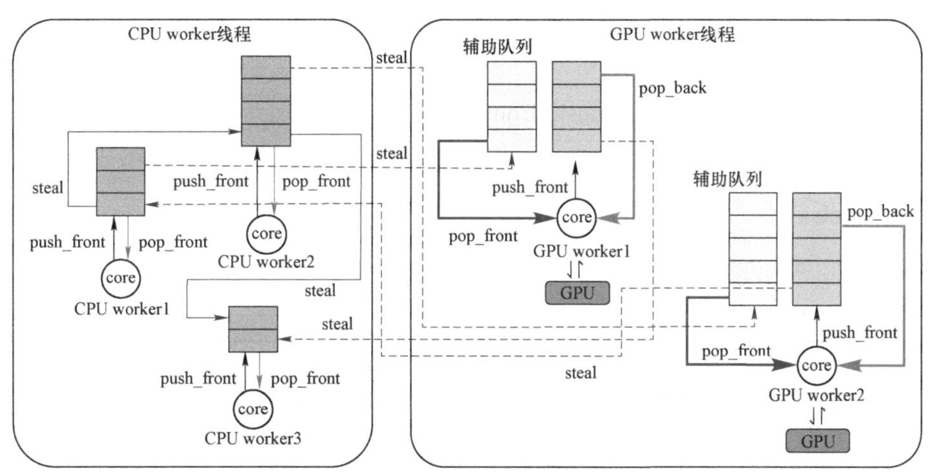

图 8-8　异构系统的工作窃取调度算法模型

HRPF 的工作窃取调度算法设计主要考虑两点：① 尽量让任务在 GPU 上运行；② 尽量避免任务在 CPU 和 GPU 之间被来回窃取。GPU worker 线程只从 CPU worker 线程窃取任务，不从其他 GPU worker 线程窃取任务，且将窃取来的任务放入一个辅助队列（见算法 8-4 中的第 7 行），如图 8-8 所示。辅助队列中的任务不能被其他 worker 线程访问，因此不需要加锁（见算法 8-4 第 7 行）。这样的设计可以保证 GPU worker 线程窃取来的任务由当前 GPU worker 线程执行，不会再被 CPU worker 线程窃取回去。CPU worker 线程没有辅助队列，窃取来的任务可能会被空闲的 GPU worker 线程窃取，符合任务优先由 GPU worker 线程运行的原则。

算法 8－3： 工作优先的工作窃取调度算法

Input： 当前 worker 线程的索引 index

Output： 窃取到的任务 task

```
stealIndex ← select a random victim from CPU worker and GPU worker
task_queue[stealIndex].lock( )
if task_queue[stealIndex]≠ NULL then
   task ← task_queue[stealIndex].front( )
   task_queue[stealIndex].pop_front( )
   task_queue[stealIndex].unlock( )
   task_queue[index].lock( )
   task_queue[index].push_front(task)
   task_queue[index].unlock( )
else
   task_queue[stealIndex].unlock( )
end
```

算法 8－4： 求助优先的工作窃取调度算法

Input： 当前 worker 线程的索引 index

Output： 窃取到的任务 task

```
stealIndex ← select a random victim from CPU worker
task_queue[stealIndex].lock( )
if task_queue[stealIndex]≠ NULL then
   task ← task_queue[stealIndex].back( )
   task_queue[stealIndex].pop_back( )
```

```
    task_queue[stealIndex].unlock( )
    private_queue[index].push_front(task)
  else
    task_queue[stealIndex].unlock( )
  end
```

8.5.2　任务同步

在串行递归算法执行过程中，当子任务执行完毕后，会将子任务结果进行归并，从而形成父任务的结果。在异构并行系统下，不同的子任务可能被运行时系统调度到不同的计算设备上执行，因而在执行求解结果归并之前，需要显式进行同步，保证各个子任务均运行完成。HRPF 通过 wait 接口来同步等待子任务完成，8.4.1.1 节描述了 Problem 类的成员 rc 表示当前任务的子任务数量，为原子类型变量，在子任务执行完成时，会对其执行原子性减 1。在 wait 接口中，通过对当前任务的 rc 值进行判断来实现任务同步，当 rc 的值为 0 时，表示当前任务的子任务执行完成。wait 接口分为 cpu_wait 接口与 gpu_wait 接口，两个接口实现类似，以 cpu_wait 接口为例，非阻塞的任务同步具体实现如算法 8－5 所示。

在算法 8－5 中，wait 接口并不会阻塞当前 worker 线程，使其等到任务执行完成后再由该 worker 线程继续执行当前任务的归并操作，而是会执行一个调度循环（第 4～第 16 行），调度循环的终止条件为当前未完成的子任务数量，当子任务都运行完毕时，wait 接口执行完成。在调度循环内，不断地从当前 worker 线程的任务队列中获取任务执行；当队列为空时，执行工作窃取调度算法并获取任务执行。

算法 8－5： 非阻塞的任务同步

Input： 当前任务 problem，当前 worker 线程索引 index

Output： 无

```
1 Function cpu_wait(problem,index):
2     atomic_rc ← problem.rc
3     cpu ← Runtime.get_instance( ).get_cpu( )
```

```
while atomic_rc ≠ 0 do
    task ← NULL
    task_queue[index].lock( )
    if task_queue[index]≠ NULL then
        task ← task_queue[index].front( )
        task_queue[index].pop_front( )
        task_queue[index].unlock( )
        task.record_device(cpu)
        Framework.solve(task)
    else
        task_queue[index].unlock( )
        task_steal(index)
    end
  end
return
```

8.6 异构数据管理

HRPF 运行时系统面向的硬件环境是内存分离式的 CPU+GPU 异构系统，任务数据划分、内存管理、数据一致性管理、数据传输管理等方面对于整个异构系统的性能影响较大，因而设计有效的异构数据管理方法至关重要。本节主要介绍 HRPF 运行时系统中异构数据管理的相关技术。

8.6.1 数据划分与内存管理

本书设计的 HRPF 中内置了向量、矩阵等数据存储类型，不同的数据存储类型提供了不同的数据划分方式供开发者使用。不同划分方法的结果都是将原有的数据块划分成更小的数据块，HRPF 运行时系统数据管理主要就是针对数据块进行管理的。

图 8-9 展示了矩阵数据存储类型的三种基本的数据划分方式：基于行划分、基于列划分、基于行列混合划分。根据三种基本的数据划分方式，可以支持更细粒度的划分方式，数据划分与其对应的树状表示如图 8-10 所示。向量数据存储类型支持均匀划分与非均匀划分两种。

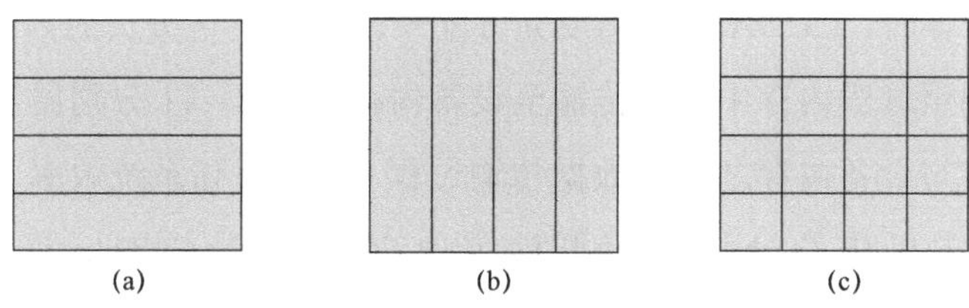

图 8-9　矩阵数据存储类型的三种数据划分方式

（a）基于行划分；（b）基于列划分；（c）基于行列混合划分

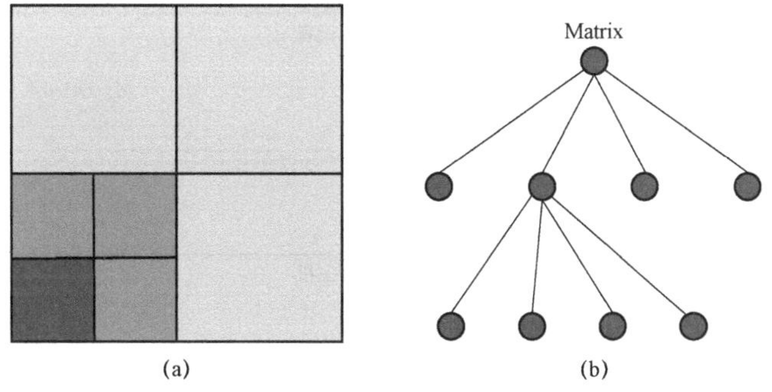

图 8-10　数据划分与其对应的树状表示

（a）数据划分；（b）对应的树状表示

本书设计中所有的数据划分方式都属于逻辑划分，并不会额外分配内存并复制存储数据副本，仅需维护相应的偏移指针、数据量及数据状态等基本信息即可。

运行时系统内存管理主要是对动态生成的任务数据进行内存分配与回收，内存分配与回收的基本单位都是数据块。对于 GPU 内存，即设备内存，本书采用的是 CUDA 运行时系统 cudaMalloc 接口进行设备内存的分配，并采用 cudaFree 接口进行设备内存的回收，它们由本书设计的抽象 GPU 设备类接口封装。对于 CPU 内存，即主机内存，本书没有采用 C/C++相关系统库函数，如 new( )/delete( )、malloc( )/free( )等函数进行内存的分配与回收。主机内存通常有两种不同的分配模式，分别是分页内存（pageable memory）与页锁定内存（pinned memory）。一般使用 C/C++语言的 malloc( )函数和 new( )函数分配的便是分页内存，会参与页交换等过程，从而实现远大于物理内存空间的虚拟内存，平时 CPU 编程所使用的内存都是该类型。对于页锁定内存而言，它不会参与页面交换，而是直接在物理内存进行分配与回收，方便使用 DMA 与设备进行通信，提高通信效率。最重要的是 GPU 不能访问主机的分页内存，在进行分页内存至设备内存之间的数据传输时，CUDA 驱动需要先分配一段临时不可分页的内存，使主机内存数据先复制至这段内存中，再传输至设备内存。图 8－11 分别展示了分页内存和页锁定内存与设备内存之间的数据传输过程。为了提高系统效率及实现异步传输，本书对主机内存分配采用页锁定内存，使用 CUDA 运行时库中的 cudaMallocHost 接口和 cudaFreeHost 接口进行内存分配与回收，这两个接口同样由本书设计的抽象 CPU 设备类接口封装。

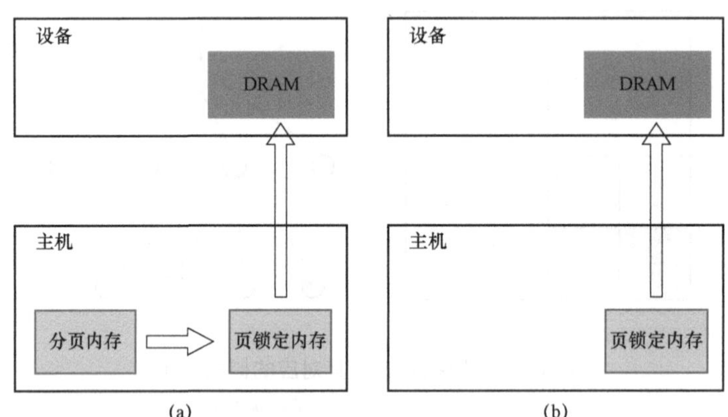

图 8－11　分页内存和页锁定内存与设备内存之间的数据传输过程

（a）分页内存；（b）页锁定内存

8.6.2　数据传输管理

数据传输管理模块主要负责设备与主机之间的数据传输服务，在本书运行时系统设计当中，支持同步传输与异步传输，且数据传输的基本单位是数据块。在同步传输模式下，对于向量数据存储类型采用 CUDA 运行时库中的 cudaMemcpy 接口进行数据复制，对于矩阵数据存储类型，以二维块为单位进行传输，采用 cudaMemcpy2D 接口进行数据复制。CUDA 流提供了异步操作的方式，并记录了一组串行执行的操作指令，这些指令可以是内存复制操作，也可以是 CUDA kernel

执行操作。不同流内的操作可以重叠执行，从而实现计算与传输的重叠。基于 CUDA 流可以实现主机与设备的异步并行执行、主机运算与主机至设备传输并行、设备计算与主机至设备传输并行、设备内操作流水线并行等。为实现主机至设备的异步传输操作，本书构建了 CUDA 流池，并采用 CUDA 的 cudaMemcpyAsync 接口与 cudaMemcpy2DAsync 接口分别实现向量与矩阵数据存储类型的复制。任务异步执行如算法 8–6 所示，当 CUDA 流池不为空时，所有的 GPU worker 线程都可以从 CUDA 流池中获取一个空闲 CUDA 流执行数据传输与 GPU 计算任务，任务完成后通过回调函数回收至 CUDA 流池（第 3～第 10 行）；若 CUDA 流池无空闲 CUDA 流，则 GPU worker 线程进行阻塞等待，直到有空闲 CUDA 流才会被唤醒。

算法 8–6： 任务异步执行

Input： 当前 worker 线程的索引 index

Output： 无

```
1  while true do
2     lock( )
3     if idle_streams ≠ NULL then
4          cur_stream[index]← idle_streams.back( )
5          idle_streams.pop( )
6          unlock( )
7          cur_stream[index].append(copy_task)
8          cur_stream[index].append(compute_task)
9          cur_stream[index].append(recycle_stream(cur_stream[index]))
10         break
11    else
12         streams_condition_variable.wait(lock)
13    end
14 end
```

8.6.3 数据一致性管理

在 HRPF 中，任务可以在 CPU 和 GPU 之间迁移，因此任务对应的数据在 CPU 和 GPU 存在两个副本，这就需要进行数据一致性管理。本书采用 MSI 缓存一致性协议来维护数据一致性。每个数据对象的 CPU 数据和 GPU 数据分别关联一个数据状态。数据状态共有三种，分别是独占（exclusive）、共享（shared）、无效（invalid）。独占状态简称 E，表示该数据只在 CPU 或 GPU 可用；共享状态简称 S，表示数据在 CPU 与 GPU 都可用；无效状态简称 I，表示数据不可用。CPU 和 GPU 可能的数据状态组合如表 8－7 所示。

表 8－7 CPU 和 GPU 可能的数据状态组合

GPU	CPU		
	I	S	E
I	√	×	√
S	×	√	×
E	√	×	×

随着递归的进行，任务形成了一棵树，任务所对应的数据也相应形成了树状结构，因此，任务和子任务的数据对象之间也形成了树状的关系。如 8.3 节所述，任务划分过程中有深度优先和广度优先两种并行策略。如图 8－12 所示，对于深度优先并行策略，所有子任务都追加到当前 worker 线程的任务队列中，因而子任务数据与父任务数据处于同一计算设备上，且拥有与父任务数据相同的状态。对于广度优先并行策略，子任务数据随着子任务一同添加到相应的 worker 线程任务队列中，子任务数据可能在多个计算设备上存在，因而可能处于数据共享状态。另外，由于动态调度，每个子任务只有在运行时才能确定执行的计算设备，而且当子任务完成之后，归并任务也可能会在不同的计算设备上执行。

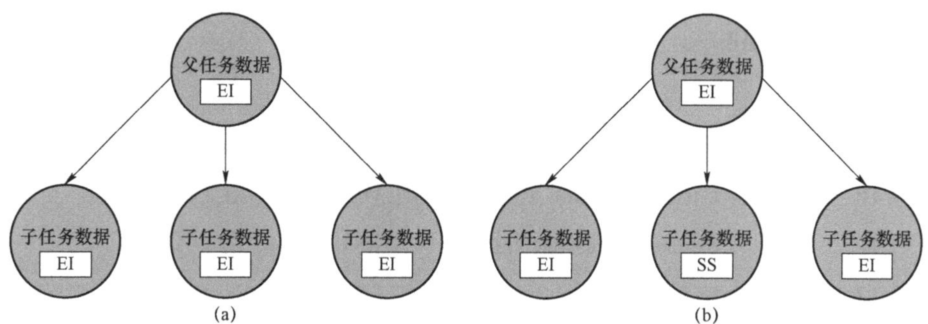

图 8-12　两种并行策略下的递归数据状态树示例

（a）深度优先并行策略下的递归数据状态树；（b）广度优先并行策略下的递归数据状态树

在任务执行前的数据准备工作中，需要对每个数据对象执行算法 8-7 中的递归数据状态转换。首先，需要根据当前执行任务的计算设备获取当前设备上的数据信息（一个包含数据地址和状态的 std::pair）以及其他计算设备上该数据对象的数据信息（第 2～第 3 行）。其次，判断当前数据块是否被划分过：如果有子块则对每个子数据对象递归调用转换函数，使所有子数据块在当前计算设备上可用（第 4～第 7 行）；若无划分则根据访问模式是读还是写执行相应操作。若是写操作，则将其他计算设备上的相应数据块的状态置为无效，以防止其使用错误的数据进行计算（第 9～第 13 行）；若为读操作，且其他计算设备独占该数据块，则会触发数据复制，并设置该数据块的状态为共享状态（第 14～第 19 行）。通过维护每个数据块的状态，并执行数据状态转换，可以保证任务执行时数据的一致性与有效性。

算法 8-7：递归数据状态转换

Input：当前任务执行所在计算设备 device，数据访问模式 memAccess

Output：无

```
1 Function Access(device,memAccess):
2     curDeviceData ← get_current(device)
3     otherDeviceData ← get_other(device)
4     if childDataBlockSets ≠ NULL then
5         for childBlock:childDataBlockSets do
6             childBlock.Access(device,memAccess)
```

```
        end
    else
            if memAccess = MEMACCESS::WRITE then
            curDeviceData.status ← MEMSTATE::EXCLUSIV E
            otherDeviceData.status ← MEMSTATE::INV ALID
            break
        end
        if memAccess = MEMACCESS::READ then
            if otherDeviceData.status = MEMSTATE::EXCLUSIVE then
                copy_from(curDeviceData.data,otherDeviceData.data,device)
                curDeviceData.status ← MEMSTATE::SHARED
                otherDeviceData.status ← MEMSTATE::SHARED
                break
            end
        end
    end
return
```

目前 HRPF 的实现只考虑了一个 GPU 设备，如果有多个 GPU 设备，则算法 8-7 中的 get_other 接口应返回其他所有计算设备上的数据信息，也就是要将变量 otherDeviceData 改为数组类型，后面对 otherDeviceData 的访问要进行数组遍历和更复杂的处理。

8.7 基于 HRPF 的循环并行化

循环通常是程序并行化的主要目标，许多并行编程模型都提供专门的并行循环接口，如 TBB、OpenMP、OpenACC 等。对完全可并行化的循环，一些并行编程模型对循环迭代空间进行递归划分，产生并行执行的任务，如 TBB。与这些并行编程模型类似，HRPF 也提供了专门的并行循环接口。

8.7.1　并行循环接口

所谓循环并行化就是将循环迭代空间按照某种方式展开成可以并行执行的指令，并通过数据并行、指令并行、线程并行、流水线并行等方式执行这些指令的过程，图 8-13 和图 8-14 分别展示了循环串行、线程与流水线并行循环执行过程。HRPF 的循环并行化设计实现，主要针对的是 for 循环。常见的 for 循环类型有很多，大致可以分为串行循环、DOALL 循环、DOACROSS 循环。串行循环不可以并行化执行，必须按照串行方式迭代执行。DOALL 是一类可以完全并行化的循环，每次迭代之间没有相关性。DOACROSS 循环由于带有交叉迭代依赖关系，因此它的并行度受到严格限制。

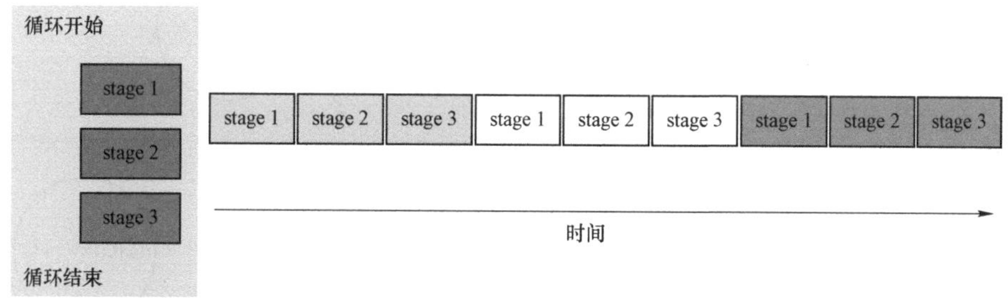

图 8-13　循环串行执行过程

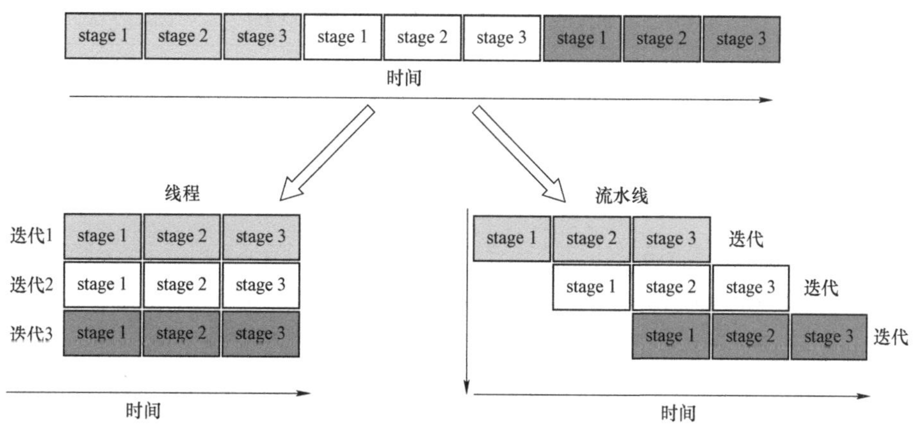

图 8-14　并行循环执行过程

OpenMP 编译制导指令#pragma omp parallel for 与 TBB 的 parallel_for 接口等都是针对循环迭代之间所处理的数据与请求没有依赖关系的并行循环模式。与 OpenMP 和 TBB 类似，本书基于 HRPF 的并行循环模式，主要针对迭代之间无依赖关系的 DOALL 循环进行。

如果一个 for 循环任意迭代之间没有依赖关系，且这些迭代可以任意顺序或同时执行，则将该循环称为并行循环，其可能以各式各样的结构展现。如图 8－15 所示，本书对于这类循环的并行化，是通过将每次迭代视为一个独立的计算任务，并将整个循环采用分治思路来处理。

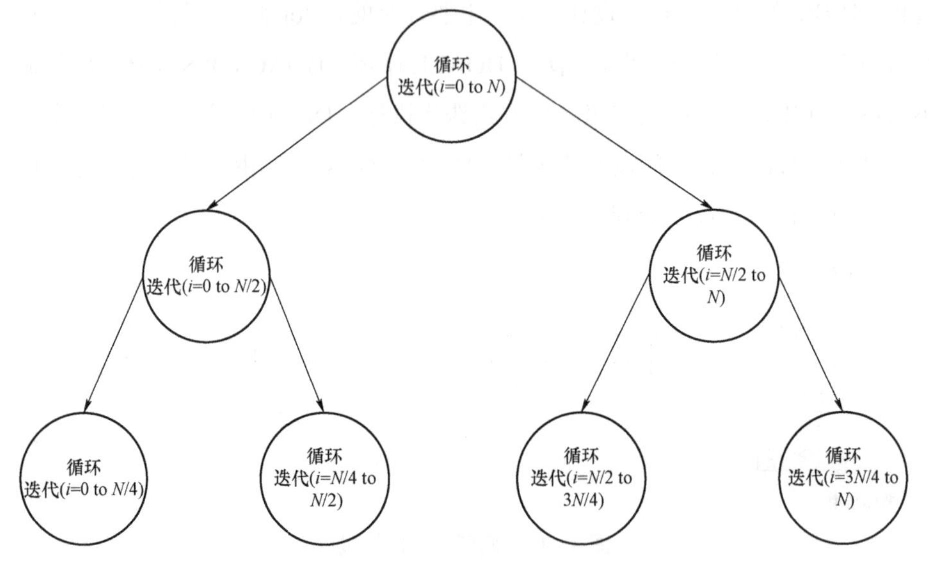

图 8－15　采用分治思路解决并行循环问题

如果一个循环中每次迭代的执行时间相差不多，则称这类并行循环是计算量均匀分布的。下面代码为一个典型的该类并行循环示例（循环模式 1）。

```
DOALL K = 1 TO I
   X[K] = X[K] + A
   Y[K] = X[K]* B
END DOALL
```

针对这种计算量均匀分布的并行循环，本书实现的并行循环接口如下：

```
void parallel_for(Basedata_t* data,Function cf,Function gf);
```

parallel_for 接口参数 data 是将循环体中所涉及的计算数据类及迭代空间进行封装的 loopData_t 对象，参数 cf 与 gf 分别是循环体在 CPU 与 GPU 的实现原型，在调用该接口时，使用者将 CPU 与 GPU 循环体实现原型的函数指针及 loopData_t 类实例指针传入该接口。实现原型、loopData_t 类及用户自定义计算数据类实例的示例如下。其中用户声明的循环体实现原型形式参数必须是 Basedata_t 指针。

```
void cpu_func(Basedata_t* data);  //CPU 循环体实现原型
void gpu_func(Basedata_t* data);  //GPU 循环体实现原型
/*HRPF 内置类：封装用户自定义计算数据类实例及迭代空间*/
struct loopData_t : public Basedata_t{
public:
    /*用户自定义计算数据类实例*/
    Basedata_t* buffer;
    size_t start; //迭代起点
    size_t end;   //迭代终点
};
/*用户自定义计算数据类实例，必须继承自 Basedata_t*/
struct UserData_t : public Basedata_t{
public:
    /*循环任务数据集*/
    std::vector<ArrayList*> buffer;
};
```

UserData_t 类包含了循环体中任务的数据集，它采用 HRPF 内置向量 ArrayList 类作为数据缓冲区，在执行循环体计算时，可通过 get_cdata 与 get_gdata 接口获取 CPU 与 GPU 数据缓冲区，这样 HRPF 就帮助使用者完成了内部数据的传输与同步等，保证了数据的一致性和有效性。

以下是一个嵌套循环的示例（循环模式 2），该示例中第一层循环与第二层循环迭代所访问的数据缓冲区相同。许多应用中都存在这样的嵌套循环，如 K 近邻（K-nearest neighbor，KNN）算法中求从一个样本点到其他样本点的距离。

```
DOALL K = 1 TO I
```

```
   LOOP J = 1 TO M
      L[K] = X[J] + X[K]
      Z[K] = (Y[J] - Y[K])*(X[J] - X[K])
   END LOOP
END DOALL
```

针对这种循环层之间访问的数据缓冲区相同，且最外层循环迭代之间均无依赖关系的并行循环，也可通过 parallel_for 接口完成并行化。

在并行计算领域，许多算法包含的循环都是嵌套循环，如矩阵向量乘、Hadamard 积、矩阵加法、卷积操作等。这种循环不仅循环模式复杂，而且操作的数据类型多样，如矩阵、向量等。以下代码给出了通常在矩阵向量运算中出现的循环模式（循环模式 3），矩阵与矩阵运算中也有类似模式。这类模式中计算量均匀分布，且迭代之间彼此无依赖。

```
DOALL I = 1 TO M
   LOOP J = 1 TO N
      C[I][J] = func(A[I][J],B[I][J]…)
      X[I] = gfunc(A[I][J],Y[J]…)
   END LOOP
END DOALL
```

前面介绍的 3 种模式每次迭代的计算量近似一致，均属于均匀分布类型。以下代码给出的是计算量非均匀分布的并行循环（循环模式 4 和 5），随着迭代的进行，计算量分别呈现上升与下降趋势。

```
DOALL K = 1 TO I
   LOOP J = 1 TO K
      Loop Body
   END LOOP
END DOALL
DOALL K = 1 TO I
```

```
    LOOP J = K TO N
         Loop Body
    END LOOP
END DOALL
```

对于上述两种计算量非均匀分布的并行循环，本书实现了两种并行循环接口，与之对应，示例代码如下所示：

```
void parallelForI(Basedata_t* data,Function cf,Function gf);
void parallelForD(Basedata_t* data,Function cf,Function gf);
```

8.7.2　并行循环实现

为了利用 HRPF 将 DOALL 循环并行化，把 DOALL 循环每次迭代看作是独立执行的任务，将循环问题看作分治递归问题。通过问题转化，可以有效利用 HRPF 运行时系统来并行执行 DOALL 循环。

在使用 HRPF 解决 DOALL 循环并行化问题时，先需要抽象出循环任务类，根据 8.7.1 节中提到的循环模式，本书抽象出的循环任务类定义如下：

```
class CplusLoop:public Problem{
public:
   CplusLoop(Basedata_t* m_data,Function _cf,Function _gf,…);
   std::vector<Problem*>split( )override;
   void merge(std::vector<Problem*>& subproblems)override;
   bool mustRunBaseCase( );
};
```

理论上所有的 DOALL 循环都可以抽象成上述循环类，只需要根据不同的模式，让该类的相关接口具有特定的实现即可。构造函数的参数 m_data 是一个 loopData_t 类型的指针；split 接口指示如何将循环问题采用分治策略划分成子循环问题；merge 接口指示如何将子循环问题的结果进行归并，本书的 merge 接口是一个空函数，最终结果的归并留到所有循环迭代执行完成之后进行；mustRunBaseCase 接口用于决定循环问题何时停止划分，从而直接求解，在本书的实现当中，当循环迭代次数小于某个阈值（默认 128）时便停止划分。后续本书将主要介绍循环接口中 split 接口的设计实现。

对于 8.7.1 节提到的循环模式 1、2、3 及其他规则的循环模式等，有一种简单的 split 接口实现，如下面的代码所示。该实现主要采用分治策略对迭代空间进行静态均匀划分，然后生成两个独立的子循环任务，对于循环模式 3 这类规则的嵌套循环而言，仅对并行循环的最外层进行迭代划分。

```
std::vector<Problem*>split( ){
    size_t mid = (iterStart + iterEnd)/2;//采用静态均匀划分方式
    std::vector<Problem*>childTasks(2);
    childTasks[0] = new  CplusLoop(new  loopData_t(iterStart,mid,
dataBuffer),cpu_func,gpu_func…);
    childTasks[1] = new   CplusLoop(new   loopData_t(mid,iterEnd,
dataBuffer),cpu_func,gpu_func…);
    return childTasks;
}
```

对于循环模式 4、5 而言，它们属于嵌套循环，但它们具有非均匀的迭代计算量，呈现出递增或递减的特点。对这两种非规则循环模式，本书没有采用上述的静态均匀划分方式，而是采用典型的自调度算法对迭代空间进行划分。常用的自调度算法有 TSS 算法、FSS 算法、GSS 算法等。不同的自调度算法划分迭代空间的方式不同。假定循环迭代次数为 I，处理核个数为 p，第 i 次划分的迭代块为 C_i，第 i 次划分剩余迭代任务量为 R_i，则调度算法通用公式为

$$R_0 = I, C_i = \text{func}(R_{i-1},\ p),\ R_i = R_{i-1} - C_i \qquad (8-1)$$

对于循环模式 4 这类递增式循环模式，随着迭代的进行计算量增加，而 TSS 算法使得划分后的迭代块呈现出线性减少的特点，因此为了使划分后每个子任务的计算量分布近似均匀，在每次递归划分时，采用类似 TSS 算法来划分迭代空间（见算法 8-8）。在 TSS 算法中，$C_i = C_{i-1} - D$，其中 $D = \left\lceil \frac{F-L}{N-1} \right\rceil$，$F$ 表示

第一次划分迭代的块大小，其值为$\left\lceil \frac{I}{2p} \right\rceil$，$L=1$，$N$为分配任务数，其值为$\left\lceil \frac{2I}{F+L} \right\rceil$。与标准实现不同的是，本书的$D$值会随剩余迭代数量变化而动态调整，即每次划分后都会根据当前剩余迭代次数进行更新（见算法 8-8 第 17～第 19 行），避免最后划分出很多较小的迭代块。

对于循环模式 5 这类递减式循环模式，随着迭代进行计算量减少。同样地，如算法 8-9 所示，为了保证每个子任务的计算量分布近似均匀，在每一次递归划分时，本书采用与 FSS 算法相似的方式划分迭代空间，使划分后的各个迭代块呈现增加的趋势。在 FSS 算法中，$C_i = C_{i-1} + B$，$C_0 = \left\lceil \frac{I}{Xp} \right\rceil$，$B = \left\lceil \frac{2I(1-\sigma / X)}{p\sigma(\sigma-1)} \right\rceil$，$X = \sigma + 2$，其中$X$与$\sigma$都为用户自定义参数。本书实现中$B$是动态调整的（见算法 8-9 第 16 行），避免由于最后产生的迭代块过大，而导致递归划分次数增加。

在设计好循环任务类之后，便可利用 HRPF 实现并行循环接口，以 parallel_for 接口为例，其定义如下：

```
void parallel_for(Basedata_t* data,Function cf,Function gf)
{
    auto problem = new CplusLoop(data,cf,gf,nullptr);
    Framework::solve(problem…);
    /*同步*/
    Runtime::get_instance( ).get_gpu( ) - >synchronize( );
    delete problem;
}
```

实际应用中并行循环模式多种多样，本书设计实现的两类并行循环接口对于多数循环模式可实现较好性能，但由于仅对并行循环最外层迭代空间进行划分，因此对一些复杂的嵌套循环，不支持嵌套并行，并行化后可能达不到很高的性能。设计者可根据循环任务定义特定的循环任务类，设计高效的任务划分 split 接口，通过 HRPF 运行时系统进行统一任务调度，从而实现较高的计算性能。

算法 8-8： 递减式划分迭代空间

```
Input：迭代次数 iterSize，worker 线程数量 P
Output：迭代块集 blocks
Function DecAlloc(iterSize,P):
    firstChunk ← iterSize/2P
    lastChunk ← 1
    N ← 2 * iterSize/(firstChunk + lastChunk)
    D ←(fitstChunk − lastChunk)/(N − 1)
    curBlock ← fistChunk
    allocSize ← firstChunk
    curIdx ← 0
    blocks[0]← curBlock
    while allocSize<iterSize do
        restSize ← iterSize − allocSize
        if restSize<curBlock − D then
            blocks[curIdx + +]← restSize
        else
            curBlock ← curBlock − D
            blocks[curIdx + +]← curBlock
            firstChunk ← restSize/2P
            N ← 2 * restSize/(firstChunk + lastChunk)
            D ←(fitstChunk − lastChunk)/(N − 1)
            allocSize ← allocSize + curBlock
        end
    end
return blocks
```

算法 8–9：递增式划分迭代空间

Input：迭代次数 iterSize，worker 线程数量 P

Output：迭代块集 blocks

```
Function IncAlloc(iterSize,P):
  σ ← 4
  X ← σ+2
  B ← (2 * iterSize *(1 − σ/X))/(P * σ *(σ − 1))
  curBlock ← iterSize/(X * P)
  allocSize ← curBlock
  curIdx ← 0
  blocks[0]← curBlock
  while allocSize<iterSize do
      restSize ← iterSize − allocSize
      if restSize<curBlock + B then
          blocks[curIdx + + ]← restSize
      else
          curBlock ← curBlock + B
          blocks[curIdx + + ]← curBlock
          B ← (2 * restSize * (1 − σ/X))/(P * σ * (σ − 1))
          allocSize ← allocSize + curBlock
      end
  end
return blocks
```

8.8 应用验证

为评估 HRPF，本书基于 HRPF 实现了两个递归应用，即归并排序和

Strassen-Winograd 算法，以及 8 个常用算法中的并行循环，并在 CPU+GPU 异构系统上，与基于 StarPU、OpenMP 等的实现进行了比较。

8.8.1 并行快速矩阵乘法

8.8.1.1 Strassen-Winograd 算法

矩阵乘法是最基本的线性代数运算之一，它是许多应用中的核心计算部分。通用矩阵乘法复杂度高达 $O(n^3)$，快速矩阵乘法相对具有更低的时间复杂度，其中 Strassen-Winograd 算法时间复杂度约为 $O(n^{2.37})$。该算法将原矩阵乘法切分为 7 次子矩阵乘法和 15 次子矩阵加法，且这 7 次子矩阵乘法可以继续递归划分求解。为了计算 $\boldsymbol{C} \leftarrow \boldsymbol{A} \times \boldsymbol{B}$，首先将矩阵进行分块，形式如下：

$$\begin{bmatrix} \boldsymbol{C}_{11} & \boldsymbol{C}_{12} \\ \boldsymbol{C}_{21} & \boldsymbol{C}_{22} \end{bmatrix} = \begin{bmatrix} \boldsymbol{A}_{11} & \boldsymbol{A}_{12} \\ \boldsymbol{A}_{21} & \boldsymbol{A}_{22} \end{bmatrix} \times \begin{bmatrix} \boldsymbol{B}_{11} & \boldsymbol{B}_{12} \\ \boldsymbol{B}_{21} & \boldsymbol{B}_{22} \end{bmatrix}$$

在进行矩阵分块之后，Strassen-Winograd 算法的计算过程如表 8-8 所示。

表 8-8 Strassen-Winograd 算法的计算过程

ID	操作	ID	操作
1	$\boldsymbol{S}_3=\boldsymbol{A}_{11}-\boldsymbol{A}_{21}$	12	$\boldsymbol{P}_1=\boldsymbol{A}_{11}\,\boldsymbol{B}_{11}$
2	$\boldsymbol{T}_3=\boldsymbol{B}_{22}-\boldsymbol{B}_{12}$	13	$\boldsymbol{U}_2=\boldsymbol{P}_1+\boldsymbol{P}_6$
3	$\boldsymbol{P}_7=\boldsymbol{S}_3\,\boldsymbol{T}_3$	14	$\boldsymbol{U}_3=\boldsymbol{U}_2+\boldsymbol{P}_7$
4	$\boldsymbol{S}_1=\boldsymbol{A}_{21}+\boldsymbol{A}_{22}$	15	$\boldsymbol{U}_4=\boldsymbol{U}_2+\boldsymbol{P}_5$
5	$\boldsymbol{T}_1=\boldsymbol{B}_{12}-\boldsymbol{B}_{11}$	16	$\boldsymbol{C}_{22}=\boldsymbol{U}_3+\boldsymbol{P}_5$
6	$\boldsymbol{P}_5=\boldsymbol{S}_1\,\boldsymbol{T}_1$	17	$\boldsymbol{C}_{12}=\boldsymbol{U}_4+\boldsymbol{P}_3$
7	$\boldsymbol{S}_2=\boldsymbol{S}_1-\boldsymbol{A}_{11}$	18	$\boldsymbol{T}_4=\boldsymbol{T}_2-\boldsymbol{B}_{21}$
8	$\boldsymbol{T}_2=\boldsymbol{B}_{22}-\boldsymbol{T}_1$	19	$\boldsymbol{P}_4=\boldsymbol{A}_{22}\,\boldsymbol{T}_4$
9	$\boldsymbol{P}_6=\boldsymbol{S}_2\,\boldsymbol{T}_2$	20	$\boldsymbol{C}_{21}=\boldsymbol{U}_3-\boldsymbol{P}_4$
10	$\boldsymbol{S}_4=\boldsymbol{A}_{12}-\boldsymbol{S}_2$	21	$\boldsymbol{P}_2=\boldsymbol{A}_{12}\,\boldsymbol{B}_{21}$
11	$\boldsymbol{P}_3=\boldsymbol{S}_4\,\boldsymbol{B}_{22}$	22	$\boldsymbol{C}_{11}=\boldsymbol{P}_1+\boldsymbol{P}_2$

将 Strassen-Winograd 算法中每一步的计算操作抽象成任务，则该算法的任务 DAG 如图 8－16 所示。

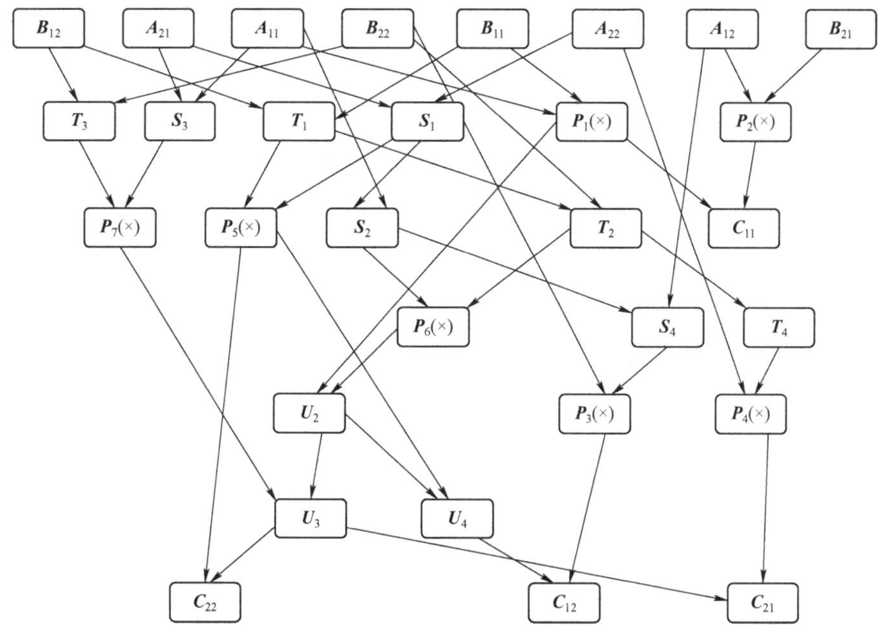

图 8－16　Strassen-Winograd 算法的任务 DAG

8.8.1.2　基于 HRPF 的实现

基于 HRPF 实现 Strassen-Winograd 算法，先需要对算法进行抽象，同时定义算法操作的数据集，实现代码如下：

```
/*操作数据定义*/
struct StrassenData_t:public Basedata_t
{
public:
    Matrix* ha;
    Matrix* hb;
    Matrix* hc;
};
/*任务抽象*/
```

```
10 class StrassenProblem: public Problem {
11 public:
12     std::vector<Problem*> split( ) override;
13     void merge(std::vector<Problem*>& subproblems) override;
14     StrassenProblem(Basedata_t* d, Function cf, Function gf…);
15     void IO(Basedata_t* m_data) {
16         auto d = (StrassenData_t*)m_data;
17         input(d->ha);
18         input(d->hb);
19         output(d->hc);
20     }
21 };
```

由于不同递归算法所操作的数据个数及类型不同，因此在使用 HRPF 并行化递归应用时，需要继承 HRPF 内置 Basedata_t 类来定义算法所需操作数据，如上述 StrassenData_t 类。抽象定义递归问题时，也必须继承 HRPF 内置 Problem 类，并通过实现 split 接口告知 HRPF 运行时系统如何递归生成子任务，通过实现 merge 接口告知如何将子任务的计算结果进行归并，还需重写 IO 接口告知哪些为输入数据（第 17、第 18 行），哪些为输出数据（第 19 行），以便运行时系统进行数据管理。可以将图 8－16 所展示的算法任务 DAG 分为两大部分，第一部分为 7 次子矩阵乘法及其依赖的操作任务集，第二部分为依赖 7 次子矩阵乘法的操作任务集。在使用 HRPF 实现时，这两部分分别在 split 与 merge 接口中实现，其代码如下：

```
std::vector<Problem*> StrassenProblem::split( )  {
    auto m_data = (StrassenData_t*)data;
    /*矩阵数据划分*/
        …
    /*临时矩阵定义*/
    Matrix* s1~s4, t1~t4, p1~p7;
```

```
        /*任务 task_s1 ~ task_s3, task_t1 ~ task_t3 定义*/
        Strassen *task_t1 = new Strassen(new StrassenData_t(b12, b11, t1), cpu_sub, gpu_sub…);
        Strassen *task_t2 = new Strassen(new StrassenData_t(b22, t1, t2), cpu_sub, gpu_sub…);
            …
        /*具有数据相关的 task 放在一个 Task 里*/
         Task* t_task3 = new Task({task_t1, task_t2, task_t4});
        t_task3->run(…);
            …
        /*7 次子矩阵乘 p1 ~ p7*/
        std::vector<Problem*> childTask(7);
        childTask[0] = new Strassen(new StrassenData_t(a11, b11, p1), cpu_mul, gpu_mul…);
            …
        return childTask;
    }

    void StrassenProblem::merge(std::vector<Problem*>& subproblems){
        auto m_data = (StrassenData_t*)data;
        /*输出矩阵划分及中间矩阵 u2 ~ u4 定义*/
        Matrix* u1 = c11; Matrix* u5 = c12;
        Matrix* u6 = c21; Matrix* u7 = c22;
            …
        /*子矩阵乘结果获取*/
            …
        /*依赖子矩阵乘的后续操作集 u1 ~ u7*/
        Strassen *task_u1 = new Strassen(new StrassenData_t(task_u2_ha, task_u1_hb, u1), cpu_add, gpu_add…);
```

```
    ...
    Task* mer_task = new Task({task_u2, task_u3, task_u4, task_u5,
task_u6, task_u7, task_u1});
    mer_task->run(…);
  }
```

8.8.1.3 实验环境

本书的实验环境为一台 CPU+GPU 异构系统服务器，该系统包含一个 Intel i9-10920X CPU 和一个 GeForce RTX™ 3090 GPU。该异构系统的硬件信息如表 8-9 所示。软件环境为 Ubuntu 18.04、CUDA 11.0、C++11，StarPU-1.3.9、OpenMP 4.5。

表 8-9 CPU+GPU 异构系统的硬件信息

	CPU	GPU
名称	Intel i9-10920X CPU	GeForce RTX™ 3090 GPU
基本频率	3.5 GHz	1.40 GHz
核数	12	10 496
内存	256 GB	24 GB
内存带宽	94 GB/s	1 TB/s

8.8.1.4 实验结果与分析

本书分别基于 HRPF、MKL、CUBLAS、StarPU、OpenMP 实现了 Strassen-Winograd 算法。MKL 的实现仅运行在 CPU，线程数量设置为 16（尽管处理器采用超线程技术支持 24 个硬件线程，但在实验中 16 线程时性能最佳），CUBLAS、OpenMP 实现中的基任务都运行在 GPU，StarPU 实现中的基任务可能运行在 CPU 也可能运行在 GPU。实验所采用矩阵均为双精度浮点方阵，矩阵大小处于 10 000～20 000 之间，为避免划分产生奇数大小矩阵，特取图 8-17 中横坐标中的各值。这里采用 GFLOPS（giga FLOPS）来量化实验结果，其中 FLOPS 指的是每秒执行的浮点运算次数。而 GFLOPS 是10^9 FLOPS，其计

算表达式为

$$\text{GFLOPS}=\frac{2n^3}{\text{执行时间（s）}}\times 10^{-9} \tag{8-2}$$

图 8-17 展示了基于 HRPF 实现的 Strassen-Winograd 算法与常见的矩阵运算库实验对比结果。实验结果表明，基于 HRPF 实现相对于矩阵运算库具有较大的性能提升，相对于 CUBLAS 最多有 1.2 倍加速比，相对于 MKL 有 1.4 倍加速比，且随着矩阵规模增大，加速比也随之增大。而且在本书的实验中，GPU 的矩阵加法及乘法实现均是未进行优化的简单 kernel，复杂度比较高，因而当采用更高效的实现时，性能会有进一步的提升。

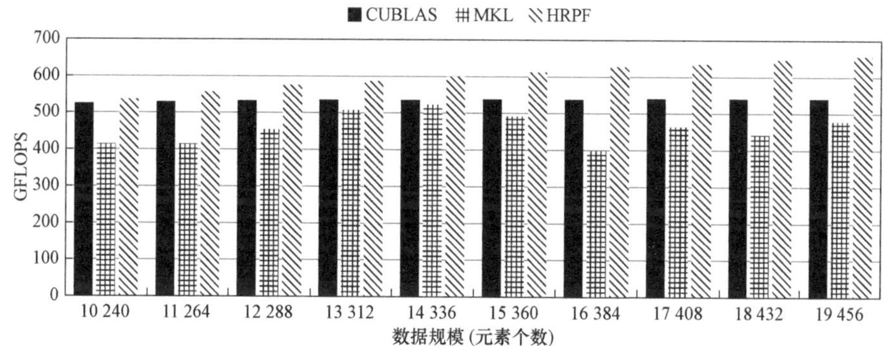

图 8-17　基于 HRPF 实现的 Strassen-Winograd 算法与常见的矩阵运算库实验对比结果

图 8-18 展示了 HRPF 与 StarPU、OpenMP 的实验对比结果，实验采用的数据规模同上。可以从图 8-18 中看出，HRPF 实现随着矩阵规模增大，相对其他两个框架有更好的性能。三种实现当中，StarPU 性能最差，本书分析其原因可能有两个：一是 StarPU 实现中任务并不是动态生成的，它提交至运行时系统的是任务图，任务图的显式构建占用部分时间，而且在任务图的构建过程中，不仅需要创建任务，为任务创建标签来手动建立依赖关系，还需要提前完成任务的数据划分，为每个数据块绑定数据句柄，这些都带来了额外开销；二是实现采用的是 StarPU 内部默认实现的工作窃取调度算法，可能对于 Starssen-Winograd 算法并不是最佳的调度算法。

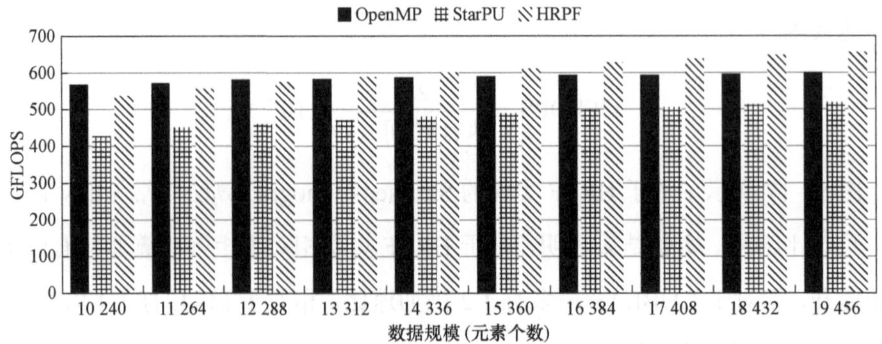

图 8-18 HRPF 与 StarPU、OpenMP 的实验对比结果

8.8.2 归并排序

8.8.2.1 归并排序算法

归并排序是一个经典的排序算法。为了对一个序列进行排序，该算法首先将待排序列切分成两部分，然后递归地对每个子序列继续执行归并排序。算法 8-10 给出了串行归并排序算法的伪代码实现，图 8-19 是归并排序算法示意。

算法 8-10：串行归并排序算法

Input：待排序列 array，序列范围 start，end

Output：无

```
Function MergeSort(array,start,end):
    if start<end then
        mid ← (start+end)/2
        MergeSort(array,start,mid)
        MergeSort(array,mid,end)
        Merge(array,start,mid,end)
    end
return
```

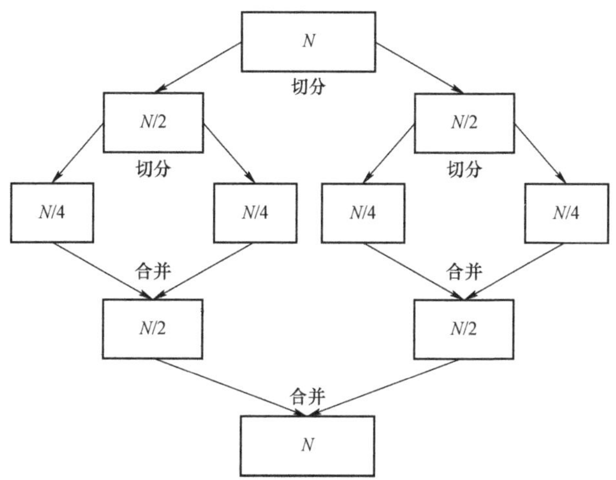

图 8－19　归并排序算法示意

8.8.2.2　基于 HRPF 的实现

基于 HRPF 实现归并排序时定义的归并任务类及操作数据如下:

```
/*操作数据定义*/
struct MergeData_t : public Basedata_t{
public:
    ArrayList* ha;
};


/*任务抽象*/
class MergesortProblem: public Problem {
public:
    std::vector<Problem*> split( ) override;
    void merge(std::vector<Problem*>& subproblems) override;
    /*递归终止*/
    bool mustRunBaseCase( ) {
        auto d = (MergeData_t*)data;
        return d->ha->length( ) <= 1;
    }
```

```
    MergesortProblem(Basedata_t* d, Function cf, Function gf…);
    void IO(Basedata_t* m_data) {
        auto d = (MergeData_t*)m_data;
        input(d->ha);
        output(d->ha);
    }
};
```

归并排序任务相应的split与merge接口实现如下：

```
std::vector<Problem*> MergesortProblem::split( ){
    auto d = (MergeData_t*)data;
    /*数据划分*/
        …
    std::vector<Problem*> tasks(2);
    tasks[0] = new MergesortProblem(new MergeData_t(d->ha->get_child(0)), cpu_sort, gpu_sort…);
    tasks[1] = new MergesortProblem(new MergeData_t(d->ha->get_child(1)), cpu_sort, gpu_sort…);
    return tasks;
}

void MergesortProblem::merge(std::vector<Problem*>& subproblems){
    auto d = (MergeData_t*)data;
    MergesortProblem* merge_p = new MergesortProblem(new MergeData_t(d->ha), merge_cpu, merge_gpu…);
    merge_p->runAsc(…);
}
```

8.8.2.3　实验结果与分析

本节实验采用加速比 S_p 来衡量不同实现的性能，加速比计算公式为 $S_p = \frac{T_s}{T_p}$，其中 T_s 表示 CPU 上串行归并排序执行的时间，T_p 表示其他并行化实现的耗时。实验环境采用的硬件信息同前述实验一致（见表 8-9）。

首先，实验比较了基于 HRPF 的归并排序与其他矩阵运算库实现及开源优化 GPU 实现的性能，实验结果如图 8-20 所示，横坐标是要排序的双精度浮点数序列的规模，纵坐标是相对 CPU 上串行归并排序的加速比。GPU MergeSort 是开源的 GPU 归并排序优化版本，std::sort( )是 C++ 标准库函数，Thrust 是基于 NVIDIA Thrust 库的实现。可以看到，HRPF 的性能最高，平均加速比可达 62 左右。std::sort( )函数内部会根据待排序列规模选择最佳的排序算法执行，但由于是在 CPU 上串行执行的，因而加速比仅有 2.8 左右。GPU MergeSort 与 Thrust 排序都在 GPU 上进行，平均加速比分别达到了 39 与 58。GPU MergeSort 内部由于存在多个同步操作，因此在数据量稍小时对性能影响较大，而当规模较大时与 Thrust 排序性能相当。Thrust 排序与 std::sort( )函数类似，内部做了大量优化，并且既可在 CPU 执行排序，也可在 GPU 执行排序。因此，HRPF 中基任务的 CPU 实现与 GPU 实现均调用了 Thrust 库的排序接口。得益于 HRPF 的任务划分和动态调度等，在数据规模较大时 HRPF 性能高于 Thrust。

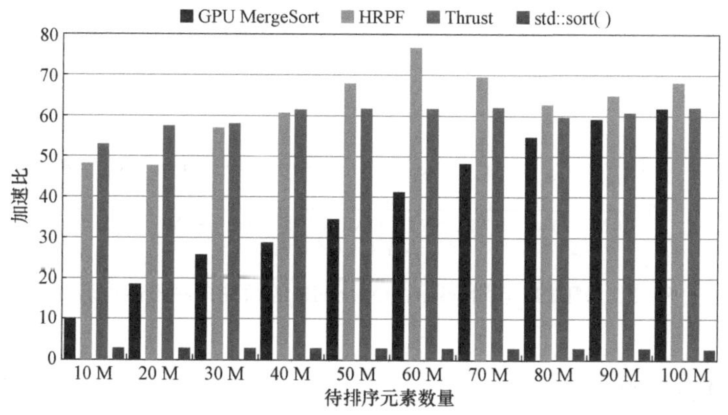

图 8-20　HRPF 和矩阵运算库、开源优化 GPU 归并排序实现的性能比较结果

其次，实验比较了基于 HRPF 和 StarPU、OpenMP 的归并排序实现。结果如图 8-21 所示，可以看出 HRPF 的性能显著优于其他两个。StarPU 和 HRPF 类似，能够将任务动态调度到 CPU 和 GPU 并行执行，并由运行时系统负责 CPU 和 GPU 间的数据迁移。在 StarPU 实现中，基任务的 CPU 与 GPU 实现与 HRPF 一样，都是调用 Thrust 库的排序接口。StarPU 性能之所以低于 HRPF，原因有两个方面：一方面与 Strassen-Winograd 算法实现相似，归并排序的 StarPU 实现也存在任务图构建及任务数据划分开销，以及采用默认实现的工作窃取调度算法而没有设计更好的调度算法；另一方面由于归并排序默认是在待排序列上原地进行排序与归并，而 StarPU 实现中需要分配额外的内存空间，并产生额外的数据复制开销，因此加速比仅有 13 左右。OpenMP 实现是基于动态任务并行的，采用 omp task 指令生成子任务，当递归终止时，调用 Thrust 库进行 GPU 排序，归并操作则是在 CPU 并行执行的。由于子任务的排序是在 GPU 进行的，因而在执行归并之前，不仅需要数据复制，还需要使用 omp taskwait 指令来显式同步子任务，因此开销较大。OpenMP 仅获得 9 左右的加速比。相比 OpenMP 与 StarPU，HRPF 内部不需要显式构建任务图，与 OpenMP 一样是动态任务并行，而且通过采用隐式异步传输实现与计算重叠，同步操作较少，并采用有效的异构工作窃取调度算法实现动态负载均衡，因而优于 StarPU 与 OpenMP 实现。

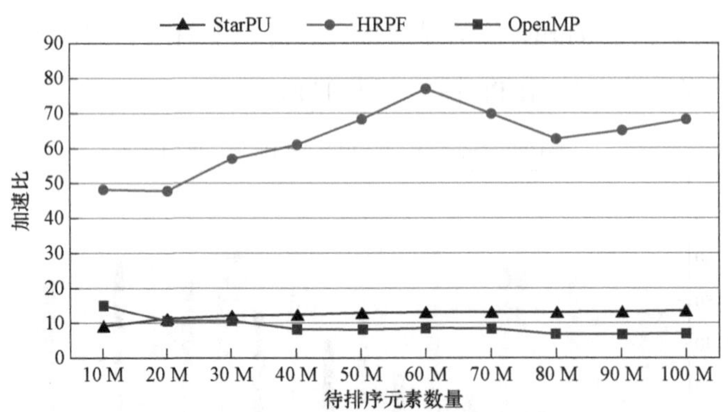

图 8-21　HRPF 与 StarPU、OpenMP 的归并排序性能比较结果

8.8.3　循环并行化评估

8.8.3.1　测试用例

为了评估 HRPF 并行循环接口的有效性与效率，本书实现了多种测试用例，测试环境的硬件信息同前述一致（见表 8-9）。实验中所涉及的测试用例有两部分：第一部分是 6 种数值计算类测试用例，如表 8－10 所示，这些测试用例都包含了耗时较高的循环；第二部分是两种传统的机器学习算法，即 KNN 分类算法与 KMeans 聚类算法，这两种算法的核心是复杂的循环计算。实验分别对比串行实现和 OpenMP 实现来说明 HRPF 并行循环接口的性能。在 OpenMP 实现中本书尽量使用了#pragma omp parallel for simd，同时利用多线程和 SIMD 来并行化循环。

表 8－10　数值计算类测试用例

ID	名称	作用
1	NBody	多体问题
2	DFT	离散傅里叶变换
3	MatVecMul	矩阵向量乘
4	Transpose	矩阵转置
5	Hadamard	哈达玛积
6	Adjoint Convolution	向量卷积

8.8.3.2　实验结果与分析

图 8－22 展示了在 6 种数值计算类测试用例上 HRPF 实现与 OpenMP 实现相对串行实现的加速比，其中横轴代表数据规模，纵轴为加速比。可以看出离散傅里叶变换的 HRPF 实现相对串行实现的平均加速比达 16 左右，OpenMP 实现相对串行实现平均加速比为 9，HRPF 实现性能显著优于串行及 OpenMP 实现；在多体问题上，HRPF 实现与 OpenMP 实现相对串行实现的平均加速比分别为 16 与 15 左右，HRPF 实现在小规模数据上性能较 OpenMP 实现低，随着规模增加，性能优于 OpenMP 实现；哈达玛积 HRPF 实现与 OpenMP 实现相对串行实现的平均加速比分别接近 9 及 3；矩阵转置操作较为简单，因而 HRPF 实现与 OpenMP 实现相对串行实现的平均加速比只达到了 6 与 3 左右；向量卷积 HRPF 实现与 OpenMP 实现相对串行实现的平均加速比分别达到了 17 与 7；矩阵向量乘中 HRPF 实现与 OpenMP 实现相对串行实现的平均加速比分别为 19 与 8 左右。从结果来看，基于 HRPF 实现相对串行实现及 OpenMP 实现有较高的性能提升。

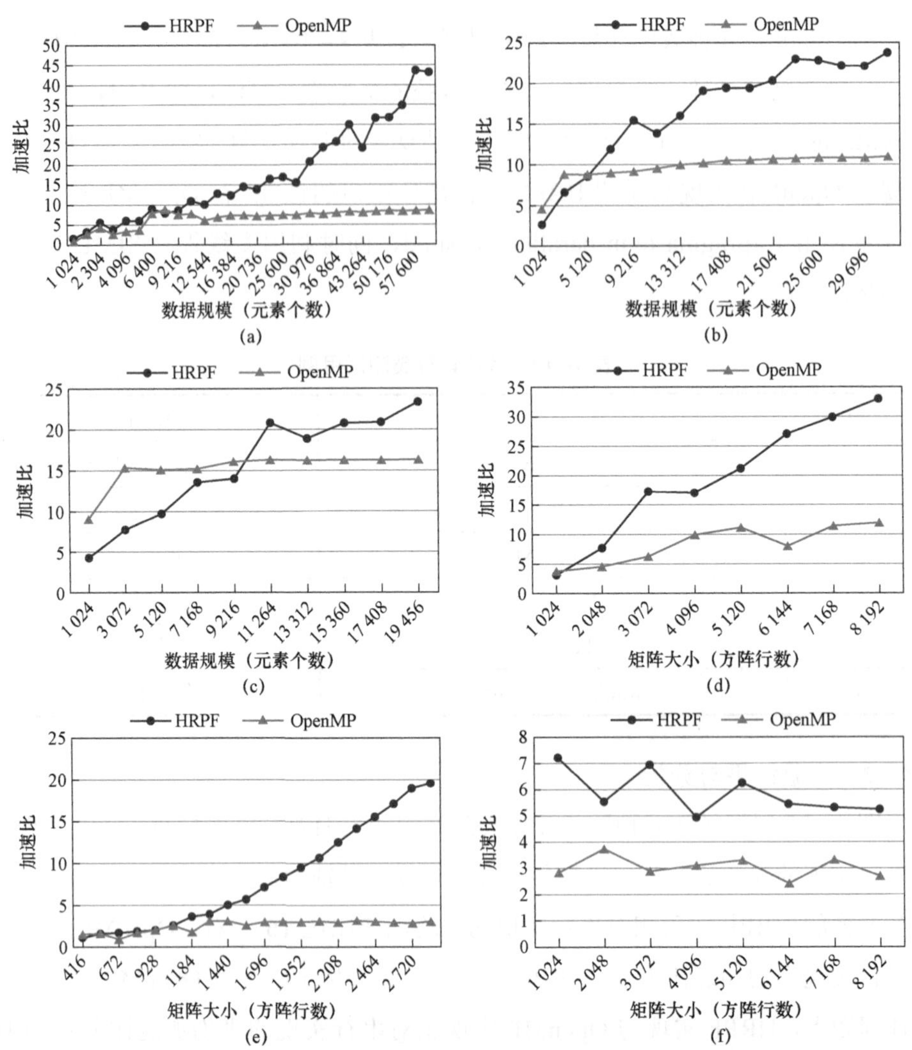

图 8－22 数值计算类测试用例 HRPF 实现和 OpenMP 实现的性能对比

（a）Adjoint Convolution；（b）DFT；（c）NBody；（d）MatVecMul；
（e）Hadamard；（f）Transpose

KNN 是机器学习中常用的经典有监督学习算法，该算法属于懒惰学习（lazy learning），它没有显式的训练过程，是一种比较简单的分类学习算法，适用于对数据分布有较少的先验知识。在解决分类问题时，对于每个测试样本，该算法都遍历整个训练样本，寻找与该测试样本较为相似的 K 个样本，再根据这 K 个训练样本的类别采用投票法确定待测样本的类别。影响 KNN 算法最重要的因素是 K 值的选择以及相似性如何度量，在本节实验中，K 值取 5，相似性度量采

用欧氏距离，计算公式为

$$L_2(\boldsymbol{x}_1,\boldsymbol{x}_2)=\sqrt{\sum_{n=1}^{N}(x_{1n}-x_{2n})^2} \tag{8-3}$$

式中，N 为向量空间维度；$\boldsymbol{x}_1$ 与 $\boldsymbol{x}_2$ 为 N 维向量。

图 8－23 展示了 OpenMP 实现与 HRPF 实现在随机构造的不同规模数据下对一个测试样本采用 KNN 算法相对串行实现的加速比。实验结果表明基于 HRPF 的实现相对串行实现有近 3.5 倍的性能提升，相对 OpenMP 实现性能更高。

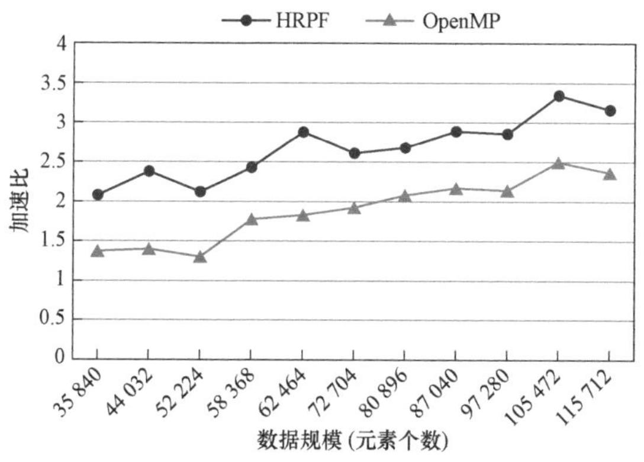

图 8－23　KNN 算法的 HRPF 实现和 OpenMP 实现性能对比

为了验证 HRPF 实现的正确性，本书以一个小规模数据集为例进行实验，该数据集是一个网络流量分类数据集，其中训练数据有 4 000 条，特征属性有 8 个，测试数据共有 1 000 条，K 的取值为 3。实验统计结果如表 8－11 所示，正确率达到了 82.5%，可知并行化的同时并没有降低正确性，但由于数据量较小，因此该实验并行执行时间与串行执行时间基本一样。

表 8－11　实验统计结果

实现方法	分类正确统计/条	分类错误统计/条	单次预测时间/ms
串行	825	175	0.453
HRPF	825	175	0.41
OpenMP	825	175	0.42

与 KNN 算法不同，KMeans 是机器学习中较为常用的聚类算法，属于非监督学习算法。该算法的基本思想是：首先选定一个 K 值，并初始化 K 个初始聚

簇中心；其次将待聚类数据按照距离远近分配到最近的聚簇中心所代表的类别中，在每次分配结束后更新聚簇中心（本书通过计算平均值来更新），经过不断地分配与更新迭代，直到中心点变化很小或达到指定的迭代次数，算法终止。本节实现 KMeans 算法所采用的距离度量同 KNN 算法一致，也根据两个向量的欧氏距离来分配待聚类数据。

为了评估 HRPF 实现的性能，实验采用 Python 机器学习算法库 scikit-learn 中的 make_blobs( )函数构造的聚类数据集进行实验测评。图 8－24 展示了不同数据规模下，基于 HRPF 实现与 OpenMP 实现相对串行实现的加速比，实验中簇数为 3，迭代次数为 10 次，特征属性为 8 个。结果表明，HRPF 实现相对串行实现的聚类有 2 倍左右性能提升。

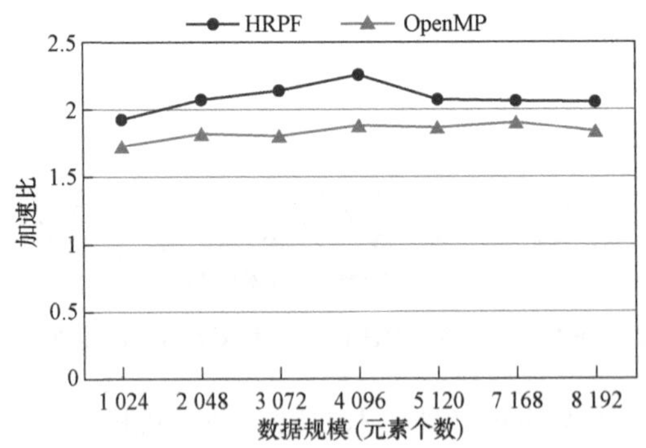

图 8－24　KMeans 算法的 HRPF 实现和 OpenMP 实现性能对比

为了验证 HRPF 实现的正确性，同样以小规模数据进行实验，数据集由 make_blobs( )函数构造，条数为 200，特征属性为 2 个，迭代次数为 10 次，簇数为 3。实验结果表明，HRPF 实现与串行实现有相同的聚类结果，而且在 200 条数据聚类结果上，HRPF 实现的聚类结果相对于实际数据分布的正确率达到了 88%，因此正确率有所保证。

参考文献

[1] 刘颖，吕方，王蕾，等. 异构并行编程模型研究与进展[J]. 软件学报，2014, 25(7): 1459 – 1475.

[2] HOWES L, MUNSHI A. The OpenCL Specification[EB/OL]. 2nd. (2015-07-21). https: //registry. khronos.org/OpenCL/specs/opencl- 2.0.pdf.

[3] AUGONNET C, THIBAULT S, NAMYST R, et al. StarPU: A Unified Platform for Task Scheduling on Heterogeneous Multicore Architectures[J]. Concurrency and Computation: Practice & Experience, 2011, 23(2): 187 – 198.

[4] AYGUADE E, BADIA R, BELLENS P, et al. Extending OpenMP to Survive the Heterogeneous Multi-core Era[J]. International Journal of Parallel Programming, 2010, 38(5): 440 – 459.

[5] LUK C-K, HONG S, KIM H. Qilin: Exploiting Parallelism on Heterogeneous Multiprocessors with Adaptive Mapping[C]// In Proc. Of the 42nd Annual IEEE/ACM International Symposium on Microarchitecture (MICRO), 2009: 45 – 55.

[6] GAUTIER T, LIMA J V F, MAILLARD N, et al. XKaapi: A Runtime System for Data-Flow Task Programming on Heterogeneous Architectures[C]//In Proc. of the 2013 IEEE 27th International Symposium on Parallel and Distributed Processing(IPDPS), 2013: 1299 – 1308.

[7] PEREZ J, BADIA R, LABARTA J. A Dependency-aware Task-based Programming Environment for Multi-core Architectures[C]//In Proc. of the IEEE International

Conference on Cluster Computing, 2008: 142 – 151.

[8] ELIAHU D. FRPA: A Framework for Recursive Parallel Algorithms [D]. Berkeley: University of California, 2015.

[9] YELICK K, BONACHEA D, CHEN W, et al. Productivity and Performance Using Partitioned Global Address Space Languages [C]//In Proc. of the 2007 international workshop on Parallel symbolic computation(PASCO), 2007: 4 – 32.

[10] DEAN J, GHEMAWAT S. MapReduce: Simplified Data Processing on Large Clusters[J]. Communications of the ACM, 2008, 51(1): 107 – 113.

[11] RANGER C, RAGHURAMAN R, PENMETSA A, et al. Evaluating Mapreduce for Multi-core and Multiprocessor Systems [C]// In Proc. of the IEEE 13th International Symposium on High Performance Computer Architecture (HPCA), 2007: 13 – 24.

[12] LEIJEN D, SCHULTE W, BURCKHARDT S. The Design of a Task Parallel Library[J].ACM SIGPLAN Not., 2009, 44(10): 227 – 242.

[13] CHARLES P, GROTHOFF C, SARASWAT V, et al. X10: an Object-Oriented Approach to Non-Uniform Cluster Computing [J]. ACM SIGPLAN Not., 2005, 40(10):519 – 538.

[14] GUO Y. A Scalable Locality-aware Adaptive Work-stealing Scheduler for Multi-core Task Parallelism[D]. Houston Rice University, 2010.

[15] BLUMOFE R D, LEISERSON C E. Scheduling Multithreaded Computations by Work Stealing [J]. J. ACM, 1999, 46(5): 720 – 748.

[16] SMITH B J. Architecture and Application of the HEP Multiprocessor Computer System [J]. Real Time Signal Processing IV, 1981, 298: 241-248.

[17] WHEELER K B, MURPHY R C, THAIN D. Qthreads: An API for Programming with Millions of Lightweight Threads [C]// In Proc. of the IEEE International Symposium on Parallel and Distributed Processing(IPDPS), 2008: 1 – 8.

[18] ROBISON A D. Cilk Plus: Language Support for Thread and Vector Parallelism[R].Talk at HP-CAST 18, 2012.

[19] CHAMBERLAIN B L, CALLAHAN D, ZIMA H P. Parallel Programmability and the Chapel Language [J]. Int. J. High Perform. Comput. Appl., 2007, 21(3):291 – 312.

[20] CAVÉ V, ZHAO J, SHIRAKO J, et al. Habanero-Java: The New Adventures of Old X10[C]// In Proc. of the 9th Int'l Conf. on the Principles and Practice of Programming in Java(PPPJ), 2011: 51 – 61.

[21] BUCK I, FOLEY T, HORN D, et al. Brook for GPUs: Stream Computing on Graphics Hardware[J]. ACM Trans. on Graphics(TOG), 2004, 23(3): 777 – 786.

[22] CATANZARO B, GARLAND M, KEUTZER K. Copperhead: Compiling an Embedded Data Parallel Language [C]//In Proc. of the 21st ACM SIGPLAN Symp. on Principles and Practice of Parallel Programming(PPoPP), 2011: 47 – 56.

[23] AUERBACH J, BACON D F, CHENG P, et al. Lime: A Java-compatible and Synthesizable Language for Heterogeneous Architectures[C]//In Proc. of the 2010 ACMInt'l Conf. on Object Oriented Programming Systems Languages and Applications(OOPSLA), 2010: 89 – 108.

[24] HAYASHI A, GROSSMAN M, ZHAO J, et al. Accelerating Habanero-Java Programs with OpenCL Generation[C]//In Proc. of the 2013 International Conference on Principles and Practices of Programming on the Java Platform: Virtual Machines, Languages, and Tools, 2013: 124 – 134.

[25] Microsoft Corporation. C + + AMP: Language and Programming Model[M]. Version 1.0. 2012.

[26] PIENAAR J, RAGHUNATHAN A, CHAKRADHAR S. MDR: Performance Model Driven Runtime for Heterogeneous Parallel Platforms[C]// In Proc. of the 2011 International Conference on Supercomputing, 2011: 225 – 234.

[27] VASUDEVAN R, VADHIYAR S S, KALÉ L V. G-charm: an Adaptive Runtime System for Message-Driven Parallel Applications on Hybrid Systems [C]// In Proc. of the 27th International Conference on Supercomputing, 2013: 349 – 358.

[28] GAUTIER T, BESSERON X, PIGEON L. Kaapi: A Thread Scheduling Runtime

System For Data Flow Computations on Cluster of Multi-Processors [C]// In Proc. of the 2007 International Workshop on Parallel Symbolic Computation, 2007: 15 – 23.

[29] ACOSTA A, CORUJO R, BLANCO V, et al. Dynamic Load Balancing on HeterogeneousMulticore/Multi-GPU Systems [C]// In Proc. of the International Conference on High Performance Computing and Simulation(HPCS), 2010: 467 – 476.

[30] AGULLEIRO J I, VAZQUEZ F, GARZON E M, et al. Hybrid Computing: CPU + GPU Co-Processing and Its Application to Tomographic Reconstruction [J]. Ultramicroscopy 115, 2012: 109 – 114.

[31] BECCHI M, BYNA S, CADAMBI S, et al. Data-aware Scheduling of Legacy Kernels on Heterogeneous Platforms with Distributed Memory[C]//In Proc. of the 22nd ACM Symposium on Parallelism in Algorithms and Architectures, 2010: 82 – 91.

[32] BELVIRANLI M E, BHUYAN L N, GUPTA R. A Dynamic Self-Scheduling Scheme for Heterogeneous Multiprocessor Architectures[J]. ACM Transactions on Architecture and Code Optimization(TACO), 2013, 9(4): 57.

[33] BALEVIC A, KIENHUIS B. An Efficient Stream Buffer Mechanism For Dataflow Execution on Heterogeneous Platforms with GPUs [C]// In Proc. of the First Workshop on Data-Flow Execution Models for Extreme Scale Computing(DFM),2011: 53 – 57.

[34] BENNER P, EZZATTI P, KRESSNER D, et al. A Mixed-Precision Algorithm for the Solution of Lyapunov Equations on Hybrid CPU – GPU Platforms[J]. Parallel Computing, 2011: 37(8): 439 – 450.

[35] BINOTTO A P D, DANIEL C, WEBER D, et al. Iterative SLE Solvers Over a CPU-GPU Platform [C]// In Proc. of the 12th IEEE International Conference on High Performance Computing and Communications, 2010: 305 – 313.

[36] GARBA M T, GONZÁ LEZ-VÉLEZ H. Asymptotic Peak Utilisation in Heterogeneous Parallel CPU/GPU Pipelines: A Decentralised Queue Monitoring

Strategy[J]. Parallel Processing Letters, 2012: 22(2): 1240008.

[37] GHARAIBEH A, COSTA L B, SANTOS-NETO E, et al. A Yoke of Oxen and a Thousand Chickens for Heavy Lifting Graph Processing [C]// In Proc. of the 21st International Conference on Parallel Architectures and Compilation Techniques(PACT), 2012: 345 – 354.

[38] GREGG C, BRANTLEY J, HAZELWOOD K. Contention-aware Scheduling of Parallel Code for Heterogeneous Systems [C]// In Proc. of the USENIX Workshop on Hot Topics in Parallelism(HotPar), 2010: 1 – 10.

[39] GREWE D, O'BOYLE M F P. A Static Task Partitioning Approach for Heterogeneous Systems Using OpenCL[C]// In Proc. of the 20th International Conference on Compiler Construction, 2011: 286 – 305.

[40] KOFLER K, GRASSO I, COSENZA B, et al. An Automatic Input-sensitive Approach for Heterogeneous Task Partitioning[C]// In Proc. of the 27th International ACM Conference on International Conference on Supercomputing, 2013: 149 – 160.

[41] DZIEKONSKI A, LAMECKI A, MROZOWSKI M. Tuning a Hybrid GPU-CPU V-Cycle Multi-Level Preconditioner for Solving Large Real and Complex Systems of FEM Equations [J]. IEEE Antennas and Wireless Propagation Letters, 2011, 10:619 – 622.

[42] HU Q, GUMEROV N A, DURAISWAMI R. Scalable Fast Multipole Methods on Distributed Heterogeneous Architectures [C]// In Proc. of the 2011 International Conference for High Performance Computing, 2011, 36: 1 – 12.

[43] JETLEY P, WESOLOWSKI L, GIOACHIN F, et al. Scaling Hierarchical N-body Simulations on GPU Clusters [C]// In Proc. of the International Conference for High Performance Computing, 2010: 1 – 11.

[44] PAJOT A, BARTHE L, PAULIN M, et al. Combinatorial Bidirectional Path-tracing for Efficient Hybrid CPU/GPU Rendering [C]// In Proc. of the Computer Graphics Forum 30, 2011: 315 – 324.

[45] YANG C, WANG F, DU Y, et al. Adaptive Optimization for Petascale

Heterogeneous CPU/GPU Computing [C]// In Proc. of the IEEE International Conference on Cluster Computing (CLUSTER), 2010: 19 – 28.

[46] YANG C, XUE W, FU H, et al. A Petascalable CPU-GPU Algorithm for Global Atmospheric Simulations [C]// In Proc. of the 18th ACM/SIGPLAN Symposium on Principles and Practice of Parallel Programming(PPoPP), 2013: 1 – 12.

[47] BALEVIC A, KIENHUIS B. An Efficient Stream Buffer Mechanism for DataflowExecution on Heterogeneous Platforms with GPUs [C]// In Proc. of the First Workshop on Data-Flow Execution Models for Extreme Scale Computing(DFM), 2011: 53 – 57.

[48] BENNER P, EZZATTI P, KRESSNER D, et al. A Mixed-precision Algorithm for the Solution of Lyapunov Equations on Hybrid CPU-GPU Platforms[J]. Parallel Computing, 2011, 37(8): 439 – 450.

[49] OH N, SHIRVANI P P, MCCLUSKEY E J. Error Detection by Duplicated Instructions in Super-Scalar Processors[J]. IEEE Trans. Reliability, 2002, 51(1): 63 – 75.

[50] REIS G A, CHANG J, VACHHARAJANI N, et al. SWIFT: Software Implemented Fault Tolerance [C]// In Proceedings of the International Symposium on Code Generation and Optimization(CGO), 2005.

[51] ROTENBERG E. AR-SMT: A Microarchitectural Approach to Fault Tolerance in Microprocessors [C]// In Proceedings of the Twenty-Ninth Annual International Symposium on Fault-Tolerant Computing, 1999: 84 – 91.

[52] REINHARDT S K, MUKHERJEE S S. Transient Fault Detection Via Simultaneous Multithreading [C]// In ISCA, 2000: 25 – 36.

[53] MUKHERJEE S S, KONTZ M, REINHARDT S K. Detailed Design and Evaluation of Redundant Multithreading Alternatives [C]// SIGARCH Comput. Archit. News,2002, 30(2): 99 – 110.

[54] FU Z, CHEN H, CUI G. Microthread Based (MTB) Coarse Grained Fault Tolerance Superscalar Processor Architecture[J]. Journal of Electronic Letters, 2006, 3(23):461 – 466.

[55] YU J, GARZARAN M J, SNIR M. ESoftCheck: Removal of Non-vital Checks for Fault Tolerance. In CGO, 2009: 35 – 46.

[56] SHYE, BLOMSTEDT J, MOSELEY T, et al. PLR: A Software Approach to Transient Fault Tolerance for Multicore Architectures[J]. IEEE Trans. Dependable Sec.Comput. 2009: 6(2): 135 – 148.

[57] LALA P K. On Self-checking Software Design [C]// in IEEE Proc. SOUTHEASTCON, 1991: 331 – 335.

[58] ERSOZ, ANDREWS D M, MCCLUSKEY E J. The Watchdog Task: Concurrent Error Detection Using Assertions[D]. CA: Stanford Univ., 1985.

[59] MAHMOOD, MCCLUSKEY E. Concurrent Error Detection Using Watchdog Processors-A Survey[J]. IEEE Transactions on Computers, 1988, 37(2):160 – 174.

[60] LU D J.Watchdog processors and VLSI [C]// In Proc. National Electronics Conf.,1980, 34: 240 – 245.

[61] RANDELL, LEE P, TRELEAVEN P C. Reliability Issues in Computing System Design[J]. In ACM Computing Surveys, 1978, 10(2): 123 – 165.

[62] CHEN L, AVIZIENIS A. N-Version Programming: A Fault-Tolerance Approach to Reliability of Software Operation[C]// in Proceedings of FTCS – 8, 1978: 3 – 9.

[63] BRONEVETSKY G, MARQUES D, PINGALI K, et al. Application-level Checkpointing for Shared Memory Programs [C]// In ASPLOS, 2004: 235 – 247.

[64] 王攀峰. 应用级 checkpointing 技术的研究与实现[D]. 湖南：国防科学技术大学，2008.

[65] CHEN Z Z. Adaptive Checkpointing [J]. JCM, 2010: 5(1): 81 – 87.

[66] 杜云飞. 容错并行算法的研究与分析[D]. 湖南：国防科学技术大学，2008.

[67] VIJAYKUMAR T, POMERANZ I, CHENG K. Transient-fault Recovery Using Simultaneous Multithreading [C]// In ISCA, 2002: 87 – 98.

[68] GOMAA M, SCARBROUGH C, VIJAYKUMAR T N, et al. Transient-fault Recovery for Chip Multiprocessors [C]// In ISCA, 2003: 98 – 109.

[69] HUANG K-H, ABRAHAM J A. Algorithm-based Fault Tolerance for Matrix Operations[J]. IEEE Transactions on Computers, 1984, C(33): 518 – 528.

[70] CHEN ZIZHONG. Algorithm-Based Recovery for Iterative Methods without Checkpointing [C]// In HPDC, 2011: 73 – 85.

[71] BURNS G, DAOUD R, VAIGL J. LAM: An Open Cluster Environment for MPI [C]// In Proceedings of Supercomputing Symposium, 1994: 379 – 386.

[72] TANNENBAUM T, BASNEY J, LITZKOW M, et al. Checkpoint and Migration of UNIX Processes in the Condor Distributed Processing System[R]. Technical Report Technical Report 1346, University of Wisconsin-Madison, 1997.

[73] GABRIEL, FAGG G E, BOSILCA G, et al. Open MPI: Goals, Concept, and Design of a Next Generation MPI Implementation [C]// Proceedings, 11th European PVM/MPI Users' Group Meeting, Budapest, Hungary, 2004.

[74] FAGG G E, GABRIEL E, CHEN Z, et al. Process Fault-tolerance: Semantics, Design and Applications for High Performance Computing[J]. International Journal of High Performance Computing Applications, 2004.

[75] BLUMOFE R D. Executing Multithreaded Programs Efficiently[D]. Cambridge: MIT,1995.

[76] NIEUWPOORT R V, WRZESIŃSKA G, JACOBS C J H, et al. Satin: A High-level and Efficient Grid Programming Model[J]. ACM Trans. Program. Lang. Syst., 2010,32(3): 39.

[77] BALDESCHWIELER J E, BLUMOFE R D, BREWER E A. Atlas: an Infrastructure for Global Computing [C]// In Proceedings of the 7th Workshop on ACMSIGOPS European Workshop, 1996: 165 – 172.

[78] TAURA K, KANEDA K, ENDO T, et al. Phoenix: a Parallel Programming Model for Accommodating Dynamically Joining/Leaving Resources [C]// In PPOPP, 2003:216 – 229.

[79] BAHI J M, HAKEM M, MAZOUZI K. Reliable Parallel Programming Model for Distributed Computing Environments [C]// Euro-Par Workshops, 2009: 162 – 171.

[80] KRUSKAL CP, WEISS A. Allocating Independent Subtasks on Parallel Processors[J]. IEEE Transactions on Software Engineering, 1985 (10): 1001 – 1016.

[81] STRASSEN V. Gaussian Elimination is Not Optimal[J]. Numerische Mathematik, 1969, 13(4): 354 – 356.

[82] DEMMEL J, ELIAHU D, FOX A, et al. Communication-optimal Parallel Recursive Rectangular Matrix Mul-tiplication [C]// In 2013 IEEE 27th International Symposium on Parallel and Distributed Processing, 2013: 261 – 272.

[83] BLUMOFE R D, JOERG C F, KUSZMAUL B C, et al. Cilk: An Efficient Multithreaded Runtime System[J]. Journal of Parallel and Distributed Computing, 1996, 37(1):55 – 69.

[84] SEO S, AMER A, BALAJI P, et al. Argobots: A Lightweight Low-level Threading and Tasking Frame-work[J]. IEEE Transactions on Parallel and Distributed Systems,2017, 29(3): 512 – 526.

[85] HUANG T-W, LIN D-L, LIN C-X, et al. Taskflow: A Lightweight Parallel and Heterogeneous Task Graph Computing System[J]. IEEE Transactions on Parallel and Distributed Systems, 2021, 33(6): 1303 – 1320.

[86] CHOWDHURY R A, RAMACHANDRAN V, SILVESTRI F, et al. Oblivious Algorithms for Multicores and Net-works of Processors [C]// 2013: 911 – 925.

[87] BALLARD G, DEMMEL J, HOLTZ O, et al. Communication-Optimal Parallel Algorithm for Strassen's Ma-trix Multiplication[J]. Computer Science, 2012, 57(2):193 – 204.

[88] GUO Y , BARIK R, RAMAN, et al. Work-first and Help-first Scheduling Policies for Async-finish Task Parallelism[C]// In 2009 IEEE International Symposium on Parallel & Distributed Processing, 2009: 1 – 12.

[89] SIH G C, LEE E A. A Compile-Time Scheduling Heuristic for Interconnection-Constrained Hetero-geneous Processor Architectures[J]. Parallel & Distributed Systems IEEE Transactions on, 1993, 4(2): 175 – 187.

[90] KEDAD-SIDHOUM S, MENDONCA F M, MONNA F, et al. Fast Biological Sequence Comparison on Hybridplatforms[C]// US: International Conference on Parallel Processing, 2014: 501 – 509.

[91] HAGRAS T, JANECEK J. A High performance, Low Complexity Algorithm for Compile-time Job Schedulingin Homogeneous Computing Environments [C]// In 2003 International Conference on Parallel Process-ing Workshops, 2003: 149 – 155.

[92] EMMANUEL A, BERENGER B, OLIVIER C, et al. Task-based FMM for Heterogeneous Architectures[J]. Concurrency & Computation Practice & Experience, 2016,28(9): 2608 – 2629.

[93] IMREH C. Scheduling Problems on Two Sets of Identical Machines [J]. Computing, 2003, 70(4): 277 – 294.

[94] KEDAD-SIDHOUM S, MONNA F, TRYSTRAM D. Scheduling Tasks With Precedence Constraints on Hybrid Multi-core Machines [C]// In 2015 IEEE International Parallel and Distributed Processing Symposium Workshop, 2015: 27 – 33.

[95] XU Y, LI K, HU J, et al. A Genetic Algorithm for Task Scheduling on Heterogeneous Computing Systems Using Multiple Priority Queues[J]. Information Sciences, 2014, 270: 255 – 287.

[96] GOLDBERG D E. Genetic Algorithm in Search, Optimization, and Machine Learning[M]. Boston: Addison-Wesley Longman Publishing Co.,1989.

[97] WU M-Y, GAJSKI D D. Hypertool: A Programming Aid for Message-passing Systems[J]. IEEE Trans-actions on Parallel and Distributed Systems, 1990, 1(3):330 – 343.

[98] EL-REWINI H, LEWIS T G. Scheduling Parallel Program Tasks onto Arbitrary Target Machines[J]. Journal of parallel and Distributed Computing, 1990, 9(2):138 – 153.

[99] ANDREWS M. Probabilistic End-to-end Delay Bounds for Earliest Deadline First Scheduling [C]// In Proceedings IEEE INFOCOM 2000. Conference on

Computer Communications. Nineteenth Annual Joint Conference of the IEEE Computer and Communications Societies(Cat. No. 00CH37064), 2000: 603－612.

[100] LEUNG Y T. A New Algorithm for Scheduling Periodic, Real-Time Tasks [J]. Algorithmica, 1989, 4(1－4): 209.